城市社区规划

理论与方法

于文波 / 著

国家行政学院出版社

图书在版编目（CIP）数据

城市社区规划理论与方法／于文波著 . —北京：国家行政
学院出版社，2014.4
ISBN 978-7-5150-1034-2

Ⅰ．①城… Ⅱ．①于… Ⅲ．①社区—城市规划—研究
—中国 Ⅳ．① TU984.12

中国版本图书馆 CIP 数据核字（2013）第 286835 号

书　　名	城市社区规划理论与方法	
作　　者	于文波	
责任编辑	李少军	
出版发行	国家行政学院出版社	
	（北京市海淀区长春桥路 6 号 100089）	
电　　话	（010）68920640 68929037	
编 辑 部	（010）68928873	
经　　销	新华书店	
印　　刷	北京市昌平开拓印刷厂	
版　　次	2014 年 4 月北京第 1 版	
印　　次	2014 年 4 月北京第 1 次印刷	
开　　本	787 毫米 ×1092 毫米　1/16	
印　　张	22	
字　　数	325 千字	
书　　号	ISBN 978-7-5150-1034-2	
定　　价	44.00 元	

出 版 说 明

　　近年来，中国工业化、信息化、城镇化、市场化、国际化进程加快，国民收入稳步增长，经济结构转型提速。同时，中国进入了一个高风险的经济社会大转型、大发展时期，经济社会发展中不平衡、不协调、不可持续问题突出。其中，经济增长的资源环境约束强化、投资和消费关系失衡、收入分配差距较大、科技创新能力不强、产业结构不尽合理、城乡区域发展不协调、就业总量压力和结构性矛盾并存、社会矛盾明显增多等问题表现得尤为明显。此外，随着中国国际地位不断提升和多极化趋势的发展，地区争端增多和多边贸易中的利益纠葛等一系列问题的出现，都急需在政策层面给予回应。

　　事实上，当前中国面临的诸多"疑难杂症"并非中国独有，如行政效率的提高、公共资源的分配与监督，城市化进程中的建设与治理、多元文化的社会融合与社会和谐、新技术新传媒给政治生活带来的机遇与挑战、国际组织与国际条约体系对国内的多重影响等问题具有相当的普遍性。

　　发展中国家被这些问题困扰，发达国家也没有完全解决这些问题。所以，问题的普遍性或世界性，使得当代执政者在面临和解决这些问题时，必须具有国际视野和创新观念，而不能拘泥于既有的执政经验和套路，也不应囿于一地一国的有限资源。

　　面对这种种挑战，我国各级党政领导干部和公务员应具有较强的应对问题、开拓局面、保持稳定、推动发展的综合素质与能力，应不断地主动拓宽理论和知识视野，积极跟踪世界范围内最新而有效的解决问题的政治实践模式，谨慎探索和总结中国现实中的成功经验。同时，也更需要知识阶层积极研究中国社会转型期的新形势、新问题，为应对挑战、解决问题提供智力支持。

"政治前沿新知识文库"是基于上述设想而产生的。这套文库以"资政"为目的，以世界眼光和创新视角聚焦公共政策与治理、社会建设与发展、政党与政治权威、政府与新技术、经济发展与金融战略、国际问题与国际战略等方面的重大问题，将多学科研究的前沿知识与"国家治理"实践中的重要政治、政策问题结合起来，力图打通理论、政策和实践的边界，让理论和政策更好地源于实践、关怀实践。

本文库致力于提供解决现实问题的理论参考、世界经验和丰富案例，以中高级党政领导干部、公务员、政策研究与制定者为主要读者对象，致力于更新其理论视野，提升其执政能力，努力打造影响深远的出版工程。

应该说，本文库是国内知识界在政治前沿问题研究上的一次较为全面的展示，是力图将学术科研界的研究成果转化为政治实践的有益尝试。这套丛书在编写过程中摒弃了传统的体系性的学科知识介绍，而以针对性研究问题的方式出现，看似没什么章法，实则切中肯綮。它既是实践的探索，也是实践的总结；既是经验的浓缩，也是经验的拓展；既是理论的创新，也是理论的积淀。我们认为，不论最终效果如何，这种尝试对于中国转型期许多问题的深入研究，将提供一种新的解决问题的思路。

尝试诚可贵，然纰漏难免。我们也希望能够得到各方面的批评和建议，帮助我们完善这个文库，为读者提供更优质服务，为实现"中国梦"多出一份力。

政治前沿新知识文库编委会

2013 年 5 月

政治前沿新知识文库

城市社区规划理论与方法 *

CHENGSHIGUIHUALILUNYUFANGFA

目 录

第一章 导 论 / 1

　　一、城市社区及其规划的概念界定 / 1

　　二、城市社区规划研究背景 / 8

　　三、本书内容与篇章结构 / 14

　　四、研究方法与技术路线 / 19

　　五、本研究的创新点 / 20

第二章 研究背景与现状、问题与视角 / 22

　　一、我国社区规划的社会背景 / 22

　　二、我国社区规划实践中存在的问题 / 26

　　三、国内外社区规划研究现状 / 30

　　四、研究现状存在的问题与本书研究的视角 / 48

　　五、小结 / 59

　*　教育部人文社科青年课题 社会混合居住社区阶层混合"梯度"与社会空间模式研究（批号08JC840016）

第三章　现代城市社区规划的社会性及其动力学 / 60

一、社区的多维释义 / 60

二、现代城市社区规划的社会原则 / 67

三、城市社区规划的宏观动力学 / 75

四、城市社区规划的微观动力学 / 89

五、小结 / 103

第四章　社会原则下的城市社区宏观调控 / 105

一、俯瞰城市社区 / 105

二、城市社区地域生活时空结构

社会性的再认识 / 112

三、我国城市地域社区空间模式及调控策略 / 121

四、实证分析 / 137

五、小结 / 147

第五章　社区精神培育与社区空间整合 / 149

一、社区空间重塑的必然 / 149

二、社区物质空间建构的目标与内容 / 150

三、物质空间要素的规划设计策略 / 158

四、小结 / 196

第六章　社会原则与社区精神

相统一的空间重构与整合 / 197

一、传统社区空间的社会学反思 / 197

二、空间重构策略——走向开放的社区空间 / 204

三、空间整合策略——混合社区空间模式研究 / 217

四、社会原则与社区精神相统一的
空间调控策略 / 228

五、西安明德门混合社区实证研究 / 240

六、小结 / 244

第七章　社区空间模式与居民交往关系实证研究
——以杭州市典型社区为例 / 246

一、社区建设与空间模式演进 / 246

二、杭州典型社区空间模式与
居民交往关系调研 / 258

三、构建良好社区精神的空间模式 / 292

四、小结 / 303

附录一　抽样调查问卷（问答式） / 305

附录二　社区空间与居民活动问卷（绘制式） / 318

结　语 / 320

图片来源 / 326

参考文献 / 332

第一章

导　论

一、城市社区及其规划的概念界定

（一）社区的基本概念

1. 社区基本概念

1887 年德国社会学家滕尼斯发表《共同体与社会》一书，区别了社区和社会的概念。[1]"社区"概念进入学科领域。此后，中外学者广泛运用人类学、生物学、现象学、存在主义、结构主义、后现代主义、种族主义、女性主义等哲学社会学思潮对社区进行探究，产生了形形色色的 100 多个社区定义。学者们有的从社会群体、过程的角度去界定社区；有的从社会系统、社会功能的角度去界定社区；有的从地理区划（自然的与人文的）去界定社区；还有人从归属感、认同感及社区参与的角度来界定社区。[2]英国社会学家安

---

[1] 德文 Gemeinschaft 一词可译作"共同体"，表示任何基于协作关系的有机组织形式。滕尼斯提出"社区"与"社会"相比照，主要是用来表示一种理想类型，引用他的话就是："关系本身即结合，或者被理解为现实的和有机的生命——这就是共同体的本质，或者被理解为思想的和机械的形态——这就是社会的概念……一切亲密的、秘密的、单纯的共同生活……被理解为在共同体里的生活。社会是公众性的，是世界。人们在共同体里与同伙一起，从出生之时起，就休戚与共，同甘共苦。人们走进社会就如同走进他乡异国。"

[2] 杨超. 西方社区建设的理论与实践. 求实，2000.12.

布罗斯·金和 K.Y. 钱从理论和实践的可操作性上认为社区有三个分析尺度：第一是物质尺度，社区是一个有明确边界的地理区域；第二是社会尺度，在该区域内生活的居民在一定程度上进行沟通和互动；第三是心理尺度，即这些居民有心理上的共存感、认同感和归属感。[1] 这种社区的认识取得较为广泛的赞同。简言之，社区可以定义为聚集在一定地域范围内的社会群体和社会组织，有共同观念和一套共识的行为规范结合而成的地域社会生活共同体。同时，社会尺度、心理尺度是社区的精神实质。只有在二者的基础上，社区才会具有作为共同体的社会功能。如对共同的生活环境、社区资源进行重建和整合，社区自治等。社区虽然对应于一定地域范围，但是，社区的地域影响力是建立在上述社区精神的基础上，社区的空间范围更多的应由居民的感知，而非强行划分来确定。[2]

2. 社区与社会的区别

从滕尼斯对"社区"和"社会"这两个社会学概念的建构看来，社区是由自然意志形成的，以熟悉、同情、信任、相互依赖和社会粘着为特征的社会共同体组织；而社会则是由理性意志形成的，以陌生、反感、不信任、独立和社会连接为特征的社会结合体组织。按照滕尼斯的两分法，农村即是"社区"，城市便是"社会"。关于现代社会生活方式是否会削弱城市社区成员的凝聚力，城市社区的规模是否会对社区居民的归属感产生影响，一直是社会学研究和争论的问题。从研究角度一般可以认为社区是社会的缩影、基础和前沿，是社会的有机构成部分。

社区和社会这两个概念十分相近，因此极易相互混淆。周晓虹[3] 认为，能够称之为社会的人群共同体有这样四大基本条件：（1）具有自己特定的生

[1] 周晓虹. 现代社会心理学. 上海：上海人民出版社，2001.1，503.

[2] 涉及基层政权建设，以及由开发、规划规模决定了社区的划分方式主要是人为的。事实上，应在充分尊重居民意愿的基础上确定社区规模与边界，否则，会造成仅有社区之名，而无社区之实的效果。例如监狱，它是社会强制改造犯人的特定区域，有明确强制性的边界，犯人也有共同的生活方式，但监狱不是正常生活社区。社区人为划分的严重后果，甚至会造成社区内的社会冲突。

[3] 周晓虹. 现代社会心理学. 上海：上海人民出版社，2001:504-513.

活区域；（2）能够自给自足；（3）能够自我繁衍；（4）有自己独特的价值观和行为模式，即有自己独特的文化系统。从这样的标准来看，社会并非比社区大（原始社会中的一个部落比我们今天的北京、上海要小得多，但它却是道道地地的一个社会）。显然，在社会的四大基本条件中，一般的现代社区只具备第一个条件，它既不能完全自给自足，也不能完全自我繁衍，它所具备的文化也只是和社会的主流文化基本一致但有自己特点的社区亚文化。然而，自给自足、自我繁衍、独特的价值观和行为模式是社区共同体形成的重要动力。

3. 社区的类型、要素和特性

（1）社区类型

社会学家们在研究邻里社区的过程中，以邻里的非物质性内涵或物质性内涵的不同为分类原则来归纳邻里的类型。A. 布洛尔斯（Blows，1973）在其创建的"邻里"类型学按照邻里之间的职能作用和邻里的整合程度将社区类型分为"随机邻里、自然邻里、同质邻里、职能性邻里、社区邻里等五种类型"；Hojnacki（1979）依据居民之间的交往程度，将邻里分为紧密交往型邻里、传统交往型邻里、松散交往型邻里等三种类型；Warren（1997）则从邻里的归属感和邻里互动同外界接触程度的强弱出发，认为邻里具有从高度融合的到杂乱的等六种类型；Weening（1990）等人则将社区意识与社区内邻里意识的强弱为划分依据，归纳出四种邻里类型。本书据研究目的将我国社区的类型（详见第4章）根据社区形成的机制和年代分为：传统型社区、单位制（住房分配型）社区、商品型社区、边缘社区。

（2）社区的要素

从宽泛的意义上讲，社区一般由5种要素构成：社区成员、区位地域、社会结构、制度和社会心理。①社区成员：按一定社会制度和社会结构关系组织起来的人口；②区位地域：在城市区域某一时空坐落，形成的相对稳定的城市空间地域范围；③社会结构：社区成员构成，以及这些成员在社区变迁过程中会出现分离、整合、替换形成的社会关系和生活方式差异的群体；④制度：社区组织管理方式；⑤社会心理：在情感上有沟通、相对互动频率较高,在心理上有认同和归宿感的群体。根据美国规划学家凯文·林奇的《城市意向》一书的理论,社区的物质纬度由五个空间意向要素构成,即边界、区域、路径、节点和地标。

（3）社区的特性

从社区含义来看,社区一般包括三个方面的内容:一是维系社会和社会成员之间相互支持的家庭之外的人与人之间的联系网络;二是在同一地点的居住区;三是凝聚力、情感与公共活动。这三个方面又可以概括为社会和空间两大因素。社会因素由"社会成员"及其"联系网络"、"凝聚力、情感"和"公共活动"构成。空间因素则由"同一地点的居住区"构成。而社会因素中的"联系网络"和"公共活动"本身就是与空间因素分不开的。显然,社区是社会空间和地理空间的结合。

我们至少应该从两个方面来理解社区的本质性:一是它的地域性,即具有一定边界（通常以居民能经常地进行直接互动,从而能相互熟识为限）的时空坐落;二是它的社会性,即人们在共同生活中存在和形成的功能上的、组织上的、心理情感上的联系。

综上所述,社区既具有社会性,又具有空间性,社区是社会与空间的统一体。正因如此,社区研究及其规划必须从社会与空间,以及社会与空间的关系等方面去考虑问题。另一方面,社区作为城市社会—空间统一体的微观地域社会共同体,具有微观可操作性,因此,社区规划可以通过物质空间规划促进社会目标的实现。

（二）城市社区

"城市社区"顾名思义就是城市中的社区。从社区与城市的空间关系看,城市社区是城市居住社会—空间子系统,是微观社会生活、空间单位。从系统论的角度,社区是人居环境开放系统中的微观、局部。社区首先是一个空间实体,在这个层面传统的城市居住生活空间单位,或称居住区、小区等都可称为城市社区。然而,构成城市社区空间实体的本质是其社会互动基础上形成的社会实体。社会实体形成是以空间中的日常生活关系为基础的,所以从规划角度上，城市社区作为一个研究单元，应当将居民日常生活需求、行为动机、空间功能要素、社会要素都纳入社区空间视域内。在城市社区研究和规划中，只有从社会纬度对社区空间纬度进行全面分析的基础上对空间做出分析和安排，才能使规划成果体现社区精神，使社区的定义具有可操作性。

根据社区的基本要义和以上分析并结合本研究的目的，笔者将城市社区定义为：城市开放空间系统中一定的物质空间基本单位，居民在社区中的日常生活关系能够促进居民良好的社会互动，其成员有着各种稳定的社会和心理联系的地域生活基本单位。（以下如无特指，城市社区均界定为具有居民良好社会互动的城市地域生活基本单位范畴内）

（三）社区规划

目前对社区规划并无确切定义。从国外的文献研究上可见：对建成社区的规划称为社区发展规划（community development），也可称作社区规划（community planning）；新建社区的规划称为社区规划设计（community planning and design）。西方还有社区更新的概念，从内容上，社区更新似乎更关注物质更新（社区复兴）。在我国，习惯上新建社区的规划称为"居住区规划"、"住区规划"。建成社区的规划也称为社区发展规划，或社区建设。但是，这几个概念究竟如何分别，与我国规划界的术语如何对应，学术界并无定论。笔者通过把社区规划的概念与相关社区概念进行辨析，以明确社区规划的概念。

1. 社区生命周期与社区规划

社区的空间产生到社区的培育变迁乃至消亡过程是社区的生命周期。如果从社区生命时序上对当下学术界的社区规划研究加以考查的话，笔者认为广义的社区规划贯穿社区整个生命周期的全程，包括社区建设和社区发展规划等许多相互关联的学术词语的内容（图1-1）。

本书研究关注的中心问题是与社区精神和社会建构相应的社区空间规划。所以，本书所论及的是狭义的社区规划，是新建社区的规划设计，即新社区空间产生的过程。社区空间产生阶段的社区规划如同剧场舞台的设计建造，社区规划的目标是产生一个适宜的空间为社区主体（居民）及社区组织和管理者的使用奠定良好的物质基础，适应并为社区未来的建设和发展留有余地。

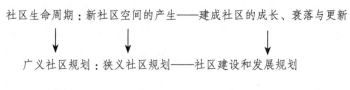

图1-1　社区生命周期与社区规划关系图

2. 社区规划与住居区规划

从社区规划与住居区规划关系上看，随着社区理念引入，一般来讲，传统上我们称之为居住区、小区规划都是社区规划的部分内容。社区规划与住居区规划的区别在于传统的住区规划的重点在于安排满足居民生活的物质空间设施；而社区规划的重点是通过物质规划手段达成社会目标。

3. 社区规划与城市规划

有关社区规划与城市规划的关系，有些专家认为社区规划与城市规划并列，有的却认为社区规划是城市规划的一部分。从国外的一些文献上来看，城市规划偏重于物质、经济、整体和宏观；社区规划偏重社会、经济、局部和微观。

笔者认为：从规划内容上，社区规划是针对微观地域社会、经济、空间的综合规划；城市规划是城市经济、物质空间、社会规划，其关注的重点是物质、空间和经济。从空间范围上，城市规划关注城市总体及其与城市区域关系。社区规划关注地域微观社会、空间、经济，与城市规划的内容和空间范围有交叉。社区规划针对城市空间总体的有机构成部分和城市人居空间环境子系统的运作必然受到城市规划的影响。从这个意义上讲，城市规划成为影响社区建构的外部动力因素。

4. 社区规划与社区建设、社区发展规划

我国社区建设中的社区指"法定社区"中的城市基层社区，即与居委会—街道办事处—城区所管辖的特定地域对应的城市居住社区。所谓社区建设是对社区工作的总体概括，是指在党和政府的领导下，依靠社区力量，利用社区资源，强化社区功能，解决社区问题，提高社区成员的生活质量，建设环境优美、治安良好、生活便利、人际关系和谐的新型社区，促进社区经济、政治、文化、环境协调、健康发展的过程，也是社区资源和社区力量的整合过程。归纳起来，其中最具共性的、最基本的社区建设内容主要有六个方面：社区组织、社区服务、社区治安、社区环境、社区卫生、社区文化。[1] 社区建设和社区发展规划的含义基本上是一致的。社区建设和社区发展规划从国内外的研究来看更多地偏重于建成社区的后续发展和社会策动，内容涉及物质复兴、社会工程、经济发展、社区参与和社区自治管理等等。这一过程主要是通过咨询调查和居民参与等工作寻找社区居民的价值观发现社区的变化及其动因，并通过规划促进社区向目标方向的变化。从国外的研究来看社区发展规划就是以社区居民为主体、规划师及政府、非政府组织多方参与的社区建设过程，这一过程贯穿社区整个生命周期，通过社区行动发现和引导居民价值取向，促进价值共同体，扶植社区力量，促进自治，其实质是社会规划。可见社区建设和社区发展规划主要是指建成社区建构地域社会的社会工作，即使有物质空间规划，也是以局部调整为主。与其相比，本书指称的社区规划是以社会建构为目标的物质空间规划。

社区规划虽然也强调社会、经济因素，但是它们更多是空间规划的一种外部的结构框架或者是动力机制。相比而言，社会因素在社区建设和发展规划中则是主要工作对象，或者是社区发展和建设的资源或目标，大到社会整合，小到社区的居民代沟问题都是社区建设的主要内容，而社会网络和居民参与又是社区发展建设的重要资源。社区建设与发展规划或许也有物质设施建设的内容，但它是以调整和适应社区现状为主，而社区规划则是社区形成的物质准备，是新社区形成的开始。从这个意义上来说，社区建设、发展规划的问题都应是社区规划阶段围绕社区感和社区培育为中心的社区空间营造必须考虑的因素。社区规划和社区发展规划在物质规划意义上是物质准备和

---

[1] 民政部基层政权和社区建设司城市处社区建设课题组. 中国城市社区建设导论. 1999.

物质调整的关系。

当然，社区规划过程受到来自社会、经济、自然等诸因素的影响，而且产生的空间是面向未来的，其主体与社区建设和发展规划相比带有某种不确定性。从这一意义上讲，社区建设和发展规划研究对社区空间规划具有重要启发意义。

5. 社区本质和内涵

从社区本质和内涵来看，社区可理解为某社会群体对于特定地域空间产生依附感、归属感的场所，其类型并非仅限于居住生活空间单位。工作和学习等场所如办公楼和学校，甚至是休闲场所同样以某种方式培育了社区精神。由此，城市社区研究拓展为由一种基于微观理念的、以建构社区和地域微观社会为目的的城市社会空间系统研究。社区规划则是在社会原则下的社会空间宏观、微观综合调控机制。这种对于社区精神培养机制的在空间类型上的广泛考察的研究，必然会对社区精神的要素、机制的变迁有更为深入的认识。

二、城市社区规划研究背景

（一）城市社区规划国内外研究现状

20 世纪 70 年代初，来自"罗马俱乐部"增长的极限的报告为人类敲响了警钟。1972 年联合国第一次人类环境会议，居住环境及其可持续发展成为人类 21 世纪的首要命题。1976 年联合国第一次人类住区会议正式揭开城市生活空间和社区可持续发展研究的序幕，会议上阐述了"人类住区"的社会生态观，强调住区是涵盖人类定居生活的一个过程，并通过与维系这一过程的社会系统之间的有机结合来实现其生态持续发展。

1977 年的《马丘比丘宪章》认为，以往的住居规划建设"没有考虑到城市居民人与人之间的关系"，并深信"人的相互作用与交往是城市存在的基本依据"。由此，引发对人类社会及现代城市生活空间的主体和客体关系的新思考，形成以"社会规划"为目的的社区规划理论。即：按照物质秩序、社会秩序和空间秩序三者相辅相成的精神，本着物质、社会、生态、持续发展的四大原则，建立"理想的社会空间"，把城市居住生活空间系统的组织结构提高到除具有优良的物质生活质量和空间景观外，还能够在精神文明"启迪"居民，促使其具有新的邻里精神和市民意识的生活凝聚力，促进社会健康持续的发展。

20世纪80年代以来，虽然西方发达国家的城市进入成熟期，但仍受到不断发生的社会问题的困扰。所以，他们在关注自然资源、能源为中心的可持续发展的同时，逐步转向社会整合的空间模式与环境、经济综合可持续发展的多元化探索。可持续发展的研究已经从关注人类生存、发展的环境因素，到关注环境与经济、社会的关系研究，进而转入环境、经济、社会的综合协调发展的阶段。

1996年联合国第二次人类住区会议把城市生活空间和社区可持续发展的研究推向了高潮。会议通过了《人居环境议程》，把"人人享有适当的住房"和"城市化进程中人类住区的可持续发展"作为两个具有全球性重要意义的主题。在传统住区的可持续发展战略中，要求在改善居住环境和增强社区活力的同时，努力实现"邻里结构的保持"、"城市生活多样性的保护"、"传统特色的延续"、"新旧建筑的整体协调"等一系列社会、文化、环境目标。在这次会议的推动下，到目前为止，在世界范围内，特别是西方发达国家，一直把城市生活空间和社区可持续发展看作是相关学科的热点问题。

随着人文主义思想的深入，第21届"创造宜人的城市"（Making Cities Livable）国际会议于1998年在美国加利福尼亚的卡梅尔市（Camel by the Sea）召开，其中一个主题是"新型都市邻里关系——创造人的领域"，显示以人的行为需求为中心的规划思想，进一步确立了人文行为社区理论的定位。1993年，新城市主义大会制定了针对社区规划的新城市主义宪章。欧洲的"21世纪议程"也探索人类社区的可持续发展问题。目前，在建立较为完善的理论后，世界范围内的社区可持续发展的研究转入向各个国家、地域的适宜性模式与途径研究。

社区空间规划模式在可持续发展理念下已经有了质的飞跃，如英国的"Urban Villages Forum"、欧洲的"European Sustainable Cities Campaign"、美国的传统邻里（TUD）和交通导向模式（PP或TOD）都是对建立阶层平等同处的城市居住空间的新探索。[1]

然而，西方的社区空间规划是以邻里为微观原型发展而来的，社区理论也因其技术导向和微观视角而导致社会使命失败和遭受非议。

从邻里单位、新城理论、新城市主义及城市村庄等社区空间模式的沿革来看，社区规划开始超越微观视角的困境，重新将视角转向对城市合理形式和城市生活的本质理性思考，以及从城市视角审视微观地域生活整体的组织上来。社区规划也表现出微观理念与城市空间观念、城市设计理论整合的发展方向。

与西方国家相比，我国社区规划可以说没有良好的社会学传统。社区理念引入之前，城市社区规划一直沿用形成于建国初期的居住区规划理论。社区规划研究在我国起步较晚，可以说我国社区规划目前还处在观念引入阶段（高朋，2000）。[2] 因此，许多专家认为我国目前基本上没有完全意义上的社区规划实践。相应的，我国传统住区规划理论经过 50 年的历程并未有实质性的发展。此外，其分学科的、中观层面的研究也使得研究结果缺乏深度和远见卓识。在我国，从社区规划入手注重社会与空间整合的多学科系统研究并不多见（本书研究的是社会学与建筑学交叉的应用基础研究），而真正提出社区规划的社会原则并对其进行系统研究的尚属空白。

（二）城市社区规划研究意义与目的

1. 研究背景

从社区建设角度看，社区发展走的是从社区迈向社会的道路，这是人类在现代化道路上所做出的第一次选择；而社区建设走的则是从社会返回社区的道路，这是人类在现代化过程中所做出的第二次选择[3]；社会发展与社区发

---

[1] 肖达.21世纪的住宅模式谈.城市规划汇刊.2003.2:80-83.异质与同质社会区的困惑.

[2] 最有代表性的是《规划师杂志》在 2000 年第一期和 2001 年第 6 期，就"社区规划与管理"展开专题讨论，提供了许多新的社区规划理念。但是一方面这些理念和规划原则大多是基于国外的经验发展而来，与我国的国情和面临问题有区别；另一方面从规划体制上我国是"自上而下"的政府主导，与国外以市场为主体的模式不同。

[3]夏学銮.中国社区建设的理论架构探讨.北京大学学报:哲学社会科学版,2002,.39(1)：127-134.

展的整合是第三个人类发展阶段。[1]

目前我国正处在城市化加速期。大规模、快速的城市建设本身就隐藏着社会、环境等一系列"建设性破坏"。随着经济发展、社会转型，我国出现了社会阶层化、社会矛盾激化、社区空间异化等一系列新问题亟待解决。另外，我国人均 GDP 已超过 1000 美元，按国际惯例 GDP 在 1000—3000 美元之间是社会过渡期，这一阶段最易出现社会危机，对此我国政府已经提出建设"和谐社会"的目标。

城市社会空间结构一旦形成，就具有一定的稳定性。从西方社会城市的发展历程来看，由于社会、空间分异造成社会问题的解决比单纯的物质复兴和环境建设要难得多。然而，在市场机制下，与社区规划社会原则相背离的现象普遍存在。体制上的、空间策略和具体空间模式上的，特别是对于社区规划的社会性认识不到位、政府监管的"缺位、错位、越位"以及相互交错等因素，都造成目前利益驱使下的我国社区空间营造方略阻碍了人文社会建构的进程。社区正在逐渐的销蚀，与我们的本意渐渐远离。鉴于社区对于社会可持续发展的重要意义和社区的现状，本文认为展开通过物质空间促进社会发展的社区规划理论与方法研究十分必要。

2. 研究目的

我们的社区规划已经逐渐转向人文社会探索，新建社区的物质环境也在迅速改善，然而社区却在渐渐离我们而去。这种现象使我们必须从认识上的源头去重新探寻社区规划的症结，并寻求根本的解决之道。在新的国情下如何认识社区规划的本质、内容、目标，又应采用怎样的空间模式和策略调控以达到社会、经济、环境的可持续发展？综合上述我国社区建设实践中存在的问题和国内外研究现状，笔者认为提高对社区规划社会原则的认识，探索符合国情的社区空间调控策略、适宜的空间模式和实施框架是社区规划研究的十分紧迫的任务。所以，本书将认识社区规划的社会性，即剖析空间建构之于社会建构的意义，以及探索社会建构的社区空间策略、机制和新的空间

---

[1]陈涛．社会发展与社区发展．社会学研究，1997(2)：9-15.

形态模式作为主要研究内容。

3. 研究意义

本书立足我国市场经济、城市化加速、社会转型的国情现状，面向现实问题，以量大面广的城市居住社区为着眼点，从具有可操作性的社区基本单位入手展开研究，其意义如下：

（1）建筑规划学科的研究前沿

人居环境可持续发展一直是建筑规划领域的主要课题，城市社区建设水平更是人类社会发展的重要标志。注重社会原则和人文关怀的社区规划理论与空间模式的研究，在我国刚刚起步，是规划与建筑学科的重要前沿，反映了理论研究和实践发展的总趋势。以往我国的社区研究以物质视角、空间视角为主。然而社区的培育并非只有物质或空间使然，这就引起笔者对以建立社区精神为中心的社区主体和客体影响因素的整体考察。

笔者认为，城市社区研究是一种基于微观观念城市人居环境系统研究。市民的城市生活是在工作、居住、交通、休闲整个过程和城市时空结构中连续的整体。社区空间单位的确立以及空间建构对于建立场所、培育社区精神有十分重要的意义。所以，社区规划必然是以社区培育为目的、注重微观地域社会建构，以及与此相关的社区宏观、微观综合调控机制研究。在这种理论前提下，本书对我国的城市社区空间形态之于精神建立基本原理和方法的探索也属规划建筑学科的前沿研究。

（2）研究视角的定位与方法论意义

我国幅员辽阔，地域条件差异大，经济发展水平极不平衡。选择不同地域社区进行对比研究，利于发现城市居住社区动力机制和发展方向；运用系统的方法，从多学科、多层面、多方位透视社区空间与社区精神（如图 1-2）也不同于传统居住区规划单一的、局部的物质视角。转换不同的角度和运用行为主义、人文主义、实证研究相结合的理念和研究方法，更利于透视"社区精神"的社会成因，寻求人居环境建设方略的实质性进展。人居环境是一个多层次的复杂系统。本书以建立"社会原则"为指导，选取分别代表中国城市不同发展水平、不同地域的社会经济、文化特征、不同类型社区为研究对象，以具有独特地域特征的城市"微观社会—空间系统"的基本单位为聚焦点，研究对象具体、操作性强，研究成果面向解决实际问题。

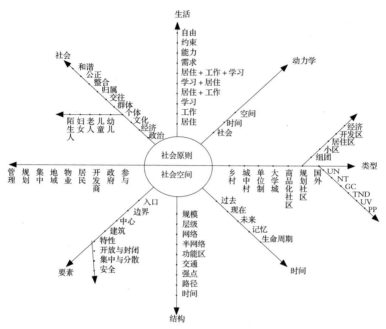

图 1-2　社区空间与社会原则的多维分析信息交互系统图

（3）现实指导意义

随着我国的城市住宅商品化及住房制度的改革深化，从"单位办社会"到"社区办社会"的转化，旧有的单位制社区逐步向城市社区过渡，社区概念和模式都处在探索阶段。以往我国在计划经济体制下的居住区建设模式，单纯考虑物质和形体，已难与市场经济下以社区为主导的城市社会发展趋势相适应，所以在可持续发展的理论指导下，结合多学科的研究成果，建立社区可持续发展的综合框架，特别是探索社区空间模式背后的社会学内涵，挖掘社区空间结构形态背后的社会成因，对于拓展社区规划的研究视角和研究内容有重要的现实指导意义。本书将给居住区规划由物质规划转向以社会规划原则为指导、使社会因素成为形体规划重要动因的理念转变提供一个基点，对社区规划社会原则研究基础上的城市居住社区适宜模式研究，可以对指导如火如荼的城市社区建设实践有积极的借鉴意义。

三、本书内容与篇章结构

（一）研究目标

社会、经济、生态环境的可持续发展是人居环境建设的总目标。本研究作为其组成部分，选择对中国人居环境建设所处不同阶段、具有不同地域特征的城市居住社区为研究对象。

1.从社会学角度，审视我国传统居住区规划的经验和教训，剖析社区精神的社会—经济—空间成因，探索实现社会可持续发展的社区规划新理念及社会—空间形态模式。

2.初步建立社区规划的理念和方法论框架。

3.为管理部门综合调控人居环境建设提供新的思路和政策建议。

（二）研究内容

本书提出社区规划社会原则，重点研究空间之于人文关怀和社会整合的社会意义。一方面，从社会原则的宏观背景透视社区的意义和社会成因，反过来，社区规划角度如何体现并与社会原则相统一。

本书论及的社区规划的社会原则体现在两个方面：社区精神和社会整合。社区规划如何以建立地域社区精神为宗旨，建立适居的、与地域社会适配的物质空间形态；同时，又当如何发挥社区作为更大区域要素的角色和功能，强调社区对于社会整体和谐的意义，对此问题的回答构成本书的研究内核。

1.社区规划的理论与方法

只有提高了认识才会引起规划师、政府等对社会原则的重视，才会找到利用社区空间规划进行社会整合的途径方法。本书全文都贯穿对问题的认识分析，如城市地域化生活空间、社区空间要素的社会性、社区设施的属地化认识等等，为社区规划的空间、政策调控奠定理论基础。

2. 社区培育的机理（社区动力学）研究（核心内容一）

社区精神的培育不仅仅与物质、空间有关，社区作为城市宏观社会空间系统的有机构成单位，必然受城市社会、经济及地域自然等综合因素的制约，它们构成社区规划与发展的外部动力机制。在多因素作用下社区主体和客体发生什么变化，又如何通过社会综合调控达到社区规划与社会原则的统一？

笔者综合社会学、地理学、建筑学等多学科的研究成果，从社区动力学角度，把"社区"置于人居环境综合系统的宏观、中观、微观多个层面，综合考虑人、时间、空间、距离等多维因素，从社会、经济、生态可持续发展的角度建立社区规划的概念框架（图1-2）。

从宏观层面，将社区置于全球化背景与国内政治经济体制变革、多元文化与技术进步的大背景下分析城市的社会、空间结构，揭示其对社区主体、客体的变化的深层影响，展示当下城市居住生活的宏观图景。

从微观层面，综合分析"社区精神"的影响因素（基本构成），在此基础上，透视人与人、人与社区地域空间等要素关系，寻求社区培养的新机制和生长点，提取符合社区精神和社会整合的"社区培育因子"。这为总体把握建立社区精神的空间机理，寻求社区空间规划与社会原则的统一建立基础平台和着眼点。

3. 社区的社会—空间形态模式研究（核心内容二）

笔者认为社区地域生活的离散导致社会关系的离散，从而造成社区的消蚀。本书从日常生活的人本主义视角反思城市空间质量和社区生活的本质，重新思考社区地域空间单位与社区生活本体间的必然联系，在对我国社区发展历程出现的各类型模式调查分析的基础上，寻求符合理想模型的"社区原型"；并将"社区原型"与建立"社区精神"的培育机理整合，提出以人文价值理性重塑城市和社区形态结构的策略。

此外，从社区微观层面，以社区精神为要旨重新审视社区规划的空间要素，如规模、边界、中心等物质空间设计策略，探索了社区精神与社会整合原则统一的社区空间模式。

4.社区规划的实证研究（实践应用）与政策调控研究

本书从现状政策、规划模式及其结果的关系入手，选择典型案例进行分析和通过实践验证理论模型的可操作性，探索物质层面规划与社会整合、社区精神相协调的综合调控机制。

（三）篇章结构

篇章结构见图1-3。

第1章为导论，介绍社区基本概念，研究目的、意义和研究内容、创新点等。

第2章提出问题。

本章分析国内外社区规划研究现状，重点述评了规划建筑学科在社会原则下的社区空间规划现状、存在的问题，展望了研究趋势和发展方向，在此基础上提出我国社区规划研究亟待解决的问题，以及社会空间、时间—空间与日常生活结合的理论视角。

第3章可称之为社区及其规划的认识论。

本章内容从社区的多维含义入手，借鉴西方社会学界最新、最有影响的研究成果，分析社区作为地域生活共同体在社会系统整体中的地位、作用，以及对社会整合和人文关怀的意义，并将社区规划的社会原则归结为社区精神和社会整合。

从以下几个方面的研究形成对社区及社区规划的动力机制的整体认识：

1.从城市系统角度，结合社会学、行为学、规划学科的研究成果，自上而下的俯瞰城市社区的结构和秩序，分析了社区的社会—空间、时间—空间结构，揭示了城市宏观系统与社区日常生活微观系统的非秩序和自发性的冲突和张力，从整体上认识社区培育、发展变迁的动力机制。此外，讨论了社区规划作为空间产生的致使框架——规划师、消费者、政府、开发商对达成社区规划社会目标的张力。

2.多维视角重新认识社区规划的奠基石——社区归属感产生的微观动力学。

本章对于社区及其规划的俯瞰式分析是以探询社区的意义和空间产生的动力机制为线索，首先认识社区规划的社会维度，在此基础上，社会规划的目标与原则、内容也得以澄清。

第4章，社会原则下的社区宏观空间调控研究。

从城市宏观层面，从个体生活行为、时间与空间结合的角度分析社区地域生活对社会原则的重要意义，并根据国情提出地域社区理念和达成的策略。笔者从社区居民日常生活与城市社区空间系统的关系（城市时空系统和个体的时间结构、社区生活行为之间的关系）入手，运用多学科的研究成果建立日常生活时空系统的分析框架，分析了社区地域生活之于社区回归和建立人文社会的意义，深化了社区地域时空建构社会意义的认识。

接着，从我国社区规划的历史类型中探索城市社区空间单位原型。回顾了对"单位制"社区的批评，并从社区的内涵出发，从可持续发展的高度、城市学的角度，探讨了单位制社区的作为城市生活时间—空间整合的意义；对比国外的城市社区单位理念，分析单位制社区作为城市社区社会—空间基本单位的可持续发展意义，寻求社区空间基本单位的原型。

最后，本书对单位制社区进行"扬弃"，提出了"0交通静态社区"的理念，初步探索了在市场机制下达成静态社区的多种形式的空间调控策略，并对城市生活与城市社区时空结构的社会性和"0交通静态社区"模式进行了实证研究。

第5章，以社区精神为目标的社区空间要素规划设计研究。

本章以社区精神培育为目标，阐述了微观空间规划的5个原则目标：①提高社区生活的满意度；②促进交往行为，建立社会网络；③社区场所特性的营造；④营造特定的社会环境因素；⑤空间环境的功能性与社会性整合。

接着，本书将社区微观物质空间规划归纳为社区的规模结构、公共配套设施、社区交通、公共空间、建筑空间形态5大部分，在大量社区调研基础上，针对每一规划要素，分析其促进社区精神的机理，揭示了我国现状社区空间要素规划存在的问题，并从空间形态、物质配置、规划管理等方面，提出了针对问题的解决思路。

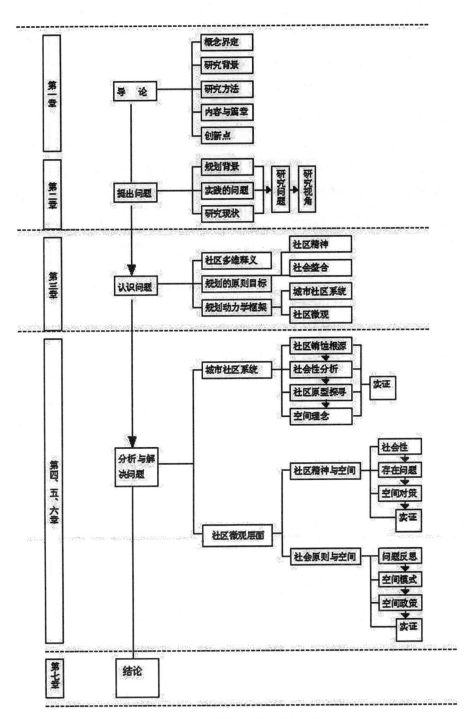

图 1-3　本书研究内容与篇章结构

第6章，社会原则回归与社区微观空间重构。

本章回顾学术界对社区微观理念与空间模式的批评，分析了我国社区空间建构过程中与社会原则的背离现象，并提出与城市和社会学研究相统一的社区空间策略。本章针对以下社区空间问题和相应对策进行了探讨：

1. 辨析了封闭社区与开放社区的优劣，在对社区边界再认识的基础上，探讨了走向开放社区的空间布局和策略。

2. 指出"画地为牢"式的社区培育与社会原则的背离，并进一步提出建立社区精神与社会规划原则统一的混合社区规划理念和实现混合社区的"同质社区异质化"及"异质社区同质化"的理论模式，并探索了相应的混合社区空间形态结构。

3. 面向中国国情现状，进一步探讨了社会—空间调控策略。

第7章是本书研究结论。

四、研究方法与技术路线

（一）研究方法

第一，以居民的价值观和生活方式为标准，既注重定性的研究，更注重调查研究和利用科学的统计方法，揭示居民生活价值观的共性与差别，力求获取居民共性与需求特性的真实。

第二，以空间对社区精神、社会整合的促进为导向，注重对不同文化背景、历史时期的建成环境进行对比分析与预测，以建构符合国情民意且适宜居住的社区空间模式。

第三，注重多学科的研究成果、方法、技术的综合运用，对我国社区进行纵向发展脉络研究，同时对国际社区规划的经验进行横向对比研究。

（二）技术路线（见图1-4）

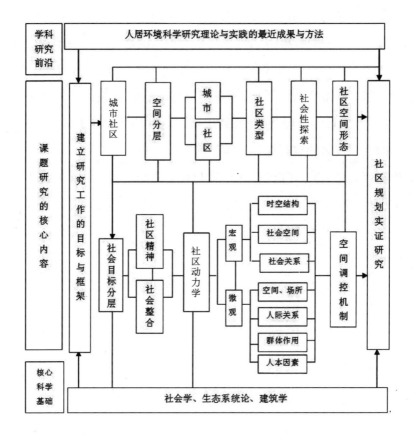

图 1-4　研究技术路线

五、本研究的创新点

（一）社区规划的社会原则目标研究

城市社区不仅仅是传统意义上的居住生活地域空间，而是能够促进居民良好社会互动的城市地域日常生活基本单位，明晰了社区规划的社会原则目标——社会整合与社区精神，并将"社区精神"归纳为5个渐进的尺度。

（二）社区精神的形成动力机制研究

本书从社会空间、时间空间以及影响社区规划的社会关系等方面分析了社区形成的宏观动力；同时，从人际关系、人本主义、群体互动以及空间、场所等多方面分析了社区感产生的微观动力机制。社区动力机制研究为全面认识、评价和进行社区规划奠定理论基础，也初步建立了社区规划的理论体系。

（三）城市社区空间的社会性以及与社会原则相符的空间规划与调控策略研究

第一，城市与社区关系层面。认识了社区地域空间的社会性，重新解析了"单位制社区"的社会意义，对单位制社区进行"扬弃"，提出了"0 交通静态社区"理念，并针对我国的现实国情、资源探索了回归社区地域生活的城市空间肌理和调控策略。

第二，社区微观层面。以社区精神为目标，分析了社区空间要素的社会性以及目前规划设计所存在的问题，并从社区结构、交通、公共空间、设施配置、空间形态五个方面提出了规划对策。

第三，回归社会原则的社区空间重构与整合。针对传统社区微观物质空间建构在市场主导下与社会目标的背离现象，提出了开放社区和混合社区的解决之道；进一步探索了开放社区和混合社区空间形态，提出了混合社区的"同质社区异质化"及"异质社区同质化"理论模式，探索了"双轴—心"混合社区空间形态和相应的调控策略。

第二章

研究背景与现状、问题与视角

一、我国社区规划的社会背景

（一）社会转型

1. 社会转型

当前，我国正处在社会转型时期[1]。改革前的中国社会，国家各级政府几乎控制和掌握了所有的资源。政府派生出了两个社会系统，即工作单位和地区组织。这是两个不同的社会系统，同时起着代表政府实行其社会分配和社会管理的载体职能。随着改革的深化，虽然单位制将在一段时间内持续，但是社区的社会功能已大大增强。经济发展的内部驱动催化着一场静悄悄的社会革命，改造着中国的社会结构。

与国家的政治、经济体制改革相适应，我国城镇住房改革自 20 世纪 70 年代末 80 年代初开始，经历了试点探索（1979—1985 年）、全面实施（1986—1993 年）、深化改革（1994—1998 年）和实物分房的终结四个阶段。以 1998 年国务院《关于进一步深化城镇住房制度改革，加快住房建设的通知》为标志，我国的城镇住房已逐步实现了住房供应的货币化，形成了目前商品房、经济

---

[1]从计划经济向社会主义市场经济体制转轨和由传统的封闭社会向现代开放社会转轨为基本内容的社会转型过程。

适用房、廉租房三个层次的住房供应体系。城镇住房改革是城市社区重组最直接的外部动力。所以，自1980年以来的政治经济体制改革，特别是住房分配市场化和社会保障体制的改革，是促进社会——空间变化，推动单位社区向社会化社区转型变迁最根本的内部动力。

2. 社会阶层化

杨东平[1]认为我国城市群体的构成上出现具有一定影响的社会阶层有：私营企业主、城市白领、城市农民工。2002年，以陆学艺为组长的中国社科院"当代中国社会阶层结构研究"课题组推出《当代中国社会阶层研究报告》，鲜明提出中国社会已经由两个阶级一个阶层（工人，农民，知识分子）分化成十大社会阶层（国家和社会管理者、经理人员、私营企业主、专业技术人员、办事人员、个体工商户、商业服务人员、产业工人、农业劳动者和城乡无业失业半失业者），标志着中国现代社会结构雏形基本形成。2004年他又推出的《当代中国社会流动报告》显示：中国工人、农民的经济、社会地位在下降，中国社会正在逐步走向一个开放的、阶层化社会。社会阶层化及其发展趋势，带来了新的社会空间问题，也给我国社区规划提出新的要求。

3. 市场化和住房私有化

随着国家经济体制改革的深化，我国建国后的实物分房制度经过实物货币化的过渡逐渐走向商品化、市场化。随着福利分房的中止，城市居民个人购房的比重大幅度提升。从上海的数字来看，在现有的购房者中，私有购房占94%，单位购房仅占6%。土地供给方式也由国家无偿划拨转变为有偿使用的市场供给方式。住区建设者由国家单位变为以追求利润为主要目标的房地产开发商，不同的开发商有不同的市场定位，并形成竞争。开发商协同策划者、规划设计者创造着新的居住文化，引导着居住消费时尚。市场的种种游戏规则形成了政府、购房者和开发者之间新的张力。住房私有化使得社区居民的个人财产直接与地域社区关联，有益于在共同利益基础上增强社区成员的命运共同感，对于促进社区共同体的发育、形成和发展具有重要的积极

---

[1]杨东平.21世纪生存空间.北京：西苑出版社，2001.

意义，成为社区在现代城市社会中的生长点。[1]

（二）社区社会构成的变化

我国许多学者认为社区居民的联系纽带摆脱了行政力量的束缚，从"单位人"回归"社会人"，而市场"门槛"和个人选择将不同阶层的人群从原来均质社区中"过滤"出来，相同经济背景和价值观的相似人口在一定的空间地域自愿内聚集，从一定程度上促进了社区的阶层化。从而，以共同利益和特定亚文化为联系纽带的城市居民生活共同体——同质社区逐步形成。

但是，根据我国学者对北京社区的研究发现：目前我国居民社会阶层间的认同性不高，不同收入阶层间的生活方式和消费指向，除了职业差别外，没有形成西方社会阶层内强烈的阶层意识和归属。笔者在西安明德门社区(异质社区)的个案研究中发现不同收入阶层居民间的对立并不明显。这也就造成了我国社区从单位制转向社区社会化、同质化的同时，社区内部的社会构成从某种程度上可以说出现了新的异质化倾向。社区虽然依据价格门槛，将处于同一层次收入水平的城市居民在社区空间集聚起来，但与传统体制下形成的社区相比，社区内部具有更大的异质性。如在市场体制作用下形成的社区，人们除了具有接近的住房支付水平，或接近的收入水平外，在职业、文化程度、生活方式、思想价值观上很难找到更多的相似之处。现代社区中异质性的加强，需要人们探索建立团结和睦的社区人际关系的新思路[2]。

（三）生活方式与人际关系

1. 生活方式

社会进步、经济发展及其引发的人的思想观念和社会意识的变化，也带来了全新的生活方式，从而对社区的公共配套设施配置和布局产生影响。家庭观念和结构也在变化，家庭呈现小型化趋势。[3]家庭小型化了，但人均居

---

[1]王小章.何谓社区与社区何为.浙江学刊，2002（2）.

[2]王颖.城市社区的社会构成机制变迁及其影响.规划师，2002,1(16)：24.

[3]相关研究表明，目前我国除主流的"二代居"的"核心家庭"外，还出现了"丁克家庭"、

住面积却不断增长。这使得同样原为十几公顷用地规模的小区，人口规模从一万人左右减少到五六千人。因此，与人口规模相关的配套生活服务设施也要随之进行调整。

此外，人们的生活方式特别是家庭生活方式的巨大变化带来对生活环境的新需求，成为住宅设计、住区规划建设必须面对的问题，例如，集中购物代替分散的就近购物。原小区规划中必须设置的粮店、菜店、副食店、杂货店已被仓储式超市、大型购物中心等具有市场竞争力和较高服务质量的集约化商业设施代替。另外，小汽车逐渐进入普通家庭，在改变人们出行方式的同时，直接影响住区交通系统的安排。住区规划布局也不得不为"私家车"的停放做出合理安排。不断推进的商业化、信息化进程，也使人类的交往方式呈现出短暂性、功利性和"有限"介入的特征。总之，社会的发展和生活方式的任何变化，都需要有与之对应的生活空间的变化。

2. 人际关系

人际关系可以简单分为情感关系和工具性关系。当前人际关系将面临一场新的变革，人际关系的走向呈现出工具性与情感性相结合，本土化与时代先进文化的整合，网络在人际交往中的作用逐步增大及双向互动的特征，增加明显。[1]

一方面，现代电子传播媒介的广泛运用与快速交通工具的发明则在其间起了催化剂的功用。世世代代在人们的交往中占据着重要地位的距离逐步变得无足轻重，人们可以利用先进的交通工具和快速的电子媒体进行交流。

由此，社会生活内在的时空关系改变了。在场的实体空间不再是人们进行社会交往的唯一中介。当大量的社会活动越来越依赖于人们"不在场"的状况下进行时，人们面对面、亲密无间的直接交往一天天减少，人际关系的疏远一天天加剧，传统的社会联系纽带一天天松弛，现代社会生活特有的人情冷漠和灰色状态四处蔓延，尽管便捷的交通为相距甚远的人们之间的交往

"单亲家庭"、"单身家庭"和"多代家庭"等多种家庭结构并存的局面。

[1] 颖惠,李志红,王文莉.对我国人际关系未来走向的思考.西安建筑科技大学学报,2003,22(1)：49-52.

提供了前所未有的便利与机会（王宏图，2003）。

另一方面，现在市场经济下的人际关系也呈现出经济化、功利化、人性化、庸俗化特点。现代社会人际关系的变化，必然对于社区的人际交往观念产生影响。当代社会人际关系趋于功利化，加之现代社会个体来自安全焦虑、生存压力、信任危机和"心理超载"[1]等诸因素都使得传统人际关系异化，冷漠成为现代社会的时代病症。

社区是以人际情感、认同为特征，可以说现代社区的回归就是人际关系的回归，而如何应对现代社会和信息时代人际关系的变化是社区规划必须面对的问题。

二、我国社区规划实践中存在的问题

中国城市社区的发展大致出现和经历了传统合院式、街巷式、里弄式、单位大院（家属大院）、城中村以及城市商品型住区等几类主要形式和过程。某种程度上，新的社区类型和城市空间变化左右了人们的社会生活方式、交往方式，也对交往的质和量产生很大冲击，大致有以下几个方面。

（一）社会网络的离散

我国在城市化过程中，某些不恰当的城市社区的空间策略、建设方式破坏了旧有社区的社会网络，也使得新社区的社会网络难以建立，导致社会网络在城市空间中离散化，表现在下述四个方面。

第一，旧城改造中的"大拆、大建"和城市中老城区逐渐为商业取代，

---

[1] 1939 年，沃思在其《作为——一种生活方式的城市性》一文中认为，城市社区的居民互相之间是以特殊的社会角色，而不是以包括一个完整的个人在内的关系来进行互动的。他们很少同邻居相互往来，只是在涉及个人的经济事宜时才同他人发生联系。因此，城市生活环境破坏了社区成员的群体内聚力，同非城市居民相比，现代城市居民承受的心理压抑更为明显。在社会心理学领域曾以服从行为研究名闻遐迩的 S. 米尔格拉姆，就曾进一步以"心理超载"的概念来解释沃思的观点。他认为，城市社区居民间的冷漠归根到底在于他们没有能力去处理日常生活中大量的认知信息。由于居民们每天要遇到几千个人，所以城里人就通过和他人保持表面的和短暂的关系来保存自己的心理能量，这势必导致城市社区居民间的道德和社会联系的减弱。

老城区人口外迁破坏了原有社区居民的社会网络。

第二，对原有社区的更新没有足够的重视，老社区中由于十分恶劣的住房条件和设施不完善没有得到及时更新（如图2-1），导致有住房购买能力的人口外迁，也使社区社会网络因分散而破坏。同时，也使许多70、80年代的老社区正在逐渐老龄化和失去活力。

第三，从单位制社区转向市场化后，由此带来单位原有的社会关系网络在城市中分散，原有人际关系因时空距离而松散。

第四，新建的社区物质空间形态没能对社区人际关系的重建做出贡献，导致良好社会关系网

图 2-1　某社区陈旧的老年活动中心

络并未在新社区中建立。近年来，开发商为了增加卖点，"社区"一词被热炒，随之，原来不被人们重视的居住空间环境开始受到普遍关注。为了适应"小康"和"后小康"人们对空间环境的需求，新建社区往往有着花园式的景观和供人们休息和娱乐的公共空间。但仍然存在的问题是：以地缘聚集的社区居民，并没有因此而关系密切、频繁互动。总体上看，由于城市越来越大，集居越来越密，城市化使得人们失去了如四合院、胡同等较小规模、有限领域空间。空间无可控性导致日常住户之间公共居住生活自我管理、约束消失，原来居住的基层居住生活社会组织结构逐渐消失。

总之，随着社会、经济的发展，城市化过程中进行的大规模旧区更新和新区建设，在被拆除的传统居住空间，不仅具有研究价值和特色的建筑，而且还承载着发达的社会网络。原有居民的搬迁，使得社会网络被破坏殆尽。新建的社区一般都缺少有吸引力的公共空间场所，人们远离了自己生活多年的居住环境和交往伙伴，新环境又没有他们交往、休憩的场所。尤其是住高层的老人受身体条件的限制，只能蜗居屋内，带来生理、心理上严重的不良影响。而有些少年儿童也因找不到适合他们玩耍的地方，无法结识同龄伙

伴，性格变得内向、封闭或沉溺于电子游戏，影响他们的身心健康成长（司敏，2004）。新建社区虽然物质环境得到大大改善，但是，从社会学意义上看，社区社会网络和归属感并未真正建立起来。

（二）人文关怀的缺位

社区空间营造中人文关怀缺位，可归结为以下几种情况。

第一，宏观上，城市社区生活时空结构的变迁和个体生活的无谓奔波。随着大规模、迅速的城市开发，城市生活的地域时空结构，从单位制的工作和居住地结合的状态，转向职居生活时空的分离，由此也带来生活的无谓奔波和城市交通的日益拥堵。

第二，从社区微观空间上，建筑挤占绿地。绿化率与人均活动场地、绿地在规划建设中未加区分控制，导致城市过度开发，影响总体社区社会生活的展开。

第三，经济空间挤占社会空间。市场机制下，空间的过度商业化、注重效益、经济利益的同时，许多公益性空间设施商业化或者缺失严重。过分地依赖市场，使开发商经济行为替代了政府的社会行为（特别是大型社区或"大盘"），已经造成新建住区配套的影剧院、文化站等大型文化娱乐设施用地被挤占的现象，居民在获得良好室内外居住环境的同时，又面临文化的贫乏，影响社区培育和违背空间人性化和社会原则（图2-2）。

第四，住区环境建设"美化"、矫情化有余而人性化不足。笔者在杭州及西安等地的许多社区调研发现：尽管住区环境铺装十分考究，

图2-2 新家急需的社会性设施没有及时设置

但仍缺少真实、亲切的生活设施。如室外缺少儿童游玩、青年活动、老人聊天的空间或设施（图2-3）。

第五，人性关怀下的弱势群体在社区环境建构整个过程中被忽视。老年人和未成年人的环境设施建设并未给予与新建社区物质环境提高得到应有的重视（相关的研究也十分不足）。就儿童和青少年设施而言，新建社区儿童生活、游戏设施甚至还不及旧有的老社区。表现为：社区儿童游戏场所缺乏（图2-4）；某种程度的标准化和内容形式的空洞；没有根据不同年龄儿童的成长心理特征，设置多元化的设施并进行科学组合等[1]。

以上种种问题，使得新建社区往往看起来漂亮了，然而真正生活在其中却不比老社区亲切、温馨。

（三）空间异化和社会隔离

在社会阶层化趋势下，我国许多学者实证研究表明，不同社会经济阶层的居住空间分层和隔离成为中国城市社区变迁的趋势。[2]现实的城市居住社区呈现出一种"多

图2-3a　社区不乏水景，但似乎缺乏可参与性的亲水空间

图2-3b　开盘时望去好一派江南水乡，入住后反成百无一用的摆设

图2-4　放学后在社区中没有好玩去处的儿童

[1]欧美的一些儿童游戏场设计较为成功，有以下几点值得借鉴：景观富于变化具有很强的吸引力；材料、色彩运用简单，符合儿童行为心理；体现儿童的可控性、操作性，甚至可以利用空间和原始材料创造性建设自己的环境和玩具。这样既增加游戏的趣味性也培养儿童的创造力，将环境设计与教育目的完美结合，创造真正的儿童成长环境。

[2]雷克斯和摩尔合著的《种族、社区和冲突》(1967)一书中，对居住社区分层进行了概念描述。著者通过对英国伯明翰市内稀缺的住宅资源进行调查基础上，提出了"住

元化"格局,居住社区的地域空间分层日益明显。[1]从笔者的社区调研中发现,以前倍受批评的单位制大院造成的社会隔离问题并未在市场化的住区建设中解决,反而有加剧的趋势。新建住区几乎无一例外的都是大院——"门槛社区",[2]只不过由原来的砖砌变成美观的"铁艺"制品而已。

(四)有失社会公正

第一,从体制上讲,过度依赖市场,使一部分先富起来人的居住环境得到了改善。虽然国家已实行经济适用房和廉租房政策,但要真正使得"居者有其屋"、最大限度地为广大人民提供住房,则必须在住房市场化供应的同时加大社会住房的有效供给。

第二,社区空间营造过程中社会公正的缺失也表现在宏观上的城市社会空间隔离和城市空间的不均衡发展,以及城市设施,如公园、广场分布不均衡等等诸多方面。

由上可见,目前我国体制上的、空间策略和具体的空间模式上的,特别是对于社区规划的社会性认识不到位、政府监管的"缺位、错位、越位"以及相互交错的等等因素都造成了在市场机制下社区空间营造阻碍了建构人文社会的进程。

三、国内外社区规划研究现状

(一)国外社区规划研究现状述评

本书重点是从社会视角探讨社区空间规划,社会学的社区研究对社区规划产生了直接的影响。所以,在回顾规划建筑学科的研究成果之前,有必要

宅阶级"这一概念。他们认为国家和私人资本对城市住宅的投资,促进了住宅市场的兴起,而对不同住宅的拥有就产生了不同的"住宅阶级"。雷克斯和摩尔还以"人文区位学"的分析为起点,应用了伯吉斯的同心圆理论,认为城市内的不同圈层分别为不同阶级的居住地。

[1]赵民,林华,居住区公共服务设施配建指标体系研究.城市规划,2002,26(12):72-75.

[2]自20世纪80年代以来,出于社区安全的考虑,在西方兴起将社区用围栏围起的社区形式。学者们称之为"门槛社区",并备加指责。

回顾一下社会学对社区研究的现状。

21世纪以来，社区研究沿着两条非常清晰的脉络发展。一是随着社会学学科的分化，社区研究越来越专业化，形成了不同的社区理论，如以帕克为代表的人文区位、社区行动等理论；二是社区理论与社区规划建设实践相结合，适用性的不断加强，其研究成果直接应用于开展社区建设、社区发展规划、社区可持续发展研究。社会学的社区研究对社区空间规划产生积极推动作用。

20世纪60、70年代，旧城衰落以及各种城市社会问题的出现促使人们对城市综合整治和管理的意识形态本质有了前所未有的认识。人文主义和行为主义对城市居民的日常生活行为体系的研究和社区参与成为城市发展重要的社会内容。在此基础上，社会学对于城市整治参与意识加强的微观理念下的社区空间的社会目标，形成两种认识，一方面它可能加强了社区内部的凝聚力，另一方面也在社区之间产生了新的空间排斥。

随着后工业化时代的来临，新一代的社会学家开始怀疑以帕克为代表的城市社区理论。当代城市社会学着重于研究邻里变迁与居民居住的移动性特征、居民对于场所空间的认可度及其价值取向标准。特别是80年代以来，"门栏社区"、"兴趣社区"的出现使现代大城市居民的社会根基感更多地取决于经济、年龄、家庭生命周期所处的阶段，而不是其所居住邻里的空间界域。社会学开始更多地关注在个人化的现代城市中城市生活场所延续的问题，提出了"有限责任的社区"[1]的概念。1990年以后，西方社区社会学将社区置于广泛的自然、社会、政治、经济、文化、种族等背景上来理解，联系个人深层的精神世界和生活体验而寻找社区的意义、功能、结构，提出了诸如

图2-5 健康社区的理论模型

---

[1]其认为城市居住的生活场所主要是指"居住邻里"，以自愿为主。在"有限责任"的前提下，城市生活场所的物质和社会边界主要由居民所居住地域存在的政治机构、自愿组织和地方机构所决定，而且这种决定作用不亚于原居住邻里区人们面对面的相互作用。

"学习型社区"、"健康社区（如图 2-5）"等新理念。

从城市规划角度，社区规划是城市化和逆城市化的一个折中，实质上是一种微观城市主义（Micro-Urbanism）或说小城镇模式（Small town paradigm），包括花园城市、邻里单位、新城运动、新城市主义等理念和模式。这些理论实际上是某个历史时期人类所面临主要问题在设计理念和目标上的反应。本书对于社区规划理论的回顾是根据本书的研究目的，以在社会目标下的社区空间理论变革为线索，以时间为顺序展开综述。本章将过去 100 多年社区规划理论的发展划分为四个阶段，将时代思潮、面临问题、规划理论、可操作模式一起回顾，以期获得清晰的、总体的轮廓。

1.1850—1916 年分散思想、社会改良、花园城市

19 世纪中叶以来，城市贫富分化和大城市"无根漂泊（losing one's roots）"现象受到社会学家的关注。1845 年恩格斯的名著 The Condition Of Working Classin England 对当时曼彻斯特工人生活状况触目惊心的描述和深刻的分析导致了社会主义思潮迅猛发展。欧文、圣西门、傅立叶等乌托邦空想社会主义者提出实现社会平等的社会改良主张。这些思潮后来成为"田园城市"等一系列城市社会改革方案的动因。[1] 在此社会理想下，托因比（Toynbee hall, Barnet）提出运用邻里中心创造社会居所（social settlement）促进贫富阶层的人们相互学习，相互理解和支持的主张。19 世纪初，欧文（Robert Oven）在苏格兰 New Lanark 建成第一个工业定居点。社会居所运动有许多的追随者，在一战前，英国就建有 50 个类似的居所。其奉行"好工作只有在工人衣食无忧并被很好教育基础上才得以可能"的社会理念。

19 世纪末，面对工业发展、城市迅速膨胀带来的城市卫生、住宅供应和城市发展等问题，寻求秩序化、结构化、分散的区域化的环境来代替无规划城市成为寻求理想人居环境的首要选择。1898 年，E. 霍华德，受 19 世纪初工业定居点（industrial settlement）模式的影响，提出花园城市模式：一连串的命名为"社会城市"（social cities）的卫星城围绕中心城市建设，"社会城市"人口 3 万人，占地 1000 英亩，周边有 5000 英亩的乡村围绕。第一个

---

[1] 吴志强.《百年西方城市规划理论史纲》导论. 土人景观网站，日期：2003-1-69：59：20.

花园城市 Letch worth（1903—1904）和第二个 Welwyn（1919—1920）广泛都采用尽端路（Cul-de-sacs）以获得围合和亲密感。"花园城市"是低密度、分散思想下的社会—空间微观模型。其核心是改造大城市，使工业化城市与理想的居住条件相适应。

　　随着 19 世纪生态学研究的进展，以一种细胞式的微观单位作为有机城市构成的认识被隐喻式的带入城市理论，成为社区空间模式的理论源泉。城市规划创始人盖迪斯和其后继者芒福德、佩里、霍华德，美国景观建筑师奥姆斯泰德、伊·沙里宁及亨利·赖特等都为有机城市论的发展做出了贡献。根据有机城市原型的规范理论，城市社区应是分散的社会和精神单位，并尽可能自给自足。而在社区内部，场所形态和人应该高度地相互依靠、团结互助，城市形态本身是一整体，并且有一个最佳规模。这一城市社区又应是健康同质的。人和场所的交融有某种最佳的均衡，城市形态内部组织具有等级层（王建国，2001）。分散化思想、微观理念以及此后英国的新城模式影响了 1980 年以前的社区规划实践，1980 年以后面对人类可持续发展问题提出紧凑城市理念。

　　2.1916—1945 年，邻里单位、新城理论

　　（1）现代主义城市社区模式

　　19 世纪，工业无序发展造成的城市社会和物质条件恶化，促使人们寻求城市生活的变革。一战前后，在现代主义理论影响下，产生了许多具有代表性的城市理论：建筑大师勒·柯布西耶的"明日之城"[1]（如图 2-6）、规划师 T. 夏涅的"工业城"[2] 和美国建筑师赖

图 2-6　明日之城模型

[1]明日之城用简单的几何图形的方格网加放射形道路系统来统领全局。住宅区分布在公园周围并且均向高空发展，以便留出大片空地布置公园和运动场等绿地空间。这种设计既可保持城市住宅区人口高密度，又能形成开阔、安静和优美的居住环境，使居民获得充分的阳光与空气。

[2]"工业城"中的居住区分成若干小区,居住区的中心位置设有项目众多的公共建筑,

特提出的"广亩城市"[1] 等。与"花园城市"相似,上述现代主义城市理念都主张在大城市周围建立若干居住区,分散大城市居民,降低人口密度,改善大城市生活空间质量。

（2）邻里单位理论

美国规划师提出的"邻里单位"思想是源自这个时代对人文社会的关注。当时,资本主义迅速发展导致的"社会危机"引起了那个时代社会学家和规划学家的高度重视。为了挽救都市的社会瓦解,1912 年美国建筑师 WillianmYE.Drummord 在总结前人观念的基础上提出了"邻里单位"的概念。20 世纪二三十年代,芝加哥人类生态学派开始关注社区及其物质环境的组织关系,大量调研"城市、社会组织、自然领域的关系"的社区单位,探索怎样设置邻里单位成为城市生活的重要组成部分。这种邻里导向的定居运动被发展为"将邻居、家庭、不同志趣的人们组织在一个小区域内的社会生活"的理念。它成为邻里单位理论的社会目标和重要思想源泉之一。此后,美国建筑师、美国规划协会成员佩里（C.A.Perry,1872—1944）访问 Howard 和观摩英国花园城市实践之后,在总结邻里社会定居点的经验基础上,明确提出了"邻里单位"尺度的 6 个原则[2],明晰了"邻里单位"物质构成要素。

邻里单位"基于社会改良和致力于社会阶层整合的理想",强调"一种基于家庭、公共空间和公共利益分享的,而不是出于特定职业、爱好的人们有意识归属亲密的、面对面的社区 (Mum Ford,1954)"。美国新泽西州的雷

小学校、生活服务设施组合在居住用地之内,绿地占居住用地的一半,绿地中间贯穿着步行路网。其布局依据地段条件,可以灵活地变形,并注意了日照通风等要求。

[1]住宅区应结合自然环境布置,并反对严格地进行功能分区的规划模式。

[2]1.邻里单位四周为城市道路包围,城市道路不穿越邻里单位内部。2.邻里单位内部道路系统限制外部车辆穿越。3.邻里单位的人口规模主要以小学的合理规模为基准,以避免小学生穿越城市道路上学。4.小学以及其他的邻里服务设施位于邻里单位的中心。5.邻里单位占地约 100 英亩,每英亩（0.4km²）10 户,以保证儿童上学距离不超过半英里。6.邻里单位内的公共设施主要包括教堂、商店、图书馆以及活动中心。总之,邻里单位以小学校及其连接的区域为基础,以 1/4—1/2 英里（0.4—0.8km）为半径,以城市干线为边界,为学生上学提供安全的区域,建立邻里单位的概念。学校在夜间被成年人作为社区中心使用,人口规模为 5000—10000。

朋[1]（Radburn，图 2-7）是第一个按邻里理论建立起来的促进公共生活方式的社区实例。其道路层级化、尽端路及交通隔离模式是回应私人汽车增长的主要改革，此后邻里单位理论连同 Radburn 的交通改革模式极大影响了世界范围内的社区规划，特别是英、德、法等国的战后社区重建规划，以及日本、新加坡等的社区规划理论。

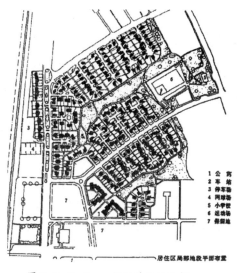

图 2-7　Radburn 社区总平面局部

　　邻里单位理论不仅是一种理性实用的设计概念，而且是一种经过深思熟虑的社会工程。它摆脱了当时街区和景观大道的简单空间模式，将规划基本单位界定为一种邻里基础上更为复杂的社会空间单位（Mum ford，1954，259-261）。邻里单位的广泛成功，几乎成为那个时代的规划共识，并引起对邻里单位规模、阶层混合和导致某种程度的社会隔离后果等方面的广泛讨论。

　　C.A. 佩里的"邻里单位理论"以人的需求为出发点，以居住地域为基本构成单元，以创造完备的基本生活空间环境为主旨，把生活的安全、宁静、

　　[1] Radburn 模式中，基于人车分流的观念，多个禁行街区（Super block）围绕中心公园的布局。整个街区被服务通道围绕。从服务道路引出尽端路与住房组团相连。相应的，住房空间组织也从功能上分为服务区和生活区。住房的生活区、居室尽可能的卧室都朝向通往中心公园的步行道，并且社会设施居中布置。住房的服务区、厨房、车库面向道路。步行道和机动车道的完全分开，当通过禁行街区时，运用天桥和地下通道的联系。

舒适和卫生等功能放在首位，特别强调邻里的亲和氛围与社区活动。它是继花园城市之后的又一个理想的城市微观"社会—空间"模型。然而遗憾的是，后人对邻里物质定义的关注远远超越对其社会意义的关注，使得以后的邻里实践强调物质而忽视社会主张。例如，1934年，美国的联邦管理局提出邻里在社会和种族构成上同质化以提高居民的社区感的主张（McKenzie，1994）。这表明邻里作为异质社区的社会目标一度曾被注重私人利益的美国文化放弃。直到今天，对邻里形式、功能和特征的描述仍然成为实用的规划原理和观念。其中最有影响的是亚里山大的模式语言中对理想城市模式的概念。邻里单位理论也在批评中逐渐完善。至今，其社会主张又被美国的新城市主义重新推崇。可以毫不夸张地说，邻里单位是世界范围内社区规划空间单位的原型和基本单位。

（3）英国新城镇理论

新城镇运动无疑是20世纪最主要的城市发展主题之一（Madanipou，1992，1993）。同时，它也引起来自社会学、建筑学和规划领域"巨大的国际兴趣"（Flemingetal，1984：227）。由于面临的现实问题在变化，新城建设过程中针对问题的设计方法和原则也随之调整。我们大致可将新城理论演进分为四个主要阶段：第一个阶段属于在有限机动性和半径内的小城镇分散模式；在机动车的影响下，第二个阶段分散模式演变为线型模式，成为一种较为紧凑的城市实体；第三阶段是前二种的结合；第四阶段导入一种开放的矩形路网，以适应城市的肌理（如图2-8所示）。

第一代新城明显受花园城市的影响，规划目标是应对城市环境过分拥挤和潜在的社会阶层冲突问题，创造健康休闲的居住环境。规划理念的前提是假定居民简单的、可预知的行为模式。所以，其设计思想是布置一种小城镇。新城是由相互独立的、低密度的邻里单位构成，邻里单位聚集在城镇周围，力图形成良好的、整体的社区，其密度不高而且邻里居民可能在几分钟内步行上班和购物。工业区常常有1或2个点，在城镇中心附近与铁路或公路干线相连。别墅住宅构成的邻里单位分布在环路两边，每个邻里单位分成一两个禁行区（superb locks），人口以支撑一个小学的规模为限。中学常布置在禁行区的中间以方便学生安全到达，并且与社区中心相距不远；绿化空间填充邻里单位间的空间。社会—空间系统根据簇形住宅（clusters）和形成中心的理念来组合（图 2-8-1）。这种模式被视为整合城镇人群的方式（Gibberd，1992，1982）。

社会行为的变化、机动性提高导致了邻里范围内的社会隔离和不公正。新城人口的增长也促使城镇变大，规模的变化导致交通形式的变化。从步行、自行车到公共交通和私家车，显示了一种机动性的提高，新城的形态也从一种有限"自支持"的城镇逐渐演化为一种区域环境中的城镇。

为了适应私家车使用的机动性和城市文雅化的需求，第二代新城演变一种紧凑的线型空间形式（图 2-8-2）。新城与周围区域环境相关联，却与其紧靠的周边相对，形成了一种具有强烈聚集式的线型中心。所有的居民住在中心可达的步行范围内。城镇中心的模式也变了，变成了一种多层次交通和

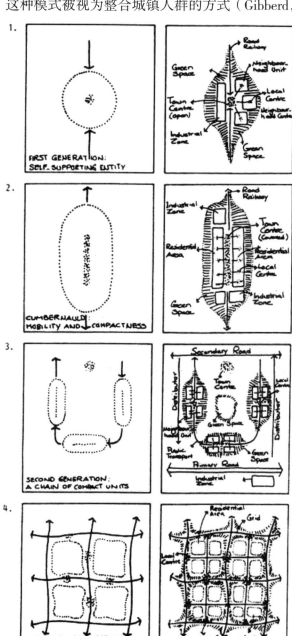

图 2-8 英国新城镇运动的四个阶段

步行可达的商业街。分开的邻里被取消，建筑物高度提高，目标人口提高，并且工业区趋向于在城镇中分散开。

与第二代的紧凑形态不同，第三代新城规划中，如 Runcorn，城镇形态表现出由一定尺度规模的、分开的居住单位通过公共交通加以联系的松散结构特征。许多构成城镇的邻里单位围绕作为形成城镇形式的公共交通路线，以线形被分成几组。路网穿越这些以围合结构形式组成的城镇部分，并将其联系起来（如图 2-8-3）。邻里设施围绕公交停车点布置。每个居住单位都是基于步行距离内的理性规划。

随着社会的富裕和机动车的普及，第四代新城面临的问题不再仅仅是提供最小可接受的居住标准，而是努力提高生活质量，如何提高居民选择的自由和灵活性成为新的目标。以华盛顿和米尔顿·凯恩斯（Milton Keynes）为例，第四代新城设计观念完全体现了以小汽车为主导的城镇结构，这是新城建设的最主要特征。在变化的过程中，私人汽车将地区中心从居住区中心转移到住区的边界，使之能更方便从路网进入（如图 2-8-4）。

战后重建过程中，英国社会学家皮特曼主张在新城建设中以邻里单位规模平衡社会构成、避免社会片断化作为实现社会规划目标的手段。这种社会理念体现在 1944 年大伦敦规划的住宅布局原则中——以培育"社会幸福感"和"充分建立社区生活"为目标，强调物质布局和功能混合。而在美国，直到 20 世纪 70 年代，根据邻里单位原理和基于雷朋交通隔离区的设计理念才重新被大多数当地规划部门所实践[1]。

总之，英国新城理论与邻里理论和"花园城市"整合，发展成提供多种类型住房、满足所有社会阶层需要、维持社会稳定的"有机社区"观念。新城设计 30 年的变迁几乎都可以看到与机动车不断提高的重要性有关，并且成为这一时代思潮最显著的特征。在新城理论发展四个阶段，一直在探索促进社会互动为目标的空间形式，其中丰富绿化、尽端路和"簇状"住宅组团

[1] Urban Planning in a Changing World, The twentieth century experiece, Edit by Robert Freestone. First published 2000 by E&FN spon, 11 New Fetter Lane，London EC4p 4EE：32-36, 230-245.

的运用一直在新城设计中处于中心的地位。交通禁行区（人口、机动车、人行）和功能分区的总体关系也基本保持不变。

3.20 世纪 60—80 年代，人文主义、行为主义、后现代城市主义

二十世纪五六十年代，人文主义和行为主义思想的兴起，直接引发对现代主义的全面的质疑和批评。后现代主义设计思想引发西方关于后现代城市主义（Post Urbanism）的研究热潮（Nan Ellin，1999）。起初的后现代城市主义理论包括文脉主义、折中主义、地方主义、文雅主义、女性主义、环境主义、新城市主义。后来内容延伸至社区参与、倡导规划、总体规划乃至对社区、边缘城市问题的广泛关注。这一时期，西方规划理论界开始关注城市规划中的社会可持续发展问题。可以说整个二十世纪六七十年代的城市规划理论界对规划的社会学问题的关注超越了过去任何一个时期。[1]

雅各布斯（J.Jacobs）于 1961 年发表的《美国大城市的生与死》是这一时期开始的标志。同年，美国人文主义大师芒福德[2]发表的巨著《城市发展史》中揭露到，"一些好的郊区，它的物质环境是如此美好，以致很少有人注意它在社会方面的缺陷和疏漏"，"郊区真正生物学上的好处也被心理和社会方面的弱点所破坏"。

在人文主义思想下，六十年代后，西方城市建设提倡"以人为本"，主张以小规模渐进的方式改善环境，创造就业机会，并将促进邻里和睦作为社区规划的主要目标。社区规划的理念越来越被居民所接受，城市居民纷纷成立社区组织，参与城市规划。

4.1980 年至今，可持续发展为主题的多元化探索

20 世纪 80 年代后，虽然西方发达国家的城市进入了成熟期，但仍受到不断发生社会问题的困扰。社区规划的社会目标再次受到重视。所以，西方发达国家在关注自然资源、能源为中心的可持续发展同时，逐步转向社会整

---

[1]吴志强.《百年西方城市规划理论史纲》导论：2003-1-6.

[2]他认为城市中人与自然的关系以及人的精神价值是最重要的，而城市的物质形态和经济活动是次要的。他的人文思想对规划理论的发展产生了不可磨灭的影响，他也因此被称为人文主义大师。

合的空间模式与环境、经济综合可持续发展的多元化探索。如美国的新城市主义、英国的"城市村落论坛（Urban Villages Forum）"、欧洲的"可持续城市运动（Sustainabale Cities Campaign）"、美国的传统邻里和交通导向模式（PP或TOD）都是建立阶层平等同处的城市居住空间新探索。[1]

（1）新城市主义（New Urbanism）

新城市主义是美国为对抗城市蔓延、反对总体规划和"门栏社区"（gated communities）等现象，主张通过改变郊区增长方式来重塑小城镇和居住区的规划运动。新城市主义强调历史传统、文化、地方建筑传统、社区性、邻里感、场所精神和生活气息等理念。这些主张源于20世纪早期（前工业）盛行的城镇规划模式，而将其调适于现代生活模式[2]。新城市主义的主张集中表现在1993年的《新城市主义宪章》中。

新城市主义认为城市的基本组织要素是邻里、区域（the district）和走廊（corridor），并且这些组织要素相互提供设计上的支持。一个理想的邻里应当具有以下特征：

① "中心和边界"；

② "最佳的规模"，"中心到边界1/4公里"；

③ "平衡的功能混合——居住、购物、工作、上学，礼拜和娱"；

④ "优良的相互联系的街道网络"来组织建筑基地和交通；

⑤ "公共空间和适宜的市民建筑"优先（DPZ，1994：xvii）。

第二个基本要素是"功能专门化的城市区域"。它是以一种功能为主导的功能混合区，而非单一功能区。区域和邻里以相似的原则进行空间组织。

第三个组织要素即走廊。走廊是被其所连接的区域和邻里所限定的、并向他们提供入口的空间。走廊可以包括公路、自然荒野和铁路。他们认为街道网络的频繁联系会提供路径选择，因而可以减轻交通拥挤，同时控制车速

[1] 肖达.21世纪的住室模式谈.城市规划汇刊,2003.2：80-83.异质与同质社会区的困惑.

[2] 新城市主义（New Urbanism）是应当下之需，它也来自对美国梦的一种怀旧情结，并且"它代表一种曾经出建成的某些美国最适宜生活的社区建筑和规划传统的复兴（Bressi，1994：xxv）。某种看起来作为"值得珍惜的、紧凑的社区（Katz，1994：1x）。

（Breesi，1994，xxxii）。同时，网格状街道还可保证邻里单元连续性。

新城市主义的两大贡献是传统邻里理念（TND）和交通导向理念（TOD）。

TND[1]主张通过采用道路网格化、功能混合使用、适宜的开发密度、居住区内步行可达、设施的开放等回应传统的以汽车使用主导的开发模式。TND社区规划的基本单位是以住宅区（40—200英亩半径，1/4英里以内）为基本单位。其基本理念表现在以下几个方面：住宅区设置在从公园到住宅徒步行走3分钟的路程以内，徒步行走到日常生活必要设施5分钟的路程范围内；居住区有多样化的家庭构成，并有适合于各阶层人群居住的各种类型住宅；大多数家庭都能在步行3分钟到达邻里公园，5分钟步行到社区中心广场和公共区；社区中心设有会议厅、儿童照顾中心，汽车站和便利店；每个邻里包括不同的住宅类型和收入阶层（图2-9）。

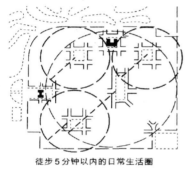

徒步5分钟以内的日常生活圈　　　　　　　徒步3分钟以内的近邻公园

图 2-9　TND 的概念模式

新城市主义传统邻里观念是对"拥挤的、分裂的、令人不满的郊区和互不相干的城市中心"的一种回应（DDZ & chellman，1989：71）。TND作为针对汽车交通增加产生的问题的对策是：确立适当的土地利用形态和采用减少移动距离的网状型循环的交通系统。考虑将工作、居住和购物等用途适当的集约化配置,提供一个能在各用途间以较短的距离移动的直接路线[2]。TND模式为新建和重建区域提供了一种可替代模式：紧凑的、混合使用的、步行友好的邻里；适宜和可识别的地区；功能和美观上将自然环境和人造社区整

---

[1]美国规划师 Andres Duany 提出的规划理念。

[2]A.Duany，E.Plater-Zyberk：Towns and Town-Making Principles(1991)：53,547.

合成为一种持续发展的整体（corridors，CDPZ，1994：xx）。

美国规划师皮特·克里斯托夫（Peter Calthorpe）把新城市主义的观念运用在区域尺度提出了交通导向模式（TOD）。TOD模式将公共交通模式和土地利用模式的直接联系建立起来。其理念基础是"越是将起点、终点设在一个步行可达的公共站点范围内，越有更多的人选择公共交通"。

他认为，真正城市的重要质量体现在："步行尺度；可以辨认的中心和边界；整合人口和使用的多样性；以及限定公共空间。"（Peter Calthrope，1994:xv）。他主张：应当限定边界（如城市增长边界）；环境系统应通过区域交通系统支持步行交通；公共空间应网格化；公共和私人领域应形成互补的层级（如相互联系的文化中心、商业区靠近居住区等）；并且社会阶层和土地用途应当多样化（Peter Calthorpe，1994：xi）。皮特·克里斯托夫把上述理念整合形成TOD模式——高密度将商店、住房、办公混合并紧密交织的社区围绕在一个交通中转站周围（Bresi，1994：xxxi）（图2-10所示，其中a、b、c是实例）。克里斯托夫认为这些原则可以用于所有规模的都市区域和所有新开发、郊区、区域更新或整个区域都应按新城市主义的原则来组织。

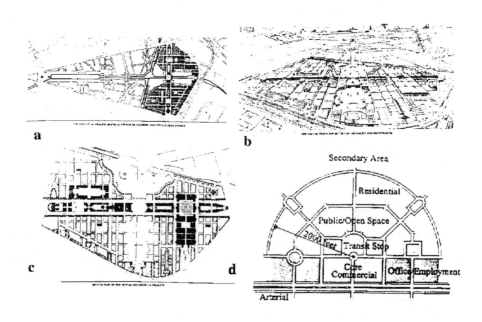

图2-10 TOD的概念模式d与实例a、b、c

新城市主义与花园城市、邻里单位概念、英国新城理论之间有许多相似之处，如它借鉴了花园城市理论的"社会城市"的概念。此外，它们之间也有明显不同，表现在：各自不同的经济基础；新城规划中广泛采用尽端路，而新城市主义却反对它，主张采用网格道路；新城市主义采用传统样式，而新城理论和花园城市采用了体现他们那个时代导入的现代性建筑形式。

（2）英国"城市村庄"

城市村庄实质上也是一种微观理念下主张最大程度支持的社区模式（Aldous，1995:24）。城市村庄的物质特征是由英国的城市村庄论坛（Aldous，1992—1995）提出的。其主张"更多的人在步行范围内居住、工作、购物、休闲"。城市村庄应当小得使"人们有机会相互认识——通过视觉、名字或两者；城市邻里单位应是有吸引力的、生活气息的、活动丰富的和紧凑社区；社区致力于产生一种基于共同经验和促进社区共同作用的动力"（Aldous，1995：24）。

多个城市村庄通过形成"簇状的城市村庄"与城市区域联系。毗邻的城市村庄，无论是新开发的还是原有的城市村庄，都应致力于不仅完善当地设施，而且还应包括完善更大范围内城市村庄和区域的设施。这些设施应在城市村庄中分布，最终将每个可达的居民范围整合到更大范围的设施和机会中，从而形成多中心组团。在社会意义上，这种物质安排也弥补了以前单一功能规划与城市设计准则不符之处。

（二）西方社区空间规划设计要素的变革

综上所述，西方的社区规划理论一直是以邻里为微观原型发展而来的。邻里单位、新城理论到最近的新城市主义和城市村庄等理念的变迁也促进了社区空间设计的变革。其包括社区空间的规模、结构、中心、边界、开放空间等诸方面的主张，反映了社区规划理念演变的具体脉络，详见表3-1。

表 2-1　邻里社区设计主张的沿革

	邻里单位（佩里，1929）	伦敦规划（Forshaw 和 Abercrombie，1943）	邻里规划（Dudley 报告，1994）	TOD（克里斯托夫，1989）	TND（Krieger，1991）	城市村庄（Aldous 1992,1995）
人口	5 000 人	6 000—10 000 人	10 000 人	2 000 套	—	3 000 人—5 000 人
物质界线	以城市干线为边界	具有一种"隔离质"一种"有界定作用的实体"	开放空间，道路、铁路作为邻里边界	穿越式交通每个方向有 3 个城市街区	—	有作为保护作用的临接土地，最大限度的自支持
明确的中心	邻里机构在社区中心	公共或其他建筑成组团布置以形成节点	每个邻里中有明确的中心	邻里中心位于家步行可达的距离范围内	可辨认的中心	有影响的村广场
物质规模范围	距离住房0.5 英里内应有零售商店	邻里规模应当便于学生上学	距离住房0.25 英里内有零售商店	5 分钟步行至交通中心（150—100 英亩范围）	5 分钟步行至中心	小得足以让每个人都在步行距离内见面
住房	—	—	多种住房类型	低层高密度、混合土地使用	多种住房类型	混合住房使用；居民年龄、社会组成多样
混合功能	商店沿城市道路布置在邻里的边缘	邻里有自己的商店、公建、学校、开放空间	社区内功能混合使用	住房、办公、零售、日常照顾、娱乐、公园	商业和办公在邻里的边缘	零售与其他用途混合
中/小学校	小学校位于邻里中心	中学在邻里中心	中学在邻里中心		小学在 1 英里内	中学在规划范围内
开放空间模式	提供公园游乐场	邻里围绕公园布局；公园游乐场要平均分配	连续布置公园和游乐场	汽车可达几个公园；布置游乐区；大孩子玩的院落	靠近住宅的游乐场	应当考虑开放空间

	邻里单位（佩里，1929）	伦敦规划（Forshaw 和 Abercrombie，1943）	邻里规划（Dudley 报告，1994）	TOD（克里斯托夫，1989）	TND（Krieger，1991）	城市村庄（Aldous 1992,1995）
街道路网	连接的内部道路网，不鼓励穿越交通	儿童步行上学不穿过主要城市道路	相互连接的街道和尽端路	人行路线与公园相连；商业中心和汽车交通路线相连	相互连接的街道网	连接的街道网
住宅组团	—	—	100—300人的居住单位与步行道路相通	根据不同生活圈的位置多种组团	形成街道和广场	簇状组团
交通组织	交错的道路、高速路和尽端路；汽车导向的物质布局	避免弯曲的住宅道路与主要道路相交	人车交通适当分离	人车适当分离；注意区域和次区域公交；组织周围的公交站点	机动交通；安静	机动交通；安静

（三）我国社区规划理论演进

近年来，我国的社区及其规划研究归纳起来大致有以下几个方面：社区内涵概念的探究，社区建，社区规划，类型社区研究，社区（转型期）问题及对策研究，信息化社区研究，社区可持续发展与可持续社区研究。社区空间规划研究集中在以下六个方面：城市社区空间发展变化的研究；城市空间结构及其基本理论研究；城市社区空间质量评价与实践探索；城市社会空间规划的理论研究与实践探索；社区空间适居模式研究等。从中我们可梳理出我国社区理论演进的四个阶段。

1.居住区规划理论

我国居住区规划理论形成于建国初期的 50 年代。当时，在接受前苏联居住小区理论的基础上，结合我国的基本国情，形成了以"单位制"为城市空间组织模式、以国家投资作为供给方式的具有中国特色的住区建设规划理论。

在此后的 20 年，我国以居住小区理论为指导，进行了大量的居住区建设，由此奠定了小区模式在我国居住区规划建设中的主导地位。改革开放以来，随着住区建设实践的展开和国家试点小区的推广和成熟，居住区规划结构模式经历了"居住区—居住小区"和"居住区—居住生活单元"的二级规划结构到"居住区—居住小区—居住生活单元"的三级结构的调整；居住小区的空间结构也由"小区—组团—院落"的三级结构向"小区—院落"二级组织结构的发展。但是总的来说，社区规划并没有脱离居住小区为基本单位的物质空间组织方式。

2. 综合居住区理论

20 世纪 60 年代以来，特别是受到 1977 年《马丘比丘宪章》的影响，我国也提出城市功能适当混合布局的理念，在居住区规划中提出了综合居住社区理念。它主张城市社区应以居住功能为主，综合生活设施的空间配置模式；综合居住社区按规模结构可分为组团、小区与综合社区三个层次；结构上形成一个包括生活、经济、交通、游戏、文教、医疗、管理与科技八大功能体系的城市区域，共同构成互相交融的有机整体。社区内部具有互相依赖的社会关系和与居民城市生活组织模式相适配的、相对完善的生活服务设施。综合居住区注重功能综合，但没有脱离物质规划的本质，实质上是居住区规划的新发展。

3. 社区规划理论

改革开放以来，基于社区理念的社区规划在我国逐渐受到重视。社区规划实践虽然在形式上继承了原有居住区规划中的居住区—居住小区—组团的格局，但是其着重检讨原有居住区规划对人文互动考虑的不足，关注从人本主义的角度，建立社区中人的行为、人与人之间及人与社区环境之间的互动关系；同时，关注产权性质，建设主体和管理主体变化带来的影响，探讨怎样使入住居民与新建社区间的磨合过程相对缩短（赵民，2004）。

在社区理念下，社区规划注重空间规划的多学科交叉的研究也开始起步。在地理学领域，王兴中[1]系统总结国外相关研究理论，以西安为例对我国城市社会空间结构以及城市空间与社会空间相互作用进行系统研究，特别是对日常生活、城市场所及邻里空间感知的研究，对社区空间规划有很强启发性。柴彦威、刘志林[2]等结合时间地理学、行为地理学、生活时间学、交通行为学等多种方法，对居民行为时间特征与空间特征的研究勾勒出中国城市时空结构。其对中国城市通勤活动、购物活动、休闲活动及迁居活动等的时空结构研究对社区中观层面的认识具有启发意义。吴起焰的城市居住空间分异研究对认识我国社会空间的趋势具有借鉴意义。在规划建筑学科，王彦辉[3]博士（2002 年）从人文视角对社区空间整体营造提出了整体、适居、公平、共享、生态与持久发展原则，并对形态空间及相关的社会组织进行研究。清华大学的高朋（2000 年）从社区建设角度审视我国居住区规划的不足，对社区的规模、社区建设设施提出了建设性的建议。赵民，赵蔚[4]对社区发展规划进行了系统研究，其中，采用因子分析法对社区成员、组织、物质空间及社区意识的相关性分析对空间规划有重要启示和指导意义。

4. 可持续发展社区规划理论

可持续发展社区是可持续发展思想在社区规划中的应用。我国的可持续发展社区规划理论研究主要集中在自然、生态方面[5]，包括居住理念、高层化策略、生态社区等。社会原则下的社区可持续发展仍在起步阶段，相应的社区空间模式探索更是少见。

[1] 王兴中. 中国城市社会空间结构研究. 北京：科学出版社，2000.

[2] 柴彦威，刘志林. 中国城市的时空结构. 北京：北京大学出版社，2002.

[3] 王彦辉. 走向新社区：城市居住社区整体营造理论与方法. 南京：东南大学出版社，2003.

[4] 赵民，赵蔚. 社区发展规划——理论与实践. 北京：中国工业出版社，2003.

[5] 吕斌. 可持续社区的规划理念与实践. 国外城市规划，1999(3)：2-5.

四、研究现状存在的问题与本书研究的视角

（一）理论研究的局限与发展趋势

纵观 20 世纪社区及其规划研究的宏观图景，可以归纳为以下三个方面的特征：

1. 社会学、规划与建筑学科、地理学科的研究相互交织在一起，社会科学对建筑与规划学科的研究有重要的影响，社区规划关于空间的社会性和社会原则研究多源于社会学研究的启发。

2. 各学科对于社区、场所、地域等微观空间概念之间界限是模糊的，他们对于社区、地域的现实意义从经验—理论、认识论以及规范社会生活的作用三个方面的意义仍存在一定的争议。争议的焦点是现代性交通和通讯技术造成的时空空间变革和由此导致人们时—空观念的变化背景下对社区作为地域社会系统存在合理性的质疑。

3. 这种争议从社区研究的兴起（以 20 世纪初，芝加哥学派建立都市社会学为标志）开始，到六七十年代实证主义对以邻里社区为代表的社区社会—空间的批判。到 20 世纪末，在可持续发展和人文主义价值理念影响下，社区价值理念重新回归，人们再次把重点放到了对场所的特殊性的理解上来，社区研究也进入一个新时期。正是因为上述过程，西方的居住社区规划一直具有良好的社会学传统。

从西方社区的空间模式在规划社会目标原则下逐渐趋于完善的过程，我们可以发现以下问题和发展趋势，并从中获得社区研究方向的启发：

1. 微观理念 [1] 与技术导向

从邻里单位开始，社区规划的演进都体现了对小汽车使用的被动应对和对不断提高的城市机动性的依赖与支持。邻里单位理论第一次将"城市

---

[1]城市微观理念是将城市空间视为一个个细胞似的微观部分的集合。其研究重点是城市内小尺度空间（如生产、生活、事业单位、社区）的经济、生态、行为诸因素的关系。社会学谓之为城市社区化，城市规划学科称之为城市基本地域空间单位结构化，相应城市地理学称之为微区位。

居住区"从城市规划系统中独立出来进行研究，并深入考虑了居民的安全与居住区的合理规模。这个理论的诞生为现代城市住宅区规划奠定了坚实的基础，从技术上保证了住宅区规划的合理性（徐一大，2002）。但是，现代主义城市功能分区体系下的住宅区规划，必须有一个前提条件，即具有快捷、方便的现代交通运输手段。英国新城设计30年的变迁几乎都可以看到与机动车的重要性不断提高有关，并且成为这一时代思潮最显著的特征（Madanipour，Ali，1996）。新城市主义也是网络技术轨道交通与汽车机动性综合发展的结果，体现了在新技术条件下，建立和谐社会人际交往模式的一种有益尝试。

　　然而，现代主义城市功能分区、分散思想，都使得城市结构日益松散，加剧城市流动性和机动性。在这种情况下，社区研究的微观视角对城市空间扩张简单的运用交通技术去被动应对，反过来又加剧了对交通的依赖，如此反复不仅造成居民的城市社区生活遭受奔波之苦，更为重要的是没有解决社区建构的根本。这就形成了城市居住社区在现代主义功能分区形成的城市时空结构中的基本现状是：仅具有居住功能而不具有社区特性。因为社区除了居住空间和区位意义外，人们的生活并未改观，甚至可以略带夸张地说，居住社区和家仅剩的意义就是提供休息和生活购物的使用空间而已，致使社区微观空间营造也难以形成人与环境互动延伸出来的交往、社会资本等社会意义。

　　2. 社区理念与城市设计理论整合

　　社区理论随着时代空间观念的反思和城市设计理论的发展而逐渐演进，许多城市设计理念被直接嫁接到社区理论之中，推动着社区理论的发展。从邻里单位到新城市主义的社区理论演进过程我们看到：TND模式将传统的社区规划推向前进；TOD则从城市社区生活重构的角度，不仅关注技术层面的设计手法，还涉及城市社会资源分配与合理使用等更深层面。也就是说，社区规划已开始从微观理念转向与城市空间和城市设计理论整合的方向发展，具体表现为以下理念主张：

（1）林奇（1960）的社区理论

感知性：路径、边界、区域、节点、地标。

（2）Jacobs（1961）的社区理论：

混合使用[1]、年龄、出租、集体住宅；

可穿越性、小的城市街区块；

社会混合和协商；

强烈的空间；

丰富的活动。

（3）Cullen（1971）的社区理论：

内容：色彩、纹理、尺度规模、形式、特色、个性、可识别性；

场所感：限定的空间、围合、焦点、街景、事件、标志；

连续的景观。

（4）Bentleyetal（1986）的社区理论：

视觉形象适宜性，文脉暗示；

多种使用形式；

渗透性、周边有边界街区、反层级、从容的通行、可监视；

个性化；

易读性、路径、边界区域、节点、地标；

有活力的建筑和空间；

丰富的细节和使用。

（5）Tibbalds（1988）的社区理论：

场所而非建筑；

---

[1]混合的土地使用和居民的社会互相作用、社区感之间的关系是Jane Jacobs第一次清晰地提出（1961）。她认为当居住地与工作、商业、购物一起并置时候，才会鼓励不同的收入、种族、年龄或社会阶层的整合，而且人们才会倾向于多走路而少开车。由于有这种社会整合的存在，真实的社区融合才会形成（Audirac and Shermyen，1994：163）。住宅的和商业的土地的混合使用会产生一个多用途空间，其中无目的地逗留被鼓励，也为"重复的相遇机会"创造一个场景，以此建立并且加强社区纽带（Achimore，1993：34）。混合居住类型，鼓励了不同社会地位的人们之间自由的接触。由此，通过建立社区达成社区内部整合，社会不同阶层通过社区整合而达到社会整合。

鼓励混合使用；

鼓励步行交通；

社会混合和协商合作；

易读、易辨认性；

适应不断地变化；

视觉愉悦。

（6）（Aldous，1992，1995）的城市村庄设计原则：

建筑焦点、街道转角、建筑线条、视觉变化、围合；

邻里的混合使用，街道、街区和个性化建筑；

可穿越性、步行友好、通行从容，反对尽端路、简单的街区朝向主要道路；

将生活带入建筑前面的空间。

3. 微观视角的困境和转向城市生活空间的整体重构

邻里单位、新城理论、新城市主义及城市村庄等社区空间模式理论都起源于微观理念。社区设计理论的社会目标——社区感的创造，事实上，已经成为社区规划设计理论的拱心石（Talen，Emily，1999）。然而，20世纪以来，全球化导致了传统家庭纽带进一步分解。不断提高的机动性、生活方式的多元化、社会孤独和共同感的下降，促使空间消失和传统邻里解散的趋势却已是不争的事实。

在此状态下，要从根本上实现社区的社会目标，笔者认为社区规划理论应向两个方面拓展：一方面要坚持立足地域微观社区空间模式的探索，使社区空间形态趋于综合化、精细化、人性化，如通过基于步行尺度、人与人的面对面交往模式和公共交通系统的规划，完善社区微观空间模式。另一方面，社区规划必须超越微观空间，通过城市生活空间地域化的整体重构达成社区回归。

回顾社区研究历史我们不难发现：社会学界对社区的研究大多是以地区社会学、场所等空间边界模糊的空间概念出现；社会学、行为科学和现象学对于归属感、场所感等社会目标的追求也不仅仅限于居住领域；而在城市规划学界，自"邻里单位理论"开始对于社区研究则局限于居住生活的社区空间基本单位。这是否就是社区规划虽然一直强调归属感、场所的营造和交往，但却是收效甚微的主要原因？所以，在社会意识、市场力量和新科技革命等多重作用下，社区规划必须重新将视角转向对城市合理形式和城市生活适宜性的本质思考，以及从城市视角审视微观地域生活整体的组织上来，而不仅仅是单一的居住生活。所以，从城市社区动力学角度，从宏观上整体审视培育社区的社会、空间结构等诸要素寻求新的社区生长点就显得十分必要。

（二）国内研究存在的问题

1.研究缺乏理论基础和内容空洞

社区研究是"理念提出—模式实践—实证分析--改进理念和模式"的连续过程。这是一个螺旋式上升，逐渐接近事物本质的求真过程。然而，我国目前社区理论大多是重复或照搬国外的社区理论，引进的国外理论与我国社区现状尚存在消化不良、生搬硬套、问题意识不强等问题。这就造成目前我国的社区研究普遍缺乏理论创新。所以，如何实现国外社区理论的本土化，提出有中国特色的社区理论是我们必须面对的现实。此外，我国目前的社区研究多数是基于主观感觉的概然判断、提出理念、创造概念，而建立在建成环境实证分析和深入调查基础上的太少。所以，研究难以形成有说服力的结论。

2.社区类型研究不全面

从社区类型探究上，以经过规划的居住社区研究为主，对于我国现存大量的乡村、城中村、单位制社区的研究和历史总结都十分缺乏。特别是对于转型期我国社区发生的变化及其调查研究不足，难以形成具有中国特色的社区理论来指导各类社区的规划实践。从国外社区空间模式的产生来看，都是从历史类型模式中汲取经验，如美国的"传统邻里（TND）"，挖掘其人文和可持续发展意义；而我国的社区研究的类型除少量的传统社区外，没有全面深入地研究我国历史上所有的社区类型，探究其现代意义及启示。这就造成目前我国除了四合院、里弄等传统居住形态理论之外，基本上没有属于自己的现代城市生活空间规划理论。[1]

3. 研究视角单一，认识不清

我国以往的小区、居住区规划都是从物质空间角度，单一的社区居住生活为研究对象。可以说，我国的社区规划没有社会学的传统，也造成了我们从居住区规划转向社区规划时的研究视角仍然单一。实际上，从社区的定义上看，社区精神并非仅存在于居住生活领域。而且，从日常生活行为的连续性（居住、工作、休闲）上看，城市生活并非仅限于小区、居住区。这说明我们过去社区研究仅限于居住生活和居住领域的研究视角是片面的、不完善的。目前的社区研究也多以促进社区交往的微观物质环境设计为主，对于社区培育的其他因素少有涉及。

视角单一的实质是认识不清，可以说我们的社区规划理论体系不完整造成了视角单一。这样会有两个方面的消极意：一方面在认识、评价社区时容易将空间、社会、个体等因素混为一谈，造成认识上的误区。如对单位制社区认识上，把本不属于物质环境的因素都强加在单位制之上，认为单位制社区百无是处，应彻底放弃。而实际上单位制社区作为社区空间单位仍有其社会积极意义（见本书第4章）。如果将社区归属感形成的物质和社会因素分别加以分析，就会对社区问题症结获得更清晰的、正确的认识。另一方面更为严重的是，容易造成现代主义的环境决定论思想的延续和泛滥，使社区规划偏离了社会原则的本质。所以，拓展以社区精神培育为出发点社区研究视角，必然深有裨益。

4. 问题意识不强

问题意识不强表现在：与国情结合不强，往往直接嫁接国外的理论；社区研究针对性不强，往往泛泛而谈。这都造成社区研究难以形成有说服力的结论来指导现实的建设实践。

---

[1]孙峰华,王兴中.中国城市生活空间及社区可持续发展研究现状与趋势.地理科学进展，2002,21(5).

（三）研究展望与本书研究的问题

1. 社区规划亟待研究的问题

我们的社区规划已经逐渐转向人文社会探索，新建社区的物质环境也在迅速改善，然而社区的人际关系走向冷漠已是不争的事实。这种现象使我们必须从以下几个方面去重新探寻社区规划的症结并寻求根本的解决之道，这也是本书研究的主要问题：

（1）认识论。认识社区规划的社会原则、目标和意义，以及空间规划的社会性等理论问题。只有提高了认识才会引起规划师、政府等对社会原则的重视，才会找到利用社区空间规划进行社会整合的途径方法。本书始终都贯穿对问题的认识分析，如社区空间要素的社会性、地域生活的社区意义、社区设施的属地化认识等等。

（2）结合国情探索我国社区规划的动力学框架，提高对社区培育影响因素的整体把握。从控制论上讲，只要找到社区变化的动因，并加以调控就可能达到社区规划的社会目标。本书从宏观、微观两个层面，从社会、空间、经济、文化、心理、个体生活等多维的、全面地分析了社区规划的动力因素，都为社区规划的空间、政策调控奠定理论基础。

（3）探寻适合国情的社区规划操作框架。随着社会的发展、生活水平的提高，人们对居住环境提出了更高的需求，社区规划的目标原则都会大不相同。我们过去以物质规划为主的居住区建设理论、法规已不能适应人居环境面临的新问题。况且，我们目前还面临资源紧缺、环境破坏、可持续发展及人口老龄化等 21 世纪新问题的挑战。综合上述我国社区建设实践中存在的问题和国内外研究现状和问题的论述，本书认为探索符合国情的社区空间调控策略、适宜的空间模式和实施框架是社区规划研究的十分紧迫的任务。

2. 社区规划研究思路展望

社区规划研究特别是社会纬度研究，由于问题的跨学科和复杂性决定其必须是社会学、规划学科等的多学科整合研究。新的社区研究必须从理念、方法、视角进行整合，寻求社区规划理论的实质性突破。

（1）理念整合

微观理念与新城市空间观念整合，包括人文观念、社会观念、空间观念、整体系统观念、可持续观念的平衡与整合。

①整体观、系统观：整体观、系统观要求我们不仅关注社区空间系统的整体，而是从城市乃至更大范围的整体去考虑社区局部之于城市社会的意义，放眼于人、社会、社区空间的整体和谐，也只有整体的和谐，才可保证社区的永久安宁、和谐。

②"人本主义"的整体观：整体观理念下"以人为本"有广义与狭义之分，广义的以人为本遵循的是人与自然和谐共生的可持续发展的法则。"人与自然和谐共生"有两个层面上的含义：首先，十分关注人与自然的关系，而且在关注本城市、本社区人群利益与自然关系的同时，也十分关注更大区域（大到全球）人群利益与自然的关系，做到更大区域内人与自然的和谐共生。其次，在尊重个人的基本权利的同时，更注重人与人和谐共生，提倡在适当竞争的基础上，体现社会人文关怀。

③从层级到网络的空间观：层级系统是由要素与结构构成。层级与网络可以说都是社区、社会、空间的组织方式。本书把社区从局部转向整体的层级和网络关系考察，重新审视社区边界、社区之间、社区与城市的社会空间关系，致力于促进社区与城市整体系统的网络化发展。此外，在保持社区传统空间特性的同时，运用开放的、网络理论探求社区独立性、封闭与开放性的统一，以及社区同质化和社区阶层混合的统一，在城市社会空间与社区空间结构的辩证关系中寻找一个恰当平衡点，由此建立社区空间与城市空间网络的有机联系，促进城市空间和社会网络的整合发展。

（2）研究方法论的整合

注重借鉴社会学的研究方法，如人文区位理论（区位探究法）、社会体系理论（社会体系探究法）、社会交往理论（社会交往探究法）等建立社区的社会结构与社会机制研究。注重新方法的探索应用，传统方法与计算机虚拟，以及 GIS、SPS 信息技术的结合。

（3）社区要素的整合

社会因素、空间因素、社区要素、及场所精神和物质营造相结合。

（四）多维的研究视角

1. 社会空间视角

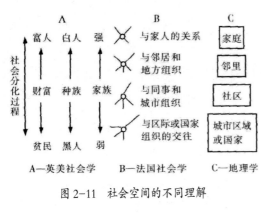

图 2-11 社会空间的不同理解

社会空间一般有两种不同的定义（图 2-11）：其一可理解为英美社会学界定义的基层社会（substrate society），包括社会地位、宗教和宗族的分化。其二，为法国社会学界有关邻里和人与人际交往的界定（王彦辉，2003，司敏，2004）。而在高特第纳（Mark Gottdiener）看来，社会空间概念强调的是空间的社会意义、社会因素与空间因素的相互作用。[1]

空间是社会的产物，是社会关系的存在方式，所以人们理解的空间关系也正是社会关系。社会空间本身是过去行为的产物，它就允许有新的行为产生，同时能够促成某些行为并禁止另一些行为。[2] 因此，社会空间既是行为的领域，也是行为的基础。社区作为城市空间环境中的社会过程研究，研究核心在于空间形式如何影响到人们的社会行为和社会关系秩序。它是应建立在这样一个假设基础上：城市形式是由社会群体的活动产生及不断再创造的结果，它既反映了又限制了群体活动。众多的研究表明，居住空间模式体现了社会差异、社会等级、家庭地位及种族区分；空间结构对社会秩序、居住

---

[1] 1995 年，高特第纳和亨切森（R.Hutchison）在《新城市社会学》一书中，首次提出城市研究的"社会空间视角"（Social Spatial Perspective），这种方法一经提出就引起了城市学、地理学、建筑学和规划学等诸多学科的讨论。2000 年，该书第 2 版中，作者更强调环境是有意义的空间，空间的象征意义在城市研究中应与政治、经济、文化因素同等看待等观点。

[2] Lefebvre The Production of Space: 73.

及社会选择的实现具有重要的影响。

社区是社会空间的统一体，空间是影响人类行为的、社会的重要构成因素。作为一种研究方法视角，社会空间视角就是把社会因素（诸如阶层、种族、年龄、性别）、空间因素、行为因素进行整合研究，从空间的角度来考虑社会问题，从社会互动与社会整合的角度来考虑空间安置。简言之，其研究社会与空间的相互作用。包括以下三个方面：

（1）社会空间因素：这里指阶级、教育、权力、性别等。社会因素决定了人们与空间的关系，而一切社会活动都是在特定空间中发生的，社会因素通过空间向度展开和发挥作用。

（2）空间与行为因素：强调社会行为与空间的互动。空间以一种特有的方式影响人们的行为和互动，个人通过人际互动改变了现有的空间安排，并建构了新的空间来表达他们的欲。

（3）空间与文化、心理因素：特定的社会文化是空间意义的基础与渊源所在，空间环境之所以有意义、具有怎样的意义以及该意义的作用如何在人的行为环境中得以体现，均受到特定文化及由此形成的脉络情境的影响（司敏，2004）。

2. 时间与空间视角

涂尔干（Durkheim，1915）在《宗教生活的基本形式》里指出空间与时间是社会构造物（social construct）。在鲍曼看来，"时间是一种需要被节俭地使用和谨慎地管理以扩大价值回报的手段,这种价值就是空间"[1]。吉登斯认为个人行为和社会结构的相互作用都存在于时间和空间中。当空间角度与时间角度结合时，就会大大增强了空间中人的行为研究的有效性。时间与空间结合也更利于深刻认识社区空间的社会性。

所以，本书将时间和空间结合起来，分析微观个体的行为过程及其与时空间结构的关系，个体生活行为在不间断的时空间中的连续性和意义中折射出的社会性。本书在研究社区空间的社会纬度上强调两点：

---

[1]Bauman.Modernity as History of Time.Concepts and Transformation，1999,4(3):233-234.

（1）时间因素，过去社区空间结构研究一味只注重空间、而忽视时间，实际上时间——个体的生活时间与个体的行为轨迹具有重要的社区意义和社会意义。

（2）社区是居民的日常生活轨迹、空间以及社会结构三者之间相互作用的产物。

3. 日常生活视角

城市规划、社会科学和人类学倾向于寻找城市社会和空间的结构化方式，然而，这种探求城市空间的角度要获得人性化的认识必须与日常生活结合，以适应日常生活的自发性、多样性和无秩序。大量的研究都力图将日常生活的观察置于一种更为宽泛的社会过程范畴。而实质上，社区的产生源于日常生活。日常生活视角是一种从下面看的角度，这种视角的最早可追溯至芝加哥学派城市社区研究，包括以下三个方面：

（1）研究者成为生活参与者和亲身经历者而非旁观者；

（2）将生活经验与感觉情感一起考虑；

（3）质疑政治经济分析作为解释社会生活的有效性。

正如安东尼·吉登斯[1]指出："时间与空间在传统文明中有机地结合在了一起，……随着现代交通和电讯技术的到来，并且是作为发展的绝对的组成部分，时间和空间才都被普遍化并且与每个人的日常生活融合在一起。……只有将抽象的空间—时间完全融入日常生活的构成之中时，现代交通和电讯技术的去语境化组织才能成为可能。"[2]

当我们从社区微观将社会空间、时间—空间和个体日常生活的生动表现综合考查时，更具体的社区规划目标、策略就会表现出来：为了改良社会，为了改变生活……我们必须首先改造空间[3]。

---

[1]安东尼·吉登斯（Anthony Giddens）英国著名社会学家、结构化理论的创立者在为弗里德兰德（Roger Friedland）和鲍登（Deirdre Baden）所编的《此刻这里：空间、时间与现代交通和电讯技术》一书而撰写的前言.

[2]Roger Friedland ,Deirdre Boden. NowYHere: Space, Time and Modernity, Berkeley and LosAngeles.CA: University of California Press, 1994 :11-12.

[3]Lefebvre，The Production of Space, H, 1991: p190.

五、小结

本章结合本书探索符合社会原则的社区空间的研究目的，分析了我国社区规划的背景、社区规划建设存在的问题，综述了国内外的社区研究现状、存在的问题，展望了研究趋势和方向，在此基础上提出我国社区规划研究亟待解决的问题（也是本书研究的问题）和本书研究视角。

随着现代城市社会变革、社区的变迁，社区主体关系的变化使得社区规划面临新的挑战和机遇。传统社区规划从单一居住生活、以微观空间为对象的研究实践现状，造成居民的城市社区生活的连续性被割裂，从而使得社区延伸出来的社会意义渐微。所以，新的社区理论必须与城市设计理论结合，一方面立足社区地域微观空间形态探索，使社区空间趋于综合化、精细化、人性化；另一方面，必须超越微观视角，从城市社区的时空连续统一体中重新认识社区空间社会纬度的本质，转向城市社区生活空间的整体重构，从整合社区规划理念、探索适宜空间模式、寻求双赢策略入手：

（1）重新认识社区规划的社会原则以及空间规划的社会性等理论问题；

（2）探寻社区培育的动力因素以利于找到规划调控的基点；

（3）探索适宜的社区空间模式和符合国情的空间调控策略、实施框架。

从社区理念、方法、要素的整合研究出发，笔者提出将空间、时间—空间和日常生活相结合的新的理论研究视角，以增强社区研究的有效性。

第 三 章

现代城市社区规划的社会性及其动力学

一、社区的多维释义

（一）词语学

社区的英文单词"community"根据美国传统词典解释有以下含义：居民住在相同地区和隶属相同政府下的一群人；区域，一群人住的区域；有共同利益的一群人；相似或等同；利害关系一致；分享，参与，团体；作为整体的社会；大众。根据韦伯斯特（词典专家）Collegiate Dictionary, Tenth Edition，社区是"不同类别的个体（如人种），在同一区位相互作用的人群"，或"在一个较大的社会中具有共同特征兴趣的一组人生活在一起"。社区也可以指一个区域，人们的生活可以通过一种生活方式来识别，如开发区、钢铁城、大学城等。另外，社区也可以是某种特殊的、传统的价值或道德文化。

（二）生态学

生态学社区意指"群落"，根据美国传统词典解释其意为生态学共生动物群，一群植物和动物，在有比较相似的环境条件的特定区域生活和相互影响，共生区由一群相互作用的生物体占据的区域。群落包含同一时间，同一地点生活在一起的不同物种的自然界的一个单位。所以，社区是一种小群生态。从自然区划的角度看，社区是具有一定规模和特点的自然生态系统，是宏观与微观的结合部。生态学对社区研究具有广泛深远的影响，如目前被广泛借鉴的细胞、生态位、生态系统论、生态控制论等概念都对社区理论产生直接启发。

（三）人类生态学

人类生态学将社区视为人的聚集及形成结构化空间的社会过程。19世纪二三十年代，芝加哥学派将生态学原理用于研究城市人类社区，说明城市土地利用价值的竞争产生城市人群在经济上的分离，不同的阶层在城市中按土地价值的支付能力分布，并提出三种著名的空间模型：同心圆模式、扇形模式和多中心模式（图3-1）。新人类生态学理论将城市当作一种文化形式，强调文化与社会因素的互相依赖关系。这里所指的"文化"内涵具有泛指性，其与城市物质空间对人类行为、环境知觉及空间"意义"产生影响的"文化因素"有关联，但范围更广，新人文生态学更多的是基于社会文化的观点，从社会结构的特征来分析空间。

伯吉斯的同心圆模式

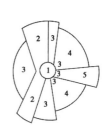

1.中心商业区；2.批发和轻工业带；3.低收入住宅区；4.中收入住宅区；5.高收入住宅区

霍伊特的扇形模式

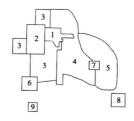

1.中心商业区；2.批发和轻工业带；3.低收入住宅区；4.中收入住宅区；5.高收入住宅区；6.重工业区；7.卫星商业区；8.近郊住宅区；9.近郊工业区

哈里斯、乌尔曼的多核心模式

图3-1　人文区位的三种著名的空间模型

从环境因素产生社会互动、交往和社区感方面，"芝加哥学派"和新城市主义受到生态学概念的隐喻式启发，有许多共同之处（Talen，Emily，1999）。它们的共识是：社会互动可以通过物质环境的特质促成，并且可以从生态学的研究中得以解释，其包括住宅建设的类型、密度和土地混合使用等（Parketal，1925）。社会学家 Skinnerian 用生态学概念来解释社区环境影响人的行为更为极端，他认为掌握了邻里运作的物质和人口统计学特征作为环境应对的基础，就可能通过环境抑制、养育、引起或除去某些类型的社会行为。

（四）社会和文化角度

从社会心理角度看，社区是一种具有重要社会功能的初级群体[1]。首先，初级群体承担着个体社会化的重要任务。个体的社会化内容有很大一部分是在初级群体中进行的，特别是在未成年期，基本的社会化场所就是初级社会群体。正如库利所说："家庭和邻里群体在处于空白和可塑阶段的儿童心理发挥着决定性的影响作用。这一事实决定了家庭、邻里的影响作用是其他群体所无法比拟的。"其次，初级群体还担负着满足人们感情需求的任务。社会学的社区研究强调居民交往互动的网络，从社会归属和认同的社会心理角度将社区视为一种亚社会结构，人类社会正是由一系列社区共同体组成的。从文化人类学的角度看，社区可视为一种亚文化群体。[2]

社区作为一种观念，可被解释为归属感，一种生活方式和共性中的多样性。[3]换言之，社区成员具有同其他社区成员有别的、相对独特的生活方式与行为规范。如果说阶层、阶级作为亚文化群体的划分标准是依据其成员在经济生活和社会生活中的地位的话，那么，形成社区这个亚文化群体的前提

---

[1] 研究证明，初级群体与人们的感情活动密切相联，1971年社会心理学家所罗门在调查中发现，在对人生活影响最大的前十位事件中，属于初级群体的有7件，占70%。

[2] 亚文化是一种既包含主流文化又有自己独特性的文化，"这个术语经常被用以描绘那些利害关系和身份相当的特殊阶层，它把某些个人、集团和大群体跟他们所属的较大的社会分离开来。"①同制度性文化相比，亚文化仅处于制度化前的、特殊的、个性较强的阶段上；因而，它是一种较少受到外来压力的文化。社会心理学经常把这类文化视为心理在社会屏幕上的投影，也常常通过对这类文化的分析研究，来把握和认识社会群体特有的社会心理。

[3] 杰拉尔德·A.伯特费尔德，肯尼斯·B.霍尔·Jr著.张晓军，潘芳译.社区规划简明手册.中国建筑工业出版社，2003.1.

条件，则是其成员赖以共同生活、进行社会互动的地区。因此，社区不仅是同类人的群居地，而且也是某种文化的传承场，一个社区往往就是一个文化单元，体现一种主流文化。[1]

（五）经济学

社区从宏观和微观都可以被视为一个经济空间单位。德国古典经济学派的 W. 克里斯泰勒的中心地理论将地理学的空间单位与经济学的价值观结合，认为中心地向其周围腹地提供服务形成不同层级的空间等级序列（图 3-2）。其理论要点为：①需求门槛和销售范围。该理论认为，城市的基本功能是作为其腹地的服务中心，为其腹地提供中心性商用服务，如零售、批发、金融、企业、管理、行政、专业服务、文教娱乐等。由于这些中心商品和服务依其特性可分为若干档次，因而城市可按其提供的商品服务的档次划分成若干等级，

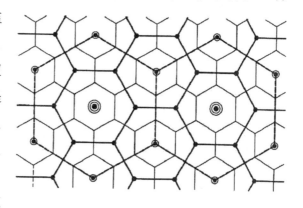

◎ A级中心地　—— B级市场区
—·—· A级市场区　● C级中心地
◉ B级中心地　—— C级市场区

图 3-2　中心地的空间等级

各城市之间构成一个有规则的层次关系。各级中心地规模主要受到需求门槛和销售范围的影响[2]。②中心地层次系统。中心地规模与中心地数量之间反向相关；中心地规模与腹地大小之间是同向相关。中心地规模愈大，提供的商品和服务种类愈齐全。不同层次的中心之间是相互依赖的，高一级中心覆盖低一级中心。中心地层次系统遵循着市场原则、交通原则、行政原则。A. 廖士的经济地景模型[3] 对中心地理论进行改革，它主张等级不同或相同的

[1] 罗淳. 社区问题探讨. 理论与改革，1999(2)：79-80.

[2] 所谓需求门槛是指某中心地要维持供应某种商品和服务所需的最低水平；销售范围是指中心地提供商品和服务的最大销售距离。

[3] 由奥古斯特·廖士（August Losch）于 1939 年在其巨著《区位经济学》中提出的，

中心之间应有互补性。它主张各空间的功能专业化，它的空间体系中的中心地之间是具有连续性而非阶梯式的等级关系。

由此，我们可以认为，社区不仅是以拥有同一聚落为基础，以共同的文化和心理因素为特征，以共同利益为连接纽带而形成的地域性社会组织和社会群体；社区也是以视为对自然资源的培育、开发、利用为主要经济活动的基本地域单元，它具有相对独立的行政职能和经济功能。[1] 社区社会经济环境所具有的相对稳定性、独立性和自主性特点，使社区发展成为实现区域和社会可持续发展的必由之路。社区作为经济发展单位的著名实例是美国的EZEC 项目。

（六）城市学

美国社会学家 E.莫舍认为社区是"人类功能上相关联的一群人，他们于某一时期居住于某一地区，分享共同的文化，感觉到自身具备这一群体所应有的独特性"。我国社会学家认为，社区具有以下几个基本特征：（1）它有一定的区域界限；（2）居民之间形成了一定的行为规范；（3）居民在感情和心理上具有对该社区的乡土观念。

可见，从城市角度看，社区是居民城市生活的时空坐落，是居民城市地域社会空间单位。从日常生活角度，城市社区就是某一城市时空坐标中的生活空间，具有实用性的、提供健康、便捷、舒适生活所需的功能空间。可以认为，包括社区认同感、归属感在内的社区意识是在社区生活中培育起来的，因此，与社区生活有关的方方面面必然都会对社区意识的形成产生不同程度的影响。实质上，社区正是在居民日常生活的过程中逐渐培育起来的。这样看来，城市社区不仅仅是我们思维惯性中所认为的居住社区，大凡在一定地域单位内有较为频繁的社会互动的城市地域，都可称之为社区，如从工作社区、校园社区、办公社区、居住社区等。《源自职业的温情》（郭红）一文中对同事之间关系的诗意描述就说明了社区感同样存在于

他所关心的核心问题是经济活动的区位和经济区的产生。

[1]张再生，论社区可持续发展规划与调控. 中国人口资源与环境，2000，10(2)：15-18.

工作单位：

"我始终对同事抱有一种家人般的温情。我拿不准这是不是一种自作多情，这些从根子上毫不相同的人，不知经由什么样神秘的内在联系，齐聚在这里，共有一种利益，分享许多的东西。需要面对的有源源不断的具体的事件、变化、利益的涨落……与父母、与朋友、与至爱，又何曾面临这么多的共同的东西……我们就像是一个村庄里的乡亲，经历着共同的沧桑……对于离开的人，在他毫不知晓的情况下，这里犹如故乡，替他保存着一段时光。……在这里的生活，已成了我的也是他们的生活的一部分。不管是否承认，这栋楼里的每个故事都与我们每个人相关。……想象将来年老的时候，我会追忆这里的生活。"

从人们的交往与空间关系角度看，城市社区可以定义为不同规模的城市时空尺度单位——场所。在英国社会学家吉登斯看来，"场所可以小到一间屋子，一幢楼，一处街角，一家工厂的生产第一线，大到一座小镇，一座城市，直至有着明确边界线的民族国家的疆土"。然而，他还认为场所必须经过进一步划分才能成为社会互动的环境，即所谓的场所区域化。这种城市时空的区域化为社会互动创造了具体的场所，成为社区社会互动网络形成的前提条件。社区规划就是要探索城市中不同空间尺度及其物质构成对人们形成社会网络的影响，具体可分为三个层面的时空尺度：城市空间功能结构、社区空间形态以及由此产生的社会空间结构。

（七）系统论与社区动力学

从上面对社区多维内涵的梳理显示出社区在自然生态、社会经济、政治、文化等诸多方面的意义。

从宏观上，社区是社会空间系统基本单位，位于建筑与城市之间的层面。城市空间系统正是由许多不同规模的社区空间构成，社区之间相互独立又相互关联，形成了层级、半网络、网络化的城市空间，共同构成人居环境的复杂系统，如图3-3所示。社区所处的这个复杂系统始终处于不同时代、国家、地区的动态变化之中，使得社区规划、社区空间和社会问题也是动态变化的。

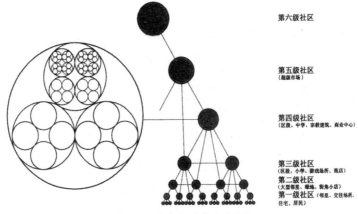

第六级社区

第五级社区
(超级市场)

第四级社区
(区政、中学、宗教建筑、商业中心)

第三级社区
(区政、小学、游戏场所、商店)
第二级社区
(大型邻里、绿地、街角小店)
第一级社区 (邻里、交往场所、
住宅、居民)

图 3-3 城市社区系统的结构

工业革命以来，现代社区存在的社会背景正在发生着迅速的演变，形成了社区演变的外部动力机制。社区规划作为微观城市空间的产生过程，受到宏观的社会政治、经济和文化等的影响，社会因素、空间因素、个体生活行为都是社区规划的背景动力。可以说，社区微观系统处在空间系统、社会系统和生活世界的理论体系的交叉领域，现实实践中社会系统、自然和人工环境及生活世界既是社区存在的"场域"也是社区及其规划的动力因素（图 3-4）。

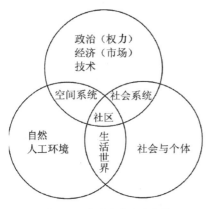

图 3-4 社区系统的动力场

从控制论上讲，社区规划就是要研究这些动力因素以便发现社区变化的原因、方向，并加以调控从而促进那些积极的因素和抑制消极的因素，以培育社区。从这个意义上，笔者以社会原则为目标的社区空间进行探究，如果能够澄清社会原则的内容并解析其动力因素就为通过规划进一步调控社区空间达成社会原则奠定了理论基础。

二、现代城市社区规划的社会原则

（一）现代社会理论范式转换中的社区

1887 年，德国社会学家腾尼斯建立了社区的概念，并进入社会学领域，20 世纪初芝加哥人类生态学的社区研究一度使社区研究或地区社会学研究成为社会学的研究核心，并由此导致了都市社会学的产生。起初的地区规划运动具有明确的地方自治和分权主义目标，以对抗政治集权对民众的压制，并由此发扬民主和集体决策。这种关注是 20 世纪很多社区支持者的思想基础。在下一代美国学者的著作中，可以发现一个同样的主题，就是相信对于场所和地方群体的依附，是建立民主政治的重要因素[1]。可见，社区对于社会民主的建构具有必要性的意义。

20 世纪，西方的社会科学研究中，存在着两条脉络清晰的情绪和研究方向。一方面，许多学者对现代性导致传统社会道德价值理念的日渐解体以及社会金钱、权力对社会生活渗透造成"物化"和"异化"现象，以及由此导致的个体精神孤独和社会危机产生了的深深忧虑；另一方面，对现代科学技术带来的人类物质上的满足又高唱赞歌。这种对现代交通和电讯技术爱恨交织的意识及对美好社会的不懈追问，致使大多数社会学家力图在技术的框架中寻求解决社会问题的途径。然而，答案并不尽人意。于是，在 19 世纪末至 20 世纪初，传统的理性主义遭遇了前所未有的深刻危机，非理性主义思潮迅速兴起，表达了人们在物质文明迅速发展的同时要求关注个体命运和人类内心生活的强烈愿望。[2] 帕森斯的社会系统理论，哈贝马斯的交往行为理论，吉登斯的后现代性理论都对社会存在、社会行动机制和个体的意义进行价值反思，促使社会学的研究理念从"目的理性"和"工具理性"向"价值理性"范式的转化，研究视角也从关注政治经济转向人文社会关怀。这一过程中，社区作为地域社会系统对建构人文社会的意义重新受到重视。笔者

---

[1] 包亚明．现代交通和电讯技术与空间的生产．上海：上海教育出版社，2003.

[2] 刘荣增，崔功豪．工具理性与价值理性的背离与统一．城市规划，2000(4) : 38-40.

对这些理论中的社区、社会互动等部分梳理的目的是为了发现社区在人文社会建构中的社会原则、意义。

（二）社会系统理论与社区

社会系统理论学派将社区作为一个地区社会系统进行分析，考察系统内部各部分间的关系以及系统外部与其他社会系统间的关系，反映了功能、结构主义理论思想。在社会系统中，社区可以作如下四个方面的理解和分析：①社区是社会的地区系统，作为地域社会系统是一个与其他系统连接并受到相关系统影响的开放系统；②社区被视为交往的场所，研究以社区为基础的交往体系；③将地方性社区作为宏观社会体系的次体系，分析社区在宏观体系中的地位和作用；④分析社区的纵向结构和横向结构，借以全面地理解社区内部与外部的关系。

社区具有社会行为规范化意义。作为地区社会系统，社区强调从地域局部建立居民共同的行为准则，通过信任和交往形成居民相互理解、道德价值意见一致，达到自愿基础上的社会合作和行为规范化的。社区一方面为人们提供了相对稳定的生活空间和较为自如的社交场所，另一方面也规范或制约着人们的言行，并形成一种从众心理和趋同效应。社区成员只能在本社区所认可的行为准则中活动，尽管这其中的许多行为准则并非政府的法规，只不过是些乡规民约，有些甚至是约定俗成的，并无更深的道理可言。但只要为大多数社区成员所遵循，就势必成为一种行为规范，给社区成员以约束和影响。事实上，只有那些言行举止与社区主流文化相吻合的人才会被社区接纳，才会获得稳定而自由的生活空间。[1]

（三）交往行动理论与社区

1. 西方社会的病因与交往行动的社会功能

英国社会学家哈贝马斯认为，现代西方社会的一个基本特征是系统和生活世界的严重分离。哈氏将社会区分为系统和生活世界[2]，建立了"系统—生

---

[1] 罗淳. 社区问题探讨. 理论与改革，1999(2)：79-80.

[2] 哈贝马斯还把社会分为三个层面：政治社会、经济社会、市民社会。他认为社会同

活世界"的分析框架来诊断西方社会的病因。具体地说，现代社会的系统可以划分为市场和行政机关两类，它们分别以金钱和权力为媒介，都以目的理性即工具理性为准则和目标。伴随着市场力量和政府力量对生活世界的渗透，私人生活的自主性相对地被市场经济和消费欲求所左右，公民政治生活的自主性被转化为对政府权力以及消费的消极盲从，以至于人们习惯了以目的理性作为一切社会生活的原则，开始把周围的环境甚至他人都当作一种工具和手段，用以达到自己的目的，最终造成"系统对生活世界的殖民化"。生活世界结构分化渐渐地形成系统与生活世界的分离，生活世界在系统机制的日益膨胀中萎缩成子系统，系统机制就越来越脱离社会整合的协调机制形成独立的操纵能力。在现实社会中各种各样的冲突和干扰影响了这一社会再生产过程，导致如下"系统对生活世界殖民化"的结果（表3-1）。

表3-1 系统对生活世界殖民化的结果

结构的要素干扰的领域	文化	社会	个体	评价的维度
文化的再生产	意义丧失	合法性退缩	教育和方向的危机	知识的合理性
社会整合	集体认同受阻	社会混乱	离间疏远	成员的共同性
社会化	传统的决裂	行为退缩	精神病态	个体责任

2. 交往行动理论的提出

哈贝马斯的交往行动理论的提出是以反省社会行动理性概念的局限为起点。哈氏认为理性绝不能还原为技术原则，绝不能等同于目的—手段的合理

时由社会系统和生活世界构成，并且建构了"公共圈"、"生活世界"、"交往行为"的概念。"系统"指人类为了满足物质生理需要而进行的劳动中，按目的理性的原则建立起来的一套组织机制，主要指行政系统和市场经济系统。"生活世界"指人类文化传承上、社会秩序的构成上以及相互交往的过程中所必需的资源，它提供世界观、约定俗成的符号及其他人们相互作用所需要的要素。"系统"是工具理性作用的世界，而"生活世界"则是由"私的"领域（家族、邻里关系）和"公共圈"构成，以语言为媒介，以主体间的相互理解达成共识为合理准则的行动领域，是交往理性作用的世界，也是"公共圈"赖以存在的世界。龙元.交往型规划与公众参与.城市规划，2004, 28(1)：73-77.

性，相反人与人的关系是通过交往行动产生的相互理解来调节的。

为了走出"系统对生活世界的殖民化"的困境，哈贝马斯提出了以交往合理性代替工具理性的交往行动理论。其理论可以归纳为三个要点：①交往行动与工具行动的对立。②交往行动的合理性。交往行动是行为主体之间的互动，他们使用语言或非语言符号，以相互理解为目的，在意见一致的基础上遵循语言和社会的规范而进行的被合法调节的、使社会达到统一并实现个人同一性与社会相统一的合作化的、合理的内在行动。因此，交往行动比其他几种行动在本质上更具有合理性。③以交往合理性代替工具理性。与工具理性不同，通过交往理性，一个社会或生活共同体的成员才能达到对客观事物的共同理解；建立大家认同一致的伦理道德规范，保持和谐的人际关系，维护生活世界的合理结构，其潜在影响将各方联系形成如表 3-2 表达的理想状态。哈氏以交往行动理论作为现代性社会理论的模式转换，即以理解模式代替认识模式，把现代性的中心从认识自然、改造自然转向人与人之间的相互理解活动和交往活动。

表 3-2 交往行为的整合作用

结构的要素再生产过程	文化	社会	个体
文化的再生产	批评的传递、文化知识的获得	知识更新来影响合法性	与后代培养教育相关的知识再生产
社会整合	价值定向的对中心化系统（金钱权力）的免疫	通过主体间公认的合理性达成行为的协调统一	社会成员关系的再生产
社会化	对某种文化的适应	价值观的国际化	认同的形成

交往行为与日常生活生产或生活世界都必须以空间、生活场所为依托。社区作为社会空间单位，以居住、工作等生活为媒介，致力于提高交往行为的质量，从而成为社会整合、个体社会化的重要场所以及文化再生产的基地，促进社区居民的交往就成为社区规划的直接的社会目标之一。

（四）社区与社会整合

在西方，个人因为丧失了社区作为切近的、熟悉的生活支撑体系产生的孤立感、疏离感、异化感，成了"后现代主义"的主调。学者们对此种后工业社会文明的理性分析，认为它并不符合人的本性和需求，还导致了社会控制系统失灵、治安恶化、道德败坏、生活堕落等。也就是说，建立在社区衰颓基础之上的社会发展实践证明并不符合人类生存的需要，也不符合社会持久健康发展的需要。[1]

作为对策，吉登斯[2]提出了"结构化"社会理论，其核心概念是社会系统的结构化。[3]"结构化"指的是呈现为互动模式的结构与社会系统关系在结构的二重性过程中不断的生产和再生产的过程。在汲取了时间地理学家托斯藤·哈格斯特拉德等人研究成果的基础上，吉登斯在结构化理论中将社会互动与时间、空间紧密地联系在一起，并将后者视为渗透于社会建构过程中的内在核心因素之一。

在论述互动实践活动时，吉登斯提出了社会性整合（social integration）和系统性整合（system integration）这一对概念，用以区分和描述众多的互动参与到社会系统时—空建构中的种种情形。"社会性整合"指的是行动者之间的交互实践，它的一个显著特征表现为互动是在行动者共同在场的情形下完成的。面对面的交往与身体的接近成了交互实践的一项基本条件。它在很

---

[1] 陈涛. 社会发展与社区发展，社会学研究，1997(2)：9-15.

[2] 英国社会学家，"结构化"理论创始人。

[3] 在吉登斯的结构化理论中，"结构"指的既不是功能主义话语中"对'构成'组织或团体的互动关系的描述性分析"，不是社会关系的内在网络模式，不是结构主义话语中透过表层深入到对象深处的一种解释性尝试，也不是隐藏在表层肌理之下的深层密码，而是一整套"富有生成能力的规则与资源的系统"，社会成员在持续不断的社会的生产和再生产中一方面凭靠着这一系统，另一方面又改变着这一系统。规则和资源是从实践模式的制度化特质分解而来的结构性特质，实践活动与规则体系在建构社会系统的过程中相互渗透、相互关联。资源实质上是人们所拥有的对实践的过程、活动与事件进行介人、支配与影响的能力。任何缺乏权力运作的实践活动都是难以想象的。就这样，资源与权力在众多实践活动中对权力的实施创造出作为结构性特质的规则与资源，后两者反过来又成了他们进一步实施权力的中介条件。

大程度上有赖于高度的"在场可得性"——这个概念不仅标示出社会个体在时空上的临近程度,也展现出他们在行动上的相互制约与影响。相反,所谓"系统性整合"指的是行动者或集团之间跨越时空的交互作用,即身体上不在场的人们之间的种种联系。应该承认,在前现代化的社会中,以面对面的交往为基本特征的社会性整合占据着主要的地位。在现代社会中,和社会性整合相比,系统性整合明显发挥着主导的作用,其原因在于后者超越了社会性整合所要求的严苛的时空限制,从而能够将处于不同时空维度的人群组合在一起,创造出蔚为壮观的社会互动场景。而这一切的实现与时空伸延有着密切的关联。[1]

总之,整合是社会存在的一种良性状态。[2] 无论哈贝马斯的交往行动理论,还是吉登斯提出的社会性整合和系统性整合的概念,以及帕森斯社会系统论的"制度化的价值内化"都是从层面的不同角度和层面表达了同一意义:建构人文社会和真正社会整合不能只依赖"系统"、"技术理性",因其不能解决社会存在的根本问题,所以必须转向以理解为基础的面对面、社会性交往。社区作为地域社会,以日常生活时空为载体,以居民的互动为基础,成为社会性整合具体的时空落脚点,社区整合也成为社会整合的必然选择。在现代社会时空背景下,社区整合可以成为系统性整合不足或产生问题必要的补充和纠正。所以,社区营造成为社会人文关怀、社会协调发展的必由之路。由此看来,社区、归属感、认同感、交往、社会整合等概念有着模糊的含义,从社会意义上其实是异曲同工、殊途同归。

(五)社区空间规划的社会目标

综上社区内涵的分析以及社会理论的疏理,社区规划的社会性可概括为两个方面:社会整合和人文关怀。如同"一个人的车站"案件[3] 所体现出的,

---

[1] Anthony Giddens. Central Problems in Social Theory. London: Macmillan, 1979:76.

[2] 任何社会必须具有一定程度的整合。社会整合机制一般包括制度性整合、功能性整合和认同性整合。引自黄玉捷,社区整合:社会整合的重要方面.河南社会科学,1997年第4期,71-74。

[3] 据英国《泰晤士报》报道,在一个寒冷的12月的早晨8点,57岁的英国人杰姆·沃

社会人文关怀是关注个体合理需求的观念与行为的统一。社会整合则是在尊重个人基本权利的同时，更注重人与人和谐共生。社区规划的社会纬度正是基于一种人文社会理想和责任，将社区规划视为一种体现人文关怀和社会改良手段并为之努力的精神和规划价值趋向。

从狭义来讲，城市社区是通过地域整合实现社会整合和人文关怀的关键性因素之一。社区是将地域的邻近性作为一种资源，培育社区群体意识，从中延伸出人文关怀和社会整合的意义。这些居住于相对固定地域、建立在地缘关系基础上的人群所蕴藏的共同行为的潜力，被看成十分宝贵的社区组织资源和发展资源。以社区为单位，实现社区与社区之间的整合互动，如同个人与整体社会之间架设了桥梁，使个人参与整体社会的几率大大提高，人们会感到自己社区和整个社会的关系更为密切，而这正是社区之于社会整合的要旨。[1]

社区社会原则的实现都不同程度的依赖于社区群体具有某种程度的社会凝聚力为支撑，即社区精神的建立。笔者将社区精神概括为三个层面的五个渐进的尺度：从社会文化心理层面，（1）建立社区归属和认同感：环境认同与群体认同，从社会—空间规划途径上，通过物质规划促进；（2）交往互动：在认同基础上促进社区居民的交往互动；（3）情感和社会凝聚力：交往互动促进居民的交流理解，建立居民的情感和培育社区组织增强社会凝聚力；从社会功能上，（4）达到行为规范及社会整合：在认同、互动、情感的基础上

诺克又开始在苏格兰西洛锡安区寒风呼啸的布雷奇火车站上孤独地等车了。沃诺克每买一张往返票的价格是 6.8 英镑，他每年花在铁路上的车费约为 650 英镑。但据苏格兰铁路公司称，他们每年用于维持这座小站的费用却要高达 34000 英镑，仅保养费就高达每年 9000 英镑，这是个显而易见的亏本生意，因此他们屡次想将这个小站关闭，但都遭到了沃诺克的强烈反对。事实上几年来，沃诺克是当地惟——个使用这个火车小站坐车到爱丁堡去上班的人，苏格兰铁路公司数次想将这个亏本小站关闭，然而经过长达 4 年的奔波和抗议，沃诺克如今终于打赢了这个"小站官司"，苏格兰铁路公司不得不答应，只要沃诺克一天还使用这个小站，那么铁路部门一天就不会将其关闭。维护费远高于车费，屡要关闭均遭抗议——英国真有"一个人的车站"《江南时报》（2003年 12 月 09 日第十四版）。

[1]沙颂.试论社区在中国城市社会整合中的作用.新视野，2002(2)：39-41.

统一居民的行为准则和价值观，达成地域社会的整合；（5）从而使社区具有社会行为能力：社区作为一个地域共同体对地域内的需求、事务有敏感的反应能力和通过民主参与机制达成问题解决的能力，并且具有作为一个整体参与更大区域社会事务和活动的能力。所以，培育社区精神就成为社区规划的基本目标。

然而，从广义来讲，社区精神不能包含社会原则的整体。从社区精神总体的社会功能上看，有些有利于地域社区培育的因素却未必促进社会整体和谐，甚至会造成社会隔离，因此社区规划又必须区分并平衡这些因素，使社区为促进社会的总体进步作出应有的贡献。因为，从社区精神内涵显示，社区是通过微观社区精神建立和地域整合达成社会整合，社区人文关怀也仅以地域空间为限。但是，社区人文关怀是针对社区地域范围内个体，其不能包括对所有社会成员的共同关怀。从社会整体的角度，社会原则有可能在地域社区精神下被忽视。因为，从社会整合的整体来讲，现代社会系统通过社会劳动分工和社会群体的归属，将个体整合到社会劳动系统之中，成为主要的整合方式。从这个意义上讲，未进入劳动领域的未成年人、老年人、失业者和以家庭（居住）生活为主要生活场所的低收入者是社区重点关注的群体，因而可以说社区规划的社会原则中重要内容之一就是关注弱势群体。此外，面对日益显著的社会阶层差异和社会阶层化的加剧以及受深层结构的影响，导致了社会弱势群体在分享社会资源和城市空间资源过程中，由于社会地位、经济能力及身体、性别等原因往往处于劣势。社区规划中必须给予弱势群体以特别的关注，体现社会人文关怀。社区规划也必须兼顾到社区成员间的公平问题。大多数低收入社区成员基本生活需求的满足，残疾人、儿童、老人等弱势群体需求的满足应是社区规划的重要议题（赵民，赵蔚，2003）。可见，从社会整合出发，社区规划的内容、目标还可以延伸出关注弱势群体和社会公正，即关注社会个体的平等和谐共处、分享社会进步成果、空间共享、资源设施分享等等。

综上所述，社区精神在一定的地域范围体现了社会整合和人文关怀，但是并未关注更大范围的社会目标，为了便于论述并与研究的空间分层对应，笔者将社区规划的社会原则目标具体分为建构微观的社区精神和城市层面上的社会整合。

与此相对应，城市社区规划包括三个层面的内容：

第一层面，城市层面的社区规划，包括从城市宏观调控社会阶层的空间分布、资源配置，使其在公平公正的基础上各得其所，并利于从微观上培育良好的地域社会。这个层面的物质规划从宏观上看是一种城市社会空间系统规划。西方为实现这些社会使命的探索与规划实践包括：规划中的公众参与、通过公共空间促进社会、空间整合以及微观理念下的社区规划、社区建设。

第二层面，微观地域层面以解决社会问题为导向的社区文化、制度、民主等意识形态的建构。社区作为一种社会控制手段和社会组织形式中的地域空间落脚点，社区规划应致力于解决社会教育、社会治安、失业人口、老人、及家庭等群体生活空间单位乃至发展社区经济等等，而以民主参与发现和共同解决问题的本身就是社会整合过程。

第三个层面是物质层面，即社区规划要建立适居的、健康的与社会、自然和谐持续发展的社区物质空间，包括将设施配置、空间形态布局与社区管理、社区建设及物质复兴重建密合配合等，为第一、二层面的规划提供物质基础。

三、城市社区规划的宏观动力学

（一）社会空间结构

城市社区的社会空间差别是社会科学特别是社会地理学长期关注的问题。城市社会空间结构，或者说城市社会阶层在空间上的分布，自20世纪30年代开始就已成为城市规划和地理学研究的中心问题。人类生态学派、新古典区位理论、生态学派、行为学派、政治经济学派、女性主义和殖民主义等等对以社会、经济地位为特征的社会成员的分布模式，包括年龄、种族、生活方式甚至是性别因素等进行广泛的研究形成许多的城市社会空间结构理论。

1. 人文区位

人类生态学派认为城市是一个功能的整体，各部分呈高度的功能分化而又彼此互相依赖，城市的区位布局与人口的居住方式是个人通过竞争谋求适应和生存的结果，城市空间组织的基本过程是竞争和共生，经济的力量把个人和组织合理地分配在特定的功能位置上，使之各得其所。

若从社区的社会过程来看，由于低收入的社会阶层不断向外扩展，迫使高收入的社会阶层向更为外围的地区迁移，形成了城市内部空间的演替过程。与此相联系的理论假设是：人口的社会经济特征（经济地位、种族、职业等），决定了他们获取房地产资源的经济能力，人口在城市空间中的区位分布是由房地产市场的自然经济力量决定的，即人们在社会结构中所处的位置（通过房地产市场机制）决定了他们在城市空间的区位分布。芝加哥学派的城市生态学认为生态过程是城市扩张分化的动力机制，空间向度是这个过程的表现，如同心圆模式把城市当作是一种生态社区，强调经济因素主导的自由竞争。扇形理论特别强调交通路线对于住宅区租金分布及空间形态的作用。多核心理论认为城市核心的分化和城市土地布局的分异都是由以下 4 个过程交互作用而成：①各种行业以自身利益为前提的区位过程；②产生聚集利益的过程；③相互间因利益得失而产生的离异过程；④地价房租影响某些行业在理想位置上区位的过程。

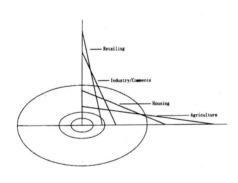

城市土地使用的空间分布模式

资料来源：Knox，1982

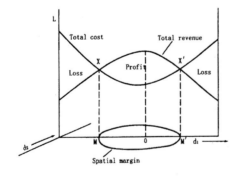

利润空间界面

资源来源：Lever，1987

图 3-5　竞标价格曲线

2. 经济因素

新古典主义学派注重经济行为的空间特征（或者称为空间经济行为）研究。他们引入了空间变量（克服空间距离的交通成本），从最低成本区位的角度，探讨在自由市场经济的理想竞争状态下的区位均衡过程，来解析城市空间结构的内在机制。

Alonso（1960）运用竞标价格曲线（图3-5）解析城市内部居住分布的空间分异模式。根据经济收入作为预算约束条件，在任何区位，低收入家庭的土地需求总是少于高收入家庭，由于低收入家庭享用的土地较少，区位成本（通勤费用）的变化比上地成本（地租）的变化相对更为重要，这就导致了低收入家庭的地租竞价曲线比较陡直。相反，由于高收入家庭享用的土地较多，土地成本的变化比区位成本的变化相对更为重要，因而地租竞价曲线就比较平缓，于是，城市内部居住分布的空间分异模式就表现为高收入家庭居住在城市边缘和低收入家庭居住在城市中心。

3. 交通、通讯技术

（1）可达性影响土地使用理论

A.Z.Guttenberg 于 1960 年提出一套城市结构与成长发展的理论，他认为城市结构与成长发展，可用"可达性"来解释，称之为"社区居民用以克服距离的努力"。同时，他把活动的空间使用分为"分散性设施"与"非分散性设施"。如果运输条件不好，则工作场所、消费场所、社区服务设施等倾向于分散的模式；反之，如果运输条件好，则倾向于较集中的模式。因此，他认为城市空间结构与社区居民用以克服距离的努力有密切的关联。运输系统掌握城市成长的命运与方向，前者改变，必定促进城市结构经常改变。而且，社区居民克服距离的努力应随时调整，方可适应城市成长。

（2）城市生长的交通理论

该理论是 R.L.Meier 在 1966 年提出的，他认为人类的相互影响，透过人与人之间保持交通的意愿而表现，它可成为城市结构形成的一种新的概念。他提出所谓"城市时间预算"与"空间预算"的观念，借此有效地将城市居民交通时间的利用与空间分配之间的关系建立起来，因此一个城市内居民交通行为上的运作不外乎包含出行的起始点、路线、目的、花费时间、活动场所等内容，所以只要能够掌握居民交通时间的利用及其空间分配，则必然可以预测未来城市空间结构的生长与变迁。可见，以现阶段人类的发展而言，运输和交通技术成为相互影响的重要媒介。

（3）人类行为相互影响理论

该理论由 M.M.Webber 于 1964 年提出。Webber 首先将城市社区分为场所社区与非场所社区，用以说明人类行为相互影响所涉及的范围。对于城市社区，不论是地方性的观点或非地方性的观点，Webber 强调应把城市看作是"在行动中的动态系统"。因此，形成城市土地空间布局的过程涉及三种观点：第一是把城市看成是人类相互影响——交通、居民、货物、信息等交流的空间模式；第二是把城市看成是物质形态——适于人类活动的场所以及交通网和运输路线的模式；第三是把城市看成是活动区位——由经济功能、社会功能及其他种类活动所形成的空间分配。

4.社会政治经济结构

结构学派[1]认为，城市居住空间分异不仅反映劳动力在生产领域中的地位差异，并且有助于维持这种差异作为资本主义社会结构体系的组成部分的延续。公共设施（如教育设施）的空间分布差异对于劳动力的再生产（特别是受教育的程度）具有重要影响（Gray，1976）。结构学派关于社会空间的相关理论与有如下门类。

（1）国家干预——住房阶级分析

资源配置的市场模式存在的一个主要问题是，城市中贫困人口的集中与住房拥挤形成的社会问题是市场本身无法解决的。由于住房消费是由居民收入水平决定的，资本主义社会的贫富分化使得低收入居民无法从房地产市场中获得必需的住房资源。为此，国家逐渐介入了住房消费和城市房地产资源配置过程。福利国家住房消费模式的变化意味着有一部分房地产资源是按行

---

[1]20世纪60年代以后,随着资本主义社会矛盾的激化,城市社会空间研究转向马克思主义的政治经济学,成为社会地理学中一些激进思潮的理论基础,被称为结构学派,又被称作新马克思主义（Neo-Marxism）。所谓"结构主义"并不是一个统一的哲学学派,而是由各门具体科学,如语言学、社会学、历史学和地理学中使用共同的研究方法,即结构主义方法或结构主义活动而联系起来的一种思潮,一种方法论。这种方法将研究的客体符号化,希望寻找合适的概念,模拟研究对象的形式结构,以便洞察对象的本质,寻找规律。这种方法强调,研究不应停留于表面,要深入其内部,找出它的"深层结构"。

政模式进行配置的。当这一部分房地产资源在不同的社会群体中进行分配时，掌握这些资源的城市管理人员的决策起着关键性的作用，城市稀缺资源分配形成不同的"住房阶级"，也造成了"住房阶级"之间的冲突。当国家介入消费领域后，由市场机制调节的个人消费已经逐步变成了由行政机制调节的社会化消费，国家已经成为决定人们生活机会的关键因素。

（2）资本积累空间生产理论

哈维（D.Harvey）使用过度积累（over-accumulation）说明资本主义生产的未受抑制性导致工业部门内剩余价值实现的危机，这是个别资本家为各自阶级利益的竞争所发生的矛盾。他认为，一个城市物质性的地理空间布局，并不是自然和市场力量造成的结果，而是那些大企业为追求自己的目标造成的。国家给工业企业提供基础设施，如交通运输和远程通讯等，以及社会设施，如健康、教育和房屋等，以满足劳动力的再生产。而城市规划更是将城市居民分解成为住在郊区的中产阶级和城市中住在政府房产中的工人阶级。

（3）集体消费

卡斯塔尔认为城市体系是整个体系的一部分，随着整体体系的变迁而变迁。城市作为集体消费过程发生的场所，集体消费的最终目的是产出。随着资本的运动以及政府在何时何地、以何种方式组织集体消费过程必将极大地影响住房消费和城市空间形态的演变。此外，卡斯塔尔认为，除了阶级斗争之外，城市社会运动也是决定城市发展的重要因素之一。由于人们的社会利益与他们所在的社区紧密地联系在一起，在同一社区生活的居民便有可能超越阶级的界限组织成不同的政治团体，为保护社区的共同利益进行斗争。如果政府不能向社区提供足够的集体消费资料，这些社区团体便会通过社会运动、社区运动或市民运动的形式表示不满并进行反抗。这些基层群众的社会运动对于影响政府的决策过程和城市的发展过程起到了巨大的作用。

（二）城市社区的时空结构

1. 现代时空体系中的城市社区

现代城市时空状况是在全球化背景中理解城市、地域社区状况的重要前提。无论是现代社会、后现代社会还是工业社会、后工业社会之称谓不能，不联系交通、信息和计算机网络技术导致的现代社会时空的重大变革。首先我们来考察时空现状对于社会和生活建构的重大影响。现代交通和电讯技术的发展及其对社会变迁内在的推动力可以充分反映现代城市社区的特性。其造成时空分离与重新组合，"将社会关系从互动的地域性背景和它们在时间和空间的无限跨越的实现中'提取出来'"。[1] 从社会互动来看，在前现代社会中，社会生活的空间维度在绝大多数情形下为"在场可得性"很高的地方性活动。而现代交通和电讯技术使得面对面的交往已不再是社会互动的主要方式，不在同一场所的人们能够借助于各种方式与远在异地的"缺席"联系，具体在场的东西已不是构建场所的主导因素。这种全球"即时性"时空状态中社区地域作为微观物质空间单位的认识论在社会学、地理学内部以及其与城市规划学科之间存在着多方面的争论。在 20 世纪的社会科学中，场所和地区、社区等领域研究边界是模糊的，而更加模糊的是全球时空一体化状态下的地区、社区等社会空单位的边界及其意义。由此，澄清社区存在的客观性十分要紧。

首先我们不得不正视现代通讯、运输方面技术革命对全球文化的冲击。社会学家路易斯·沃思（Louis Wirth）说："我们必须认真考虑现代通讯和运输的力量——考虑人员和观念的流动性——对地区差别消减。"[2] 地理学也认为，技术革命使得"隔离——作为地区文化差别的根本支撑，正在破除"。[3] 我们该如何来认识全球文化区域差异的明显消退，以及全球化与地方性的现状呢？芝加哥大学经济学教授萨斯基娅·萨森的《全球城市》一书中考察了巴黎、纽约和东京三个典型的全球城市，认为与其把一些现象分别归入全球性的或地域性的领域，还不如把这些现象看成既具全球性又具地方性。笔者认为其分析和结论极有说服力。

---

[1] Anthony Giddens, The Consequences Of Modernity. Cambridge: Polity Press,1990:21.

[2] Louis Wirth. The Limitations of Regionalism in Merrill Jensen（ed.）Regionalism in America（Madison: University of Wisconsin press, 1965），pp.381-93, ref.onpp.388-9.

[3] R.ColeHarris.The Historical Geography of North American Regions American Behavioral Scientist, Vol.22, 1978, pp.115-30, ref.onp.123.

就客观而言，笔者认为社区存在仍具有现实意义。首先需要澄清的是，社区文化存在仍具有客观性。我们看到，与时空的"即时性"、"时空压缩"同时存在的是"离散"的日益加重，如社会分工把社会群体的隔离推到了极限，城市空间的差异性表现出的文化多样性是即使那些反对地区文化差异存在的社会学家也不得不承认的事实。这种群体和空间的分异恰恰就是以社区生活为基础的文化差异存在客观事实。

此外，尽管现代交通和电讯技术的发展造成全球化的时空一体化，改变了空间与时间的表现，并进而改变了我们经历与理解空间和时间的方式。然而其一方面导致了主观上的空间边缘的消失，同时却激发了高涨的民族主义和地域主义情绪，加强社区在意识层面的意义。

客观上，社区作为城市居民日常生活场所地域空间，场所使用者在特定的时间内，经过不同程度的感知、利用都会产生情感上的归属感。这种归属感是场所使用者对于场所使用以后可以真正拥有的唯一事物。它是属于自我生活的记忆和宝贵遗产，历年的时尚潮流也不能使它淡薄，这种情感至今仍成为许多电影、文学艺术作品常用而且效果极佳的煽情手法，这就是社区对于个体自身生活的重要意义的很好例证。同时，现代社会的不断增强的异质性事实上抑制了城市内部的流动。所以，无论在生理感觉上还是在社会感觉上，直接的地方性对于个人的发展具有异乎寻常的意义。

可见，时空一体化并不必然摧毁物质空间单位实在的客观性。就连坚信时空一体化的 A. 吉登斯也承认"场所还要经过时—空上的分割才能成为互动活动的环境……这种时—空上的区域分化（regionalization）为互动创造了具体的背景"。所以，社区作为社会—空间单位存在也不会因时空结构变迁和全球化的冲击而失去意义，社区存在的物质基础也因此而确立。

2. 互联网与城市社区规划

地理学家 Teisman 认为网络社会具有四个特性：①市民、企业和政府无限的活动网络；②网络社会的动态和复合性，显得相关知识（已知）不丰富，而产生网络社会的不可知特性；③难以置信的富足社会，在这个社会里，有无穷欲望的市民和企业几乎可以为所欲为；④网络系统的组合特性超越了结构。因为新的网络构造方式已经不再由结构起决定作用。[1]

网络社区的出现带来了社会和生活方式深刻变革,如社会参与和交往方式。网络社会中,网民们基于电子空间而形成某种特定的生活或活动区域(虚拟社区)不同于经验社区。虚拟社区的特点主要表现在它仅仅属于文化社区,其主体具有虚拟性、主题或生活领域的强烈共享性、表达方式的随意性、沟通或行为结果的非责任性以及精神世界的完全赤裸等特征。由此,虚拟社区的权威也和传统社会或经验社会的权威有着根本不同的特征,即互为主体性、沟通性和解放性等。[2]网络社区的出现深刻影响着个体的精神世界和行为,催动生活方式的变迁,如 SOHO 一族的出现。西方学者则根据网络的这些特征提出了借助网络生活的"聚落式、混合使用、步行为主的生态型社区"的概念。

网络社区的出现深刻影响着城市社区空间观念、模式的变革。在信息革命的全球化的进程中,以信息网络为支持,城市功能由集聚向分散转化,功能边界模糊化,功能的实现在很大程度上实现虚拟化。传统的城市功能发生变迁导致新的城市土地使用模式的形成,城市总体空间结构突破了原有的圈层式组织方式,向网络化结构转型,以多功能社区为空间载体的网络化城市成为城市结构重构的主导趋势。[3]

(三)社区规划的致使框架

1. 政府

在市场和市民社会之间保持平衡是政府机构不可推卸的责任(如图3-6)。政府通过规划体系和管理系统协调开发者、使用者、搬迁者的利益。规划者作为政府规划体系的一部分参与其中。然而,不仅在西方社会,在中国随着市场改革的深化,这种规划体系也越来越承受着来自上层、来自市场和中央政府的压力(政绩评价体系),变得越来越灵活、有利于市场赢利和发展经济而偏离了社会目标,同时也偏离了生活本质需求、空间的使用价值和

---

[1]张晋庆,金笠铭.新世纪居住模式探讨.规划师,2003,9(5):85-88.

[2]陈劲松.现实社会中的虚拟社区的权威达成.社会科学研究,2001(4):113-116.

[3]王颖.信息网络革命影响下的城市——城市功能的变迁与城市结构的重构.城市规划,1999,23(8):24-27.

社会目标。

与西方发达国家相比，目前我国规划体系中，没有包括社会发展的评价体系，而常以经济发展代替社会进步，而在"大政府、小社会"的体制下，从深层来看，政府的作为具有更大的导向性和

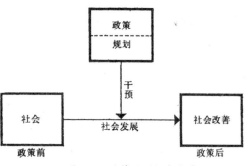

图 3-6　政策干预社会发展

影响力。政府是土地价格、楼盘价格、房地产供应等经济现象的操控者，房地产产业中的问题相当程度上应归之于政府政策存在的问题。可以说，行政政策和权力资源主导着最初的房产市场，市场化之后的住房分配形成了我国的"住房阶级"的雏形[1]。政府控制着最重要的资源——土地，是房地产市场中最大的"庄家"。各级地方政府凭借土地价格、银行信贷、优惠政策三个工具直接或间接地掌控着房地产市场的供给、价格与市场。所以，政府的作为与不作为直接影响着社区规划社会目标的实现。此外，从目前政府对社区的认识上看，更多的是将其视为社会控制方式，或者是进行社区建设的基地，对于社区要素和社区空间社会性仍缺乏必要的认识。如此种种问题都直接影响社区在规划建设阶段为日后社区建设工作展开奠定良好基础。

2. 房地产开发商

房地产开发商是社区、城市场所的直接塑造者？开发者的确是社区环境的直接建设者和环境的直接塑造者。从总体上看，开发机构的属性及空间的商品化、市场化影响着对空间产生过程以及我们对社区规划和规划者的理解。

---

[1]以房产市场化改革之后的上海为例，正是政府的政策导致我国社会阶层格局变化。1995年，沪房地政767号文件《职工家庭购买公有住房建筑面积控制标准》出台，就职别等级和技术职称予以了规定，其实这代表了中国城市住房分配体制的普遍现象。《中国2000年人口普查资料》提供的详尽数据显示，全国范围内拥有人均建筑面积30-39平方米和40平方米以上的人员，以国家机关、企事业单位负责人的比例为最高；30万元以上住房的最大买家是机关事业单位领导和国企私企的"老总"；技术职称人员的住房也是按照职务的高低，因为能够住上高标准房的大多有着高或较高的职务；而第一产业的从业人员是弱势群体中的最大多数，84%的住户购房消费不满1万元，普通居民又占其中的绝大多数（平新乔，2004）。

开发者如何看待和应对规划？在开发商眼里有两种不同的社区规划：其一是作为一种规则和制度的规划。这类规划被开发者视为一系列的开发规则，如停车位的配置、建筑高度、后退红线、容积率等内容。对此，无论开发者对规划有什么意见，规划都是一个暂时的钢性框架，制约开发商的开发行为。另一方面的社区规划，则是一种柔性的、具有魅力的规划理念。它有一种强烈的规划的感觉，具有塑造物质空间甚至是社会生活的潜质。房地产开发的这种总体上的理解对于认识城市化的过程、制定城市规划政策是必要的。

规划者并不建造城市，城市由私人部门特别是开发者建造的。规划者和其他社会政策的制定者（类似于规划者）仅仅在城市开发过程中扮演了一个角色。所以，为了城市发展，规划者必须清楚开发者的理念、行为和战略，有效影响开发者的行为。[1]站在开发商的角度，在以赢利为目的的开发中，开发商往往与刚性规划博弈[2]并左右规划师的柔性的规划。这一过程形成城市社区的区位、物业类型将直接影响着使用者的利益和规划的社会目标。以万

---

[1] Coiacetto, E.J., Places Shape Place Shapers? Real Estate Developers'Outlooks Concerning Community, Planning and Development Differ between Places，Planning Practice&Research, 02697459, Nov2000, Vol.15, Issue4.

[2] 北京大学中国经济研究中心平新乔博士与他的合作者的一个关于《融资、地价与楼盘价格趋势》的房地产研究报告道出了我国廉价土地与房地产商以及各级地方政府之间的内在联系。平新乔博士与其合作者对内地31个省市中的35个大城市的相关数据分析后发现，房地产商每年会截留大约30%的土地，在三年时间里其手中囤积的土地就相当于从政府买来的土地量，而且大约2%的房地产商巨头占据了绝大部分房地产投资，其中银行资金占据房地产资金来源的22%，自有资金则占30%，其他由非银行金融机构转化而来的银行资金约占30%，也就是说，直接或间接来自银行的资金高达52%左右；数据还说明，目前房地产业的积压程度相当之高，空闲率平均在38%左右，2001年的空闲面积就达13156万平方米，即便按2500元/平方米计算，积压资金就达3300亿元。房地产品的积压原因不外乎价格、质量以及结构三大原因。价格每上升1%，就会使房子的空闲率增加1.46个百分点，而且效应显著；房地产的投资额每上升1个百分点，就会抬高整个房地产业产品质量，使其空闲率下降1.267个百分点；而从产品结构上看，如果提高经济适用房的比率，空闲率可能就会下降，提高高档房与商用房的比率，则空闲率会有所上升。影响楼盘价格的决定性因素一是土地价格，二是信贷注入。如果政府收缩土地供应或提高土地价格，即使对信贷做出适当的调整，房价仍然会由于土地价格的逐步上升而上升，因此就房地产商来说，努力获取廉价的土地以赢得最大的利润依然是其最根本的目标。

科大型的郊区社区开发为例。万科之所以发展大型社区项目,并定位在北京、上海、天津、沈阳等大都市郊区,是因为这些城市具有以下共同点:城市中心区因人口密度高、环境差等因素已不适宜居住,相比之下副中心区的发展较为迅速,各项配套设施齐全,大多数现代、高科技企业的办公区均选择此处;万科大型社区的销售对象大多以在副中心工作的知识型中高收入的白领阶层为主,这个阶层的客户容易接受郊区化的居住方式。这就是为什么万科地产将开发定位在车程离城市副中心区大约 10 公里左右半径内的城郊结合部进行大型社区的项目开发的原因。[1]

鉴于开发者如此重要的地位,规划者必须能够影响其开发理念、开发过程。"管治"是必要策略之一。然而,规划者,包括政府和规划师必须考虑其开发的赢利目的,进而调控、引导社区开发建设过程中的社会效益。而目前许多社区规划中往往起先不考虑开发商的赢利空间,也是导致开发商违规建设的原因之一。所以,笔者强调开发商的利益也应在规划中事先得到反映,如每个区位地块的价格、开发类型、容积率、层数等等(都是决定开发商是否能在获得开发权后有利可图的关键因素),在规划中将其纳入房地产开发商有关成本收益的分析十分必要。只有这样才会体现社区规划的合理性和实效性,并最终以规划影响开发商的开发行为,达成社会目标。

3. 规划者

城市规划是政府干预和调控住宅区位的行政和法律手段中最为重要的一个,可以说它对房地产开发商的成本的影响是极端的。即如果开发商违反了城市规划的有关法规,其成本为无穷大。城市规划规定了房地产开发

---

[1]夏南,把握市场需求坚持以人为本——万科地产开发城市近郊大型社区的几点思考.建筑学报,1999(12)40—45.万科郊区开发选址的主要依据:因远离中心区,地价较低,适中的售价客户接受度高;社区与快速干道相连接,以满足社区至副中心区、城市中心区的交通可达性,一般应控制在 20 分钟车程范围内;客户虽花费了适度的交通费用与时间,但享受了与城市中心区不可比拟的优良环境质素:空气洁净度高、水质良好、低噪音度;由于在近郊选址多属未开发地块,能提供低密度、低容积率的规划设计,从而创造舒适的社区居住环境、宽松的室外绿地;达到规模开发的效应,节省了开发成本,对社会、住户、开发公司皆有益处。创造新型的居住模式,符合现代生活的居住行为。

利用者的行动空间，约束开发商的区位选择。如规定各类土地的界限和适用范围、各类土地内可建、不适建、有条件可建的建筑类型，这些都是房地产开发商在选择社区时不可逾越的。另外，城市规划中对建筑高度、建筑密度、容积率等提出的控制指标还直接影响着房地产开发商单位建筑面积的住宅开发成本。

城市规划是规划师与政府合作的产物，所以规划师是城市发展进程中的机构代理之一，他们与其他的机构及法规和资源互动，由此形成了社会和空间环境。所以，规划师的社会责任是重大的。

总之，规划师的角色和位置是十分微妙和重要。他们处于社会空间结构及其代理者的结合点；空间的使用价值和交换价值的结合点；处于权力、经济系统和生活世界，以及空间的生产和日常生活的结合点（Madanipour，Ali，2001）。他们的立场、智慧、能力和良知最容易影响空间的质量和生活世界在这些复杂背景下的独立发展。规划者作为中介机构理应保持各方平衡，然而站在最易受到压制和忽视的弱势群体一边似乎应是其职业道德和社会使命。

4. 个体（消费者、无力消费者）

站在消费者和市民社会的角度考虑问题从理论上讲是政府和规划者的天职。然而，在"系统—生活世界"中，由于系统是空间的提供者，消费者实际上成为权力和市场的操控对象。消费者能获得的住房类型、区位乃至他们的择居理念都会受到系统不同程度的操控。

在市场经济中，虽然建成环境必须具有充足的使用价值以便进入市场，但市场的本质却是最大限度地获取交换价值。为此，开发商采用标准化设计和生产大众化产品来满足大多数人的需要，城市生活的多样性和个性空间则被这种机制所压抑。为迎合人们对消费个性化、多样性的需求，开发商则常常转而借助"理念"的炒作，鼓吹创造新生活方式及用尽"绿色"、"小资"、"高贵"等所有这个时代听来顺耳的词藻，哄骗式或强迫式的将消费者带入他们的产品中。至于社会公正和社会空间结构的分布、弱势群体关注等社会目标都不是他们的最终使命。这样的结果是，在唯利是图的利润追求过程中加剧了社会的矛盾，如拆迁安置中的社会冲突屡见不鲜就是例证。

目前，消费者常常是以个体的而非基于更高层面的方式（如团队）与市场系统相互作用。与市场系统相比，消费者缺乏足够的资源，因此必然处在社会和空间决策的边缘，成为市场乃至权力操纵、愚弄和压制的玩偶（Madanipour, Ali, 1996）。而那些"无能力消费"又急需改善住房的普通居民正在成为社区实现人文社会关怀的瓶颈（如图3-7）。

图3-7　社区规划中的社会关系

在我国，经济适用房建设以及旧城区成片的开发、改造或拆迁过程中，政府唱了主角。"政府与居民协商的本质就是一场交易，但在这一过程中政府没有全面地考虑弱势群体的利益。显然，弱势群体利益和社会发展在城市化的时序上往往被置于经济发展之后，在城市形态的决策过程中往往被排除在决策系统之外，其价值观和需求往往被忽视或主观臆断。"（平新乔，2004）虽然国家从住房供应结构上实行了安居工程、经济适用房、廉租房等一系列相关政策，但由于数量较少、区位偏远和管理不当，其实没有真正解决大量市民急需解决的住房问题，反而剥夺利了他们改善生活（所谓"民工"的儿子还是"民工"）和进一步具有消费能力的机会，甚至成为新型社会隔离的根源。经济适用房政策由于管理上的漏洞实际上与其说中低收入者受益，莫如说高收入者受益更多，而最大的受益者还是获得经济适用房开发权的房产商（平新乔，2004）。而另一方面，则是住房供应结构不合理造成的大量住房的"空置"现象。这都会大大影响了国民经济的持续发展。相反，从香港的"居者有其屋计划"我们仍可以发现住房供应结构的社会和经济持续发展的时序启发。[1]

---

[1] 1972年港英政府启动了"十年建屋计划"和"居者有其屋计划"，一举解决了222.5万普通市民的住房问题。特别是推行"居者有其屋计划"为中下层居民建造的"屋苑"，几与私人楼宇媲美，价格仅为私人楼宇的65%—75%；为鼓励中低收入者自购住房，政府采取了免收地价、100%还贷等优惠措施，使居民能在50多家金融机构按揭贷款的帮助下分期付款购房。直到1988年，大多数居民的收入水平都到了希望能购买一套

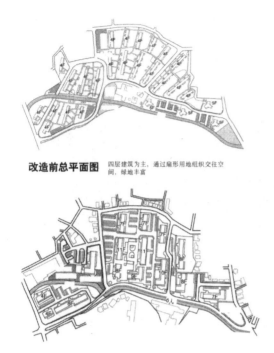

改造前总平面图 四层建筑为主，通过扇形用地组织交往空间，绿地丰富

社团方案总平面图 最高建筑为11层，矩形街区，突出中心感，但丧失了"绿色"空间

步行道
小公园
原有树木
停车场
公园

居民提案总平面图 最高八层，基本设施设计仍保持改建前的布局（设施、曲线道路、树木）

图3-8　不同立场产生的规划提案分歧

综上所述，规划中的上述社会关系现状显示：我国社区规划者要实现其社会使命还有很长的路要走。目前我国社区规划是在政府主导下，市场和政府、规划是共同操控下的空间产生过程。在具体的社区规划时表现为居民、开发商、政府、规划师对于空间的立场存在很大差异，这也是参与规划的理论基础。如图3-8日本东京西经堂住宅小区的改建中所呈现的那样。

（四）宏观动力学框架

结合本章对于社区在系统论上的认识，形成社区的社会空间结构（如政治经济、交通技术）、时空结构（时空统一体）以及社区规划中的社会关系（政府、规划师、消费者）等因素共同构成了如图3-9所示的社区系统及其规划的宏观动力学框架。

体面的住宅时，香港政府才将房屋政策的重点移到以优惠贷款形式帮助居民购买私人楼宇。从中可以发现住房供应结构的社会和经济持续发展的时序启发。

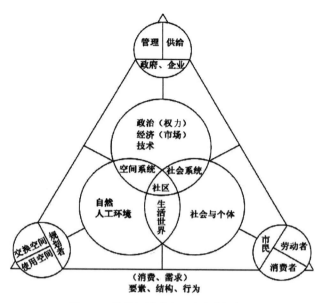

图 3-9　社区规划的宏观动力学框架

四、城市社区规划的微观动力学

社区精神的建立有赖于社区成员的社区归属感，社区的归属感是所有自1929 年佩里的邻里单位以来的社区规划的奠基石。然而作为物质规划的社会原则，在西方学术界社区理念也因其遭受广泛的批评。其中很大一部分原因是许多观点对社区归属感的发生原理区分不清，另一部分则是因为一些社区规划夸大了物质环境的作用，甚至回到了现代主义理论的物质决定论中。这种争论在我国的社会学、规划学研究中还未见有。就笔者所见，我国的许多规划主张也表现出对社区归属感的基本原理尚未澄清。况且，我国的社区理论是在借鉴西方的"邻里单位"和前苏联的"街坊"理念基础上建立起来，也仅仅是保留了其物质尺度，而长期忽略其社会纬度。所以，我们有必要从多维视角重新认识社区的奠基石——社区归属感产生的机理，建立社区规划社会性的认识论。

（一）人际关系原理

社区的社会结构包括个人、家庭、群体。群体包括阶层（收入、教育水平、社会地位）、爱好、职业、年龄、种族等等共同构成社区的社会结构。社会心理学的研究证明，群体成员的结构对于群体开展活动有密切的关系。群体成员搭配合适，群体成员的情绪就协调一致、关系密切，活动开展就会卓有成效。如果群体结构不协调、成员搭配不合适，则群体成员情绪涣散，经常发生矛盾甚至冲突，开展活动就不易达到预期的效果。社会心理学的研究还揭示出了以下一些人际关系形成的基本规律。

（1）邻近律（地域性）。地域上的邻近性是居民熟悉、交往和面对面互动的基础，正是地域化的生活促使社区自然而然的产生。可见，地域性也是社区的物质前提。大量的研究证明，在物理空间上的邻近能够导致人们之间的吸引与喜欢。社会学家认为邻近的人们能够经常的交往和互动，如互相帮助、沟通信息等，由此相互熟悉建立了感情。所以，在相互熟悉的情况下，每个人都学着如何行动以避免不愉快的互动，并有意识地不去造成不愉快。

（2）对等律。如果从一个动态的角度来考察人际关系的形成，就会发现人们之间的喜欢往往是相互的。也就是说，我们喜欢的是那些喜欢我们的人。

（3）一致律。社会心理学的研究证明，人们彼此之间的某些相似或一致的特征，如态度、信仰、爱好、兴趣等，能够促进人们的相互喜欢。物以类聚，人以群分，人们通常喜欢那些在各方面与自己存在着某种程度相似的人，其中态度、价值观的相似尤为重要。

（4）互补律。当角色作用不同时，互补性就显得更为重要。要想在相互作用中彼此的行为协调默契，就得需要一些相互补充的人格特征。

（二）群体相互作用原理

在现实社会中，群体的存在形式是多种多样的。各种不同的社会群体，其社会功能和活动过程不尽相同，对其成员的影响和作用也不一样。不同类型的社会群体之间的相互作用也影响着社区成员的归属感。在社区研究中区分社会群体的类型是十分必要的。

1. 初级群体和次级群体 [1]

初级群体又叫首属群体，指的是由面对面互动所形成的、具有亲密人际关系的社会群体。这类群体主要包括家庭、邻里、儿童游戏群体等。"次级群体"指的是人类有目的、有组织、按照一定社会契约建立起来的社会群体。次级群体的特点，在很多方面恰恰与初级群体相反。次级群体不受血缘或地缘的限制，它的形成源于一定的社会需要。其成员组成则是为完成群体目标而选择的，人们最为熟悉的次级群体是社会组织。

2. 大群体和小群体

大群体和小群体都属于实际群体，大和小是按照群体实际存在的规模划分的。罗森堡和特纳认为群体成员之间有直接的、个人间的、面对面的接触和联系的，就是小群体；而在大群体中，成员之间只是以间接的方式联系在一起的。由于小群体的成员之间有直接的、面对面的互动，从而容易建立起心理上和情绪上的联系。

3. 内群体和外群体

群体的成员资格是通过群体界线给予定义的，没有界线，我们就难以将群体成员和非群体成员区别开来。群体成员将他们自己的群体称为"内群体"，对它怀有特殊的忠诚感；同时，他们以怀疑的眼光看待其他群体，将其视为"外群体"，并认为它没有自己的群体那样有价值。

---

[1]最早提出这一概念的是美国社会学家C.H.库利,他在《社会组织》一书中写道,"所谓初级群体,我这里指的是具有亲密的面对面交往与合作关系的群体。这些群体在多种意义上是初级的,但主要的意义在于,它们对于个人的社会性及其思想的形成是至关重要的。……是人性的养育所。"相对于正式的社会组织或曰次级群体,初级群体有其明显的特点:(1)初级群体的形成一般是一个自然的过程,它不是基于某种社会需求、按照一定的社会契约而人为地建立的;(2)初级群体内成员之间的互动是经常的、直接的,甚至是面对面进行的;(3)由于初级群体成员间经常的面对面的互动,导致了人们之间丰富的感情交流。因此,初级群体中人与人的关系有浓厚的感情色彩;(4)初级群体内成员间互动所遵循的规范不是很严格的,一般来说不是明文规定的;(5)在初级群体的活动中,个人能够表现出自己个性的各个方面以及深厚的感情和复杂的情绪;(6)在初级群体中,人们之间不仅是角色关系,而且还有强烈的情感联系,所以初级群体的成员一般是不可替代的。特别是在家庭、朋友等关系密切的初级群体中,成员的代替可以说是不可能的。

4. 隶属群体和参照群体

隶属群体即个体实际参加或隶属的群体，比如家庭、游戏群体、团伙或学校。"参照群体是指这样一种个人或群体，它或者为个人树立或维持各种标准，或者当作个人与之进行比较的一种框架。"社区成员通过与其他社区（参照群体）的比较获得本社区（隶属群体）的认同与归属。

（三）社会空间原理

社区的归属感可以说首先源于社会群体认同。认同的关键最终有赖于主观意识世界之镜像的内源性认知。[1]社会学研究支持了"社区解放"的社会关系范式（Wellmanand Leighton，1979）。换言之，形成社区的最重要条件并不是一群人共同居住的地域，而是人们在互动基础上形成的具有一定强度和数量的心理关系。即使这群人散布在城市的各个角落里，只要他们保持强烈的、内聚的社会网络，具有认同感和归属感，就可以形成某种"心理社区"或曰"开放社区"。[2]美国许多的社区研究集中在非地域空间、场所的社区感上，实质上是注重"社会空间"在社区形成中的重要意义，根据现有的研究可归结为如下三个方面。

1. 社会认同

对于居民的互相作用和社区感而言，同质性是比空间更为重要的一个因素。社会身份认同源于人内在的心理机制，但他会通过外在的行为实践表现出来。因此，认同存在自我与他人互动的人际网络与组织、工作"单位"和社区的归属中，也存在于生活方式的言谈举止、消费行为与闲暇生活中。社区认同是地域认同，但其本质是基于人际交往时的社会认同。

西方社会区域分析理论也认为，城市内部空间结构可以用经济地位（economic status）、家庭类型（family status）和种族背景（ethnic status）三种主要特征要素的空间分异加以概括，它们是构成现代城市社会空间一些重要

---

[1] 周明宝. 城市滞留型青年农民工的文化适应与身份认同. 社会，2004(5)：4-11.

[2] Wellman, Barry, Barry Leighton. Networks, Neighborhood, and Community: Approaches to the Study "the Community question. Urban Affairs Quarterly, 14: 363—390.1979.

演化趋势的根源。Campbell and Lee（1992）也发现社会的互相作用的一种复杂图景，认为社会经济、身份、年龄和性别的在决定居民的互相作用方面是最重要的因素。

2. 社区成员的共同兴趣

Burkhart's（1981）研究显示了居民积极地寻求加入一个同种的归属，而且避免异种的社会互相作用，证明了"兴趣社区"的重要性。当整个社会逐渐由生产社会转入消费社会时，生活方式也逐渐注入了消费主体的价值偏好，个体在消费上标新立异。生活方式作为阶层差异和身份地位的表征暗示着一种社会阶层的冲突，所以生活方式认同成为社区认同的社会根源。Lang（1994）通过对英国的新城镇开发追踪考察发现：人们的生活方式和归属感并非与邻里界线一致"（Lang，1994：268）。

3. 居民共同的价值和行为准则

社区必须以共同点的价值和行为准则为纽带将居民结合。Hunter（1975）在 Rochester 的研究发现：居民以分享的价值为基础维持了一个强烈的社区感，不管邻里功能性如何损失（即使设施使用减少），每个居民通过辨别自己的目标与别人的同一性，建立了他们之间的亲近感。

（四）人本主义因素

社会心理学家对社区归属感进行过许多研究，根据这些研究可以发现，影响居民社区归属感的人本因素有以下几个方面：

1. 居民对社区生活条件的满意程度

社区满足感和社区归属感是不同两个概念，前者是居民对社区生活条件的评估，而后者则是居民对社区的心理感受。[1]但是，社区满足感在很大程度上决定着社区成员的心理归属。[2]

2. 居民对社区环境的地域声望认同程度

Haggerty（1982）发现社区依恋与地域的声望有关。如果地域环境声望

---

[1] Goudy.W.J., Further Consideration {Indicators Of Community Attachment, Social Indicator Research, 1981(11):181-192.

[2] Connerly.C. and Marans, R. Comparing Two Global Measures Of Perceived,1985.

高，则许多人愿意留在那儿，至少可以表明自己的身份。反之，则极力想逃离，如贫民区、红灯区、治安混乱区。

3. 居民在社区内的社会网络

居民间生活关联和相互影响可能是积极或消极的，然而这种互动能够将居民紧密地联系在一起。之所以如此，是因为互动有机会减少差别形成生活共同体。所以，现代社区归属感的建立，特别强调通过社区成员的交往产生共同的价值观和行为准则。社区居民在社区的同事、朋友和亲戚越多，其社区归属感也就越强。[1]一项有关香港与广州的个案比较研究不仅说明人际关系对社区成员的归属感有较大影响，而且发现这种影响在广州居民身上表现得比香港居民更为明显，[2]大概因为广州居民办事更多的是通过人际关系网络。

4. 居民在社区内的居住年限

居住时间的长短是决定社区感产生的原因（Kasarda and Janowitz,1974; Glynn, 1981; Buckner, 1988; Chavisetal, 1986）。就一般情况而言，居民在社区内居住年限越长，其社会关系就越广泛、越深厚，因而其社区归属感也就越强。

5. 居民参与社区活动和拥有社区与管理权

社区参与活动主要包括两类：一类为正式活动，直接涉及社区的发展和开发。多数社会学家认为，社区开发的好处虽大多为社区内的各个家庭所得，但这类活动本身却能够培育社区，诸如包括社区归属感和认同感在内的社区意识。另一类是非正式活动，包括社区内的一般交往性和消遣性活动。居民对社区非正式活动的参与有助于他们对社区生活的体验和对社区发展的了解，进而有助于增强他们的社区归属感。[3]社区感还与邻里对社区设施的公共所有权相关（Atlasand Dreier，1993）。

---

[1] Kasarda, Jogn, Janowitz. Community Attachment in Mass Society, American Sociological Review, 39: 328-339, 1974.

[2] 丘海堆. 社区归属感——香港和广州的个案比较研究. 中山大学学报, 1989(2)：62.

[3] Roach, M.J. and Brien.D.J. The Impact of Different Kinds of Neighborhood, Involvement Residents'over all Evaluations of Their Neighborhood. Sociological Focus: 379-391,1982.

6. 居民与社区荣辱共存的利益关系

M.M. 韦伯认为：现代城市生活行为是利益型的，社区成员对社区的依赖和需要是社区感的重要来源。首先社区是居民获得生活信息的来源之一，更为重要的是，社区间际与外部压力使社区成员产生了互助的需要和对社区组织的依赖。竞争和外界的压力促使居民需要团结起来，进行社区运动，如与物业、政府、居委会进行协商、谈判、斗争来争取社区交通、设施等内外部环境条件以及服务的改善。西方研究认为，社区归属感与场所使用者与场所作用时间的长短、与场所文化的联系程度以及与场所经济利益呈正相关关系。业主拥有住房是培育社区感的重要部分，因为居民财产与邻里相关联越多，居民越会有较强烈的社区感（Davidson and Cotter,1986; McMillan and Chavis,1986）。显然，与"邻避主义"相比，对私有财产的重视或其他的"利益共同体"[1]在产生以地方为基础的社区感方面成为很积极的因素（Panzetta, 1971）。

7. 熟悉

熟悉可以产生社区成员的信息联系和生活的分享感、安全感、依附感。一般来说，个体对于社区地域中的人、发生的事件、地域物质状况了解程度越高，就越容易产生地域场所的依附感、家园感，所谓日久生情。居民能了解、预知社区事件的发生，可间接产生地域的安全感、可控制感和社区成员共同生活分享感。可预见性是熟悉的产物，是对正在发生事件及其与自身关系的理解。所以，恰当安置报告栏和建立地域社区网络有利于信息沟通并由此建立社区感。[2]

---

[1]如与自然界的斗争,与其他社区的利益冲突,与政府争取社区基础设施的社区运动等等形成的利益共同体。

[2]笔者在浙江大学的网络与社区归属关系调研中发现:被访问的本科生、研究生各50名中,只有5人不经常访问BBS网站。85%被访者都认为通过BBS网站可以更好了解社区的事件,发表自己的见解,从中产生了社区归属感。同理,不同规模层次的社区局域网络与社区地域空间界域对应,在提供社区居民的交流平台的同时还有舆论监督的作用,可推进社区参与、社会民主、提高社区管理商业机构的服务质量,增强居民归属感。笔者在与杭州建工房地产公司合作的社区研究中就有这样的提议,得到业主的支持。

8.个人发展的机会

居民越是能在社区的帮助下获得成功的机会也越会对社区产生感激、热爱和归属感。社区中个人可获得的发展和取得成功的机会受到社区中多种因素的综合影响，如文化、民族、宗教、政治、教育、工业、家庭、娱乐设施等。社区生活也正是在这些机构组织或提供的活动和场所中展开。每种机构或组织都有其存在的理由，或信仰、或指导、或管理、或培训、或为了娱乐的目的。居民娱乐、学习、成长、就业、信仰等需求的满足，都依靠社区中的这些机构，更为重要的是它们也为居民的成功提供所需的机会。

（五）物质空间机理

1.社区空间的心智构造和感知

对于空间的理解，不同的学科如地理学、规划建筑学科等都从不同的侧面有多种理解，又相互启发和交叉。这些理论都不同程度地从哲学、心理学、社会学乃至数学、物理学中得到启发。本书将社区空间认识放在社会目标的层面上来探讨社区空间如何被居民构造和感知。

（1）个体环境认知

从心理学讲，刺激、个体、反应三者是基本变项，由于环境变化而形成刺激，刺激影响到个体，个体表现反应，即反应而成行为。然而刺激与反应之间并不是机械的关系，而是一个经过生理与心理的双重过程、生理历程得到的经验为感觉（sensation），心理历程得到的经验为知觉（perception）。所以我们可以区分以下的空间概念：

物质实体空间：物质空间是真实的物质实在，是自然和人造环境的客观实在。

认知空间：由于人对事物的知觉（包括认知和感知）具有主观性，所以人认知的物质实体空间环境是人与环境互动过程中的主观体验而不是客观现实，故称之为认知空间。认知空间是一种感觉和心智上的事情，可以脱离真实空间存在。

（2）空间认知

凯文·林奇城市意象的开创性贡献就在于他把心理学的方法和研究成果运用于物质空间的分析，使城市空间分析由客体形式发展到认知主体人的知觉、感觉的形式，进而成为城市形态理论的核心。

林奇的"城市意象"理论告诉我们，可识别的城市有助于人们增加内在体验的深度和强度。他提出了可意象性概念和建立城市可意象性需要的三个条件：识别性（identity），即物体的外形特征和特点；结构（Structure），即物体所处的空间关系和视觉条件；意义（Meaning），即物质空间对观察者的使用功能之上的重要性。林奇研究了前两个部分，他通过调查研究得出了今天众所周知的城市意象五要素：路径、区域、边缘、结点和地标，如图3-10所示。林奇的城市意象强调空间环境对人的教化作用：训练我们的眼睛，塑造我们的认知系统并组织我们的经验。诺伯格·舒尔兹继承了林奇的衣钵，探讨了人对周围环境的普遍认知模式，并开始强调场所的人文意义。

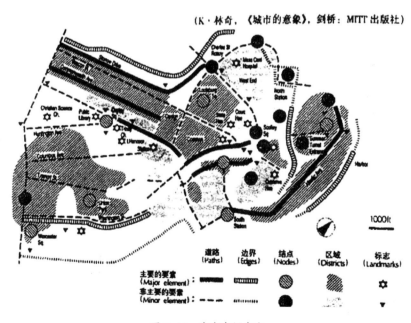

图 3-10　城市空间意向

（3）空间意义与环境符号

环境意义的探索的另一种方法集中在传达意义目标的角色、事件和现象，即信息学方法的环境运用，映射出人与空间的关系。与认知研究基于个体的环境认识相反，环境符号学利用城市信息，揭示了抽象的物理空间变成凝聚人类文化和情感的种种场所，并且有相应的场所"意义"和"精神"，提供了城市形式的社会性构造和象征性意义。阿尔多·罗西将城市视为一种艺术文化的集体产物，将城市空间看作是一个居住及建筑文化在历史中反映出的建筑实体环境，其"形态——类型学"理论，关注空间的历史与文化性。朱文一运用符号学理论与方法，从符号及象征主义角度揭示了城市空间的社会文化内涵。赵冰将"场所"理论进一步拓展为"场域"理论，用环境、情境、意境三个概念来理解城市空间。其中，环境是强调物理关系的概念，它又包括定向的环境模式和认同的环境特质；情境是强调使用关系的概念，它又包括定向的情境结构和认同的情境关联；意境是强调景象关系的概念，它又包括定向的景象和认同的景象。这些研究都反映了由于人与人、自然与人类的种种复杂的文化关系、历史关系、心理关系和实践关系（黄亚平，2000），影响着空间的认知、体验和空间中的主体行为。环境符号和认知地图分析也显示象征过程影响人在城市环境中的行为。[1]

（4）个体空间认知的社会性

Lefebvre 认为认知空间是与社会和物质环境紧密相关的。环境的本质是由人来理解而不是通过一种复杂的解释过程。大量的文献研究同样显示不同的人，不同的时间，以不同的方式对环境的认知都不相同。不同的人，包括不同的年龄、背景、生活方式、居住时间；不同的方式包括步行、乘车、骑自行车及其不同的速度等。步行是最佳的环境认知方式（MadanipourAli，1996）。现有研究表明，环境认知实质上是一种社会产品，它由个体获得，却受限于其社会背景。简言之，个体认知地图依赖于他们在社会经济阶层中真正的和预想的地位。在此理论中，林奇的认知地图概念化的将环境认知概括为中心、地标、边缘、区域、结点五点物质要素，忽略了个体的社会差异而受到质疑。

---

[1] Gottdiener（1994）将环境理解的三种方式：认知地图和社会——信息分析，公共环境中的行为模式，社区感及其相应的社会网络是新城市生活理论的三个组成部分。

总之，基于环境知觉的空间研究表明：①由人类经验所得到的主观的环境意象与意义，从物质空间中的经验角度来观察空间的组成及其意象的研究途径，突出了人类在环境发展过程中的角色；②城市空间的本质是多重性的，包括物质属性与文化心理、社会纬度。因此，城市社区空间不再被认为仅是一种物质空间实体环境和视觉艺术展现空间，而应理解为一种综合的社会场所，伴随其中个人、群体所发生的多项活动而具有情感、象征、价值与意义；③不同的人都有着不同的经历，主观上也具有独特的城市社区认知地图，空间的认知是一种社会产品，反过来，空间反映了社会群体的社会结构、组织的空间机制。

2. 从场所感到社区感

（1）空间场所的多维特性

由上可见，空间具有物质、精神、社会三重意义。如果空间是开放的、抽象的延伸，则场所是由人或事占据的有着特殊意义和价值的空间部分。总结目前有关场所的研究观点，大概可形成以下三个方面的理论认识。

①静态性

理性主义和地方主义者认为场所是一种具有特定识别性和意义的围合空间。他们将场所定义为"乡土的地方"，认为场所是无时间和边界，具有单一的、固定的、无争议的、真正的特性。场所的营造也基于一种隔离性、类似性和乡土感。

②动态性

场所的静态性理解被认为缺乏动态性而受到质疑，因为场所是通过社会关系而非物质特征所定义。如 Massey（1994）认为如果导入时空的动态性，场所可视为在所有尺度上不断变化的空间关系网络的即时性空间。场所是人与环境即时的互动，这样的场所理解更为开放和丰富。场所的特性"并非在其周围设置边界，而是通过与其他或上一层的相互地位来识别。确切地说通过与上一层场所的连接网络和相互连接来辨别"。场所在任何时间点具有固定性，但随着参考系的变化而发生变化。这种概念说明了为什么个体能够随着环境的变化来体验场所。还有一种观点认为，人类与场所均可被视为某种社会过程的相互作用的地点。也许场所的动态概念更能代表社会实践的特殊性和复杂性。

③个体性

不可否认，场所的确随着人、环境及其互动而具有不同的意义。场所是以人的"感觉的价值"为中心，并且具有生理所需要的安全感和稳定感。美国社会地理学家 Fritz Steele 在其所著的 *The Sense of Place* 一书中对城市场所的个体特性进行了概括[1]。他从城市居民对于场所亲身体验的认知角度出发，认为在环境的特性与个人行为相互作用条件下，个人会产生不同的场所感，这些不同的场所感受场所本身特性的影响，当然也和个人感知技巧、个人的情绪和意图等因素有密切关系。场所的静态性、动态性、个体性的多维理解为我们理解场所提供了一种多维视角。

（2）场所感与社区归属感营造

归属感是一种文化心理行为。场所感作为场所附着术语，与特定的空间环境特性相比则有更多个体化意义。场所归属感是指场所使用者对其体验的场所产生的在情感上和心理上的认同感（无论是长期的还是自发性的）。"场所羡慕（placeenvy）"是场所归属感的一个相当普遍的类型，即当一个人看到一个新的环境，看到该环境中的人群，有时就会产生想成为他们中一员的想法，渴望体验他们的日常生活，感受他们的环境，以及那里环境的变迁等。有时即使自己原本所生活的场所比他人的场所更丰富，也适合自己的生活方式，但是"场所羡慕"的情形也同样会发生。

---

[1]Fritz Steele 提出了个人场所感知的个体意义。①个人庇护和安全：个人场所的一个明显功能是提供一个用于个人保护和避免周围环境威胁的安全功能。②身份感：身份感是第一个用来界定个人场所的功能要素。个人场所可以被看作一种象征物，表现出场所主人对于自己身份的确认信息。③社会联系：个人场所通常的组织方式可以帮助场所的主人控制与他人的联系模式。④成长激发：有些人把场所作为他们成长和发展的激发性条件。个人场所应该具有动态性，而不能是静止的，这样才能更好地激发人的成长。另外，他认为个人场所感知功能也会产生的负面影响：安全感可能影响其与周围他人的交流意愿；对个人场所迷恋到一定程度，就很难再进入到一个新的个人场所，即使这种移动可能会带来新的观念、新的感受或者新的活力；个人场所如果过于个性化，那么对其他人就几乎没有可利用性。

感知只是人和环境相互作用过程中的一个环节，人和环境相互作用过程的另一方面是根据环境知觉去参与到环境中的个体或群体行为。人们在对城市场所感知规律指向下，大脑中客观存在有不同类型的社会空间（或感知区域或感知面），这些感知的社会空间（场所）称为存在主义区域。城市场所、空间的"存在主义"概念，不断地确定城市日常生活中人们的行为空间与界限（王兴中，2000）。此外，在与环境的互动过程中，引起人的心理和情感反应，产生场所意识，即所谓的场所感、社区感。

3. 社会空间相互作用的社区地域化

（1）人与环境互动的三个层面

20世纪60年代后期，随着定量方法的运用，倾向于个体、小尺度的城市研究行为主义方法受到心理学家胡塞尔（Husserl）定义的现象学框架的影响。胡塞尔认为人们的意识活动和所指的对象构成了生活世界的两极，人们的意识活动与人们日常生活中的目的紧密相连赋予了这些对象意义和价值，只有了解人类行为的动机（态度和意向）世界才能被理解。这一解释揭示了环境认知与行为目的、动机、过程之间的辩证关系，也揭示了环境营造与环境功能之间的关联性。

社会学家列斐伏尔（Lefebvre）认为，"社会空间允许某些行为发生，暗示另一些行为，但同时禁止其他一些行为。"同时，"空间实践—空间再现—再现的空间"是认知、构想社会生活空间相互关联的三个阶段。这种认识揭示了"存在主义"的空间认知、功能及其社会性的辩证关系，这也正是社区空间与人的感知、行为动机以及社会性层面相互作用的理论依据。

（2）社区的社会—空间相互作用地域化

通过上述分析我们可以推出社区感的建立是通过人、社区空间形态与社会因素互动中产生的结论。我国人文地理学家王兴中将这种互动归结为通过"社会相互作用的地方化"原理来实现（表3-3），具体而言可包括以下四种类型的转化：

①居民之间的社会地位关系（即社会距离），可转化为地理距离来衡量；

②最低等级商业—服务业等公共空间范围与居民对周围不同感知距离之

间可以相互转换；

③城市的道路、结点及地物等标志性特征与居民对社会区域的感知范围之间有互为限定关系；

④居民交往关系与空间区位网络之间互为转换关系。

表3-3　社会空间相互作用的地域化原理

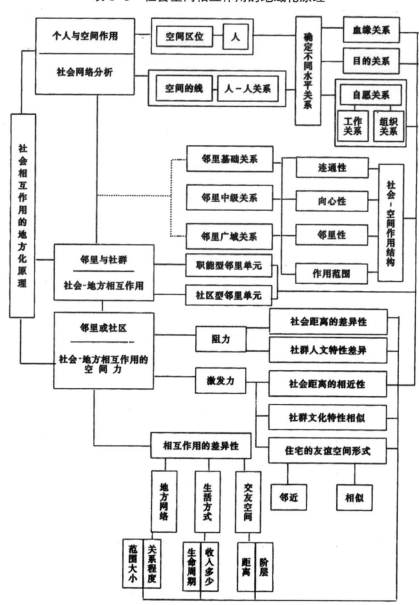

（六）微观动力学框架

类型学研究曾进行了广泛的社区感定义（如 Mc Millan and Chavis，1986），并对社区感的产生要素进行了大量研究（如 Skjaevelandetal，1996；Riger and Lavrakas，1981）。结合类型学研究和上面论述，我们可以发现社区感的产生有广泛的认知、动机、社会、空间机理。我们将社区感产生的机理的归结为以下几个方面：

（1）与群体相互作用产生和谐人际关系的相关因素；

（2）居民分享的心理因素：建立在居民互相作用和事件分享基础上，更大程度上是交往所形成的社区成员归属感、家园感；

（3）社区成员关系：涉及界限、安全感、权利拥有、共同的文化符号系统等（如衣着）；

（4）人本主义因素：满意度、荣辱感以及个人的发展机会等；

（5）居民相互以积极方式看待彼此的程度（有人称之为非必要的、必要的互动）以及相互需要的动机等因素；

（6）场所感，与邻里的社会生活相比，更多与居民对环境认知有关；

（7）邻里或场所附着，邻里的物质设施和邻里引力会产生一种社会的结合；

（8）社会空间相互作用的社区地域化。

五、小结

本章内容从社区的多维定义探寻城市社区的含义入手，认识社区规划的社会原则，分析了其宏观、微观动力因素。

（1）从不同的角度去探寻城市社区的多维含义,试图整体全面的理解社区；

（2）运用社会科学在人文价值理念下的最新理论，诠释了社区对社会建构的重要性，认识社区规划的社会性，总结出社区空间规划的社会原则目标——社区精神与社会整合；

（3）在宏观层面上，从城市社区社会空间结构、时空结构以及社区规划所涉及的社会关系中分析了社区规划的宏观动力因素。社会空间结构分析认为社区规划受到社会政治、经济、交通技术、公共投资、集体消费等因素的制约；通过对时空间结构的分析，认识了社区作为地域空间单位和亚社会结构存在的客观性及其意义，通过社会关系分析揭示了社区规划作为人文社会关怀的落脚点的社区空间产生过程受到立场差别的政府、规划者、开发商、社会个体等社会各方面力量的作用；

（4）在社区微观层面，从人、空间、社会等多个方面分析了社区归属感产生的微观动力因素，包括人际关系、群体相互作用、人本主义、物质空间等。

本章对于社区及其规划的俯瞰式分析和认识是以探寻社区的意义和空间产生的动力机制为目的，通过对意义的探索，首先认识社区规划的社会维度，在此基础上，社会规划的目标与原则、内容也得以澄清。继而从宏观、中观、微观入手，对社区及其规划的动力学分析也构成了社区空间规划的认识论。这些对社区及其规划的认识为进一步从城市社区空间结构、生活行为与社区培育关系角度揭示其矛盾和冲突，进一步探索与社会原则相符的城市社区空间奠定了理论基础。

第四章

社会原则下的城市社区宏观调控

"时间是一种需要被节俭地使用和谨慎地管理以扩大价值回报的手段，这种价值就是空间"。

——鲍曼

一、俯瞰城市社区

（一）城市社区消蚀的根源

1. 城市空间结构特性

纵观西方城市起源、发展的历史，自19世纪以来，随着现代科学技术的发展，城市住宅建设、住区规划、城市空间扩展、经济发展都沉浸在借助交通和通讯技术对城市空间、时间征服的喜悦之中。

分散化思想，特别是现代主义的功能分区，正如丹下健三1968年的京都规划（图4-1）等现代主义城市规划方案所体现的那样，致使城市空间扩展随着郊区化进程走向分散低密度、结构化、市场化和居民生

图 4-1　1968 年的京都规划方案

活职居空间的离散化。在进一步的城市化过程中，空间本质上的实用属性，成为政治的、经济的、促进消费的手段。这一过程也形成了现代城市几个相互关联的共性：结构秩序、流动性、机动性、匿名性、多样性。这些城市空间特性会给人和社会造成什么影响呢？

首先，从日常生活来看，这种结构秩序、机动性的城市特征与个体生活行为微观的、小尺度的、非结构化的特点对立，迫使城市生活必须借助现代交通、通讯技术，使得建成的物质系统在容纳城市生活的同时也成为个体生活行为的羁绊。所以，虽然表观上看科技发展带来了劳动时间缩短、自由时间增加、休闲大众化、两天周休制普及等新的社会现象，同时，我们看到通勤时间增加所带来的生活方式多忙化。尽管自由时间增加了，休闲时间和消费时间越来越多，但是人们并没有在时间上获得富裕感[1]。

其次，流动性、机动性的城市并未带来空间社会性的提高。城市成长交通理论创始人 R.Lmeier 认为，技术进步促使面对面接触的必要性降低，而且由于运输负荷过重，也使得人们接触与交往的机会受到很大限制。同时，城市机动性的提高影响了我们认识和规划城市的思维。正如美国社会学家 Sennetts 所说："我们现在衡量城市空间的方式是看它是否易于驾车穿过和避开，这种对城市空间的理解已经严重影响着我们的城市设计方法。"因为快速机动交通提高了空间的快速穿越性，同时也为人们逃避差异性和异己之人提供了可能性，久而久之，人们也失去了与社会差异共处的能力，在遭遇异己或陌生者时，人们相互成为陌路人。所以，流动性、机动性与现代城市生活一起扩大了空间距离和个体鸿沟，也使得社会阶层在地理意义上的"断片化"成为可能，难以形成社会整合。

另外，城市空间的蔓延以及依赖交通系统对时空尺度的征服，如同人类对自然掠夺式开发行为。站在可持续发展的高度看：从生态角度"我们曾经设计的用以避风防雨的环境，目前成为人类继续生存的威胁"；从生活质量角度看，"50 年前曾经作为舒适生活象征的小汽车，而今却成为高质量生活

---

[1]柴彦威，刘志林.中国城市的时空间结构.北京：北京大学出版社，2002.

的羁绊……大量研究表明小汽车是交通安全、资源浪费、环境污染的罪魁祸首"；现代主义的工具理性和技术理性导致的却是"现代主义的理性错误"和"建设性的破坏"结果。人们正在一步步远离自然，远离了生活的本真，而生活和生存的风险度也大为增加。在沉迷于现代交通和电讯征服生活时间—空间的短暂喜悦之后，却发现传统文化的遗失、个体的孤寂、表象的欢愉和深层的痛苦。

结果，伴随城市空间的扩张，个体的生活由于失去了地域空间依托，越来越成为交通和通信网络中的木偶。在这种看似自由和流动的网络中，个体的生活并非随着网络流通性增长同时增长，反而受到其限制。现代城市空间结构实质上破坏了生活本体的简单、宁静与和谐，走向了一种流动、奔波与繁杂。这一过程中的居住社区的功能对于个体而言，仅可定义为"家"或"自家的客房"。难怪，20世纪60—80年代的行为主义研究发现"邻里"主张的政治或社会原则其实并未发生。这就是为什么邻里单位随着社区微观空间日渐完美而社区规划并没有挽救西方社区销蚀和城市社会的根本原因。

2. 问题的反思

提高城市空间质量、回归生活空间的人文价值一直是城市规划者的不懈追求和理想。纵观社区规划历史，从早期的社会主义乌托邦、邻里单位到E.霍华德的花园城市、英国的新城运动、美国新城市主义等，都是以微观城市理念主导的规划理论。尽管社会原则一直是西方社区规划追求的目标，社区微观空间也随着新的社区理念提出愈加精细化和人性化，然而，其社会使命并非随着社区空间完美而完成。这使我们必须从城市生活整体上反思城市空间结构与社区微观空间的辩证关系，寻找社区社会使命难以完成的根本原因。

所以，为了真正提高生活质量、社会质量，规划必须放弃一味依赖交通工具提高人们征服时空的能力的策略，转而寻求通过城市空间规划进行生活整合，提高城市空间质量，把"紧凑城市"、"宜居城市"、"新城市主义"等理念提高到城市社会可持续发展的高度。社区空间规划的社会性研究也必须从关注社区的艺术形态，转向城市社区的微观空间质量和城市公共空间整合对于促进社区社会目标的多方面探索。

综上所述，正是现代城市空间结构的缺陷造成了生活的离散化，导致了社区微观地域化生活空间的销蚀，而城市社区理论可以说并未普遍认识到这种变化造成社区实质上的销蚀。在上述城市宏观空间结构下，社区规划如果仅仅关注社区微观空间的完善是不够的。因而，从生活的本质和日常生活的真实需求去思考什么是好的生活，关注城市生活的本来面目，以及什么条件能够符合理想生活的城市肌理对创造和谐生活和重塑城市社区形态无疑具有重要的意义。社区规划要实现其社会使命也必须走出微观视角，将城市空间拓展、产业发展、城市更新、新区建设等结合起来，进行城市社区的宏观调控。

（二）社区自然产生的机理

现代许多人认为社区是自发产生的，而不是刻意追求可以获得的。乡村社区这种自然而然产生的机理对于现代社区仍具有重要的启发意义。纵观人类社会从原始社会至今的社会与时空变迁的关系，我们不难发现这样一个规律：前工业社会由于技术的限制，乡村和城市生活都是"嵌固"于地域的。这种"嵌固"于地域的时空尺度是以步行可达性为依据建立起来的大自然空间地域与社会同构的社区生活。正是这种地域的"嵌固性"，将居民"粘"在一起成为社会共同体，社区就会自然而然地产生。

即使在现代化的今天，这种"嵌固性"的地域生活仍然表现在我国的大多数乡村社区中，成为社区培育的重要资源。

在乡村社区中，自然空间规模是以地域步行可达的农田能够支持的人口数量为限制。在平原地区，表

图4-2 俯瞰乡村的地域空间景观

现以步行可达尺度的空间上均匀分布；在丘陵山地，由于可达性下降则表现为分散的布局（图4-2）。这种时空分布的背后隐含的是居住生活空间与生产空间的毗邻和以步行可达性为限制条件，反映出生产与居住生活在地域时空上相互联系的生活本质。这种嵌固于地域的生活和生产活动将居民紧密结合起来，生活空间、生产空间和交往空间几乎是重合的，即生产和生活空间本身就是交往空间。生产和生活相邻近表现了地域社区生活时空的本质。在这种情况下，居民生活附着于有限的地域时空，社区就会自发产生。

前工业时期的城市生活也几乎保持了这种地域化的生活时空本质：①地方自治；②自给自足；③步行者的需要压倒一切；④步行地域空间中的工作与生活相结合。城市扩展也受这种时空结构的控制。

然而，现代交通和通讯技术的发展摧毁了城市的社区生活的地域时空限制。由商业主义形成的消费文化借助交通和现代传媒、通信冲击城市空间的每个角落，摧毁了传统的社会文化结构。这种冲击从根本上破坏了社区赖以生存的地域时空结构和社会微观系统，从而破坏了社会生活的本质需求，成为西方社会科学指称的社会危机的根源，而芒福德称之为"城市的消失"[1]。在现代城市中由于自然条件的限制，禁锢于地域、步行主导的现代生活也不少见，如威尼斯和厦门鼓浪屿。

众所周知，几乎所有的生态学现象和特征都受限于一定的时间和空间尺度。因此，相应的科学假设和相关的生态学结论也只能基于这些特定的时空尺度范围。[2] 城市社区作为一种生态学现象，也必定以时间和空间为前提，才不至于导致荒谬结论。上述从社区微观地域生活角度与城市宏观空间特性的分析，揭示了社区自然产生的机理，也表明了城市宏观空间肌理对微观空间致力于社区和人文社会建构的冲击，使得微观的居住社区越来越脱离其社区精神内涵，成为仅剩物质外壳的居住区，弱化了其社会建构意义。反过来也证明了社区地域空间生活对社区建构的重要性。

---

[1] [美] 刘易斯·芒福德. 城市发展史——起源、演变和前景. 倪文彦, 宋峻岭译. 中国工业建筑出版社, 1989.

[2] James M.LE MOINE, 陈吉泉, 生态学的时空特性. 植物生态学报, 2003, 27(1)：1-10.

（三）我国城市空间形态的演变趋势

现代主义城市空间在宏观尺度上的功能分区，追求几何图案、理性结构秩序的规划传统仍在影响着我们的对城市生活时空结构的认识和规划理念。当前我国对于城市社区模式的研究，虽然涌现出不少思潮和理论，但是，这些理念许多实质上偏离了社区精神建立必需的地域性生活时空完整的基本原则。例如居住的"5+2"理念[1]。"5+2"虽然提倡一种工作与休闲、市区与郊区居住资源组合，最大限度满足不同需求的居住形式。但是这种仅从"需求"出发的论调没有考虑到社区生活的地域性和资源的承受力，也因其超越时空限制和生活流动性而不利于社区培育。这些理念反映了从传统的居住区物质角度转向注重人文社会追求的社区规划理念后，我们的居住社区研究似乎忽略了这样一个基本事实："禁锢"于地域的生活是社区产生的必要条件。

从单位制社区向商品化社区的演变成为我国城市社区生活时空变迁的重要动力，改变着居民的城市生活时空结构。目前随着国家计划经济体制向市场经济体制的转变，在一片社区社会化、市场化的浪潮中，作为计划经济时代的经济、城市空间单位以及与居住生活融为一体的社会组织方式的"单位制"社区背影渐渐模糊，社区的地域生活空间也被房地产"大盘化"、"开发区"、"大学城"等新形式单一土地使用功能分区所取代。这不能不说是一种遗憾、一种退步。

我国城市空间变迁也使得居民的职居空间日益分离。20 世纪 90 年代，中国主要城市的新地价政策和房屋政策所引起的城市规模扩张和居住区与工作区的分离，从总体上扩大着"上班族"的出行距离（王缉宪，1997）。我国现代城市（如上海）建设中表现出来的老城区的街道宽度远远小于新建区域，而密度则远远大于新建区域，这都预示着城市机动性和流动性的日益提高。

不断增长的城市 机动性、流动性已经给居民生活和城市社区营造带来

---

[1]"5"是指 5 天繁忙、紧张的工作时间，代表都市生活；"2"是指轻松、舒适的双休日，代表田园生活。这两个数字分别意味着两种不同的生活内容、生活方式、生活价值和生活质量。"+"则表示把这两种不同内涵的生活结合起来，使人们生存、发展和享受的需要得到最大限度的满足。

很大负面影响，也给城市交通带来巨大的压力。以北京为例（图4-3），调查显示，多数北京人上班需花费1小时以上的时间。其中，上班花费时间在60～80分钟的占34.3%；上班所需时间超过100分钟的占6.5%；而在20分钟以内即可到达工作地的仅占5.5%。北京市拥有全国最大的公交网络，公交车占全市机动车25%的比例，早晚交通流量高峰期间，90%以上道路交通处于饱和或超饱和状态[1]。

不断增长的往返交通使许多居民早出晚归（中午有单位工作餐），加之目前的购房者多为工作多忙的白领、商人、公务员，这都造成了社区的地域生活实际上在销蚀，商品化社区中普遍社区感较差。

所以，重塑城市社区地域生活空间，让更多市民能够不必依赖交通工具而轻松完成日常生活，必然可以缓解城市交通的压力。生活不为交通所累，节约了居民在无谓交通上花费的时间，从而提高了居民的生活质量，减少无谓的城市交通，也就减少了交通能耗，可以提高空气质量。况且，目前我国正面临"油、电、煤"能源困境，进而影响国家经济持续发展乃至国家战略安全。为此，我们更有必要调整依赖交通导向的城市空间策略。

图4-3　日益严峻的城市交通

（四）社区回归的新探索

西方微观理念下的社区理论因为城市结构造成的地域生活缺失，没能挽救西方社区，彻底实现社区营造符合社区的社会原则。我国的城市空间结构和社区建设实践却正在重蹈西方的覆辙，这其中原因除了社会深层结构的制

---

[1]根据http//www.163.com发布的调研结果。

约外，还有对社区产生的城市—社区地域时空的社会性认识问题。

以上对城市社区的俯瞰式分析和关于社区自然产生的机理的研究都可以得出社区的形成源于日常生活的结论。市民日常生活行为是在工作、居住、交通、休闲整个过程和城市时间—空间结构中动态的、连续的整体，可分为城市时空系统和社区地域生活系统两大部分，个体的生活时间、空间行为以及城市—社区的时空结构紧密相关，个体的日常生活越是与社区地域空间密切相关越利于社区培育。

所以我们认为社区研究应遵循的逻辑思路是：

（1）时间、空间之于个体和社会具有重要资源的意义。从个体生活行为上，城市时间和空间既是资源也是限制个体行为自由度的结构，我们称之为个体时空结构；

（2）日常生活行为角度，从个体生活行为时空的分析入手，将时间与空间结合，分析限制个体生活行为自由的制约条件，即城市社区时空结构；

（3）社区培育需要社区主体闲暇、关心公益事业、交往愿望和功利目的相结合；优化社区空间结构可以改善个体的生活时间结构，反映生活的本质和利于建立社区精神；

（4）强调制约个人行为的客观因素和尊重居民的择居意愿、体现人文关怀。

二、城市社区地域生活时空结构社会性的再认识

（一）个体生活的时空结构

1.时间与空间的辩证关系

无论对于个体还是社会而言，时间和空间都具有辩证的意义。美国社会学家富兰克林的时间观是："作为稀缺资源的时间"、"作为塑造人生的时间"、"作为未来导向及规划导向的时间"（矢野真和，1995）。马克思认为：闲暇时间是最有意义的时间。其为每个社会成员自我全面发展提供了保障，其中包括个人受教育的时间、发展智力的时间、履行社会职能的时间、进行社交

活动的时间、自由运用体力和智力的时间；与之相适应，若一个人有闲暇时间，则他会在艺术、科学等方面得到发展。可见时间之于个体生活和社会都具有重要意义。

所以，将时间视为与空间同等重要的有形资源，对我们制定空间政策，节约居民时间，创造休闲生活，对社会和个体生活改善都具有重要的现实意义。现代社会中，生活时间被赋予了更多新的意义，而且成为检测生活质量的主要指标之一[1]。

20世纪70年代，瑞典地理学家T.哈格斯坦德创立了城市生活的空间模式和时间模式（Hagerstrand，1974）对城市日常活动进行研究。这些模式揭示了城市各类型日常生活活动在时间上具有周期性，在空间上具有重叠性的现实。在这些规律指导下布局的生活设施，在空间上便于居民接近和利用，在时间上约束较小。居民生活行为的"时间形式"与"空间形式"之间的关系是"城市形态动力学的必然性"规律（王兴中，1995）。

2. 个体的生活行为—时间结构

每个人、为了满足生活需求（例如水、食物、服务、信息、工作机会、社会交往、闲暇时间利用等）所需要的时间构成个人的生活时间结构。个体生活时间结构大致可分为生活必需时间、社会必需时间和闲暇时间（自我教育时间、生活娱乐时间）两大类（见表4-1）。由于个体的时间总量是一定的，必需时间与闲暇时间是此消彼长的关系。

从生活行为与时间结构的角度来看，人首先完成必需的生活行为才会有闲暇的时间和自己可支配的生活行为。闲暇时间可以分配到必需时间中，表现为生活节奏较慢，也预示着在生活必需行为的同时可能伴随交往和其他行为。

---

[1] 在关于生活质量的三种模型中，从绝对评价模型、相对评价模型到自我成长模型的逐步转变，即体现了生活质量的评价指标从金钱向时间的转变（矢野真和，1995）。其中，绝对评价模型是通过收入的绝对水平来衡量人们的满足度，宏观上则是由国内生产总值决定国家社会的质量。相对评价模型用与特定群体相比的相对收入水平代替了绝对收入水平来衡量生活的质量。自我成长模型将人们的眼光从单纯的收入模型上移开，这种模型将生活质量的评价建立在个人成长时间轴的比较上，更接近于生活质量的自我诊断。

表 4-1　城市居民生活需求—时间结构

生活时间结构		生活行为和空间
生活必需时间	睡眠	夜间睡眠 午休
	私事	用餐、洗澡 看病、理发、美容 去邮局或银行 照顾病人、老人或接送小孩 其他个人私事
社会必需时间	工作	主要工作、兼职工作 在单位以外的业务 工作中的休息
	家务	各种家务活动（做饭、洗衣、 打扫卫生、整理庭院、装修等） 在家照顾老人、陪孩子玩、教育小孩
	交通	通勤 其他活动的外出移动
社会必需时间	购物	购买日常用品、逛商店和商业街 逛自由市场、书店、药店等
闲暇时间	娱乐 社交	看电视、看书、听音乐等 与亲友聊天、下棋、打牌 体育娱乐活动 看电影、去图书馆等 各种社交活动 各种俱乐部活动 观光、游览等旅游活动

3. 个体行为轨迹与社区时空结构

个人在参与生产、消费和社会活动时，需要在某些地点长时间停留，由于这些停留点包含一定的设施并具备一定的职能，因此可称之为驻所（station），如家、单位、邮局等都是驻所。每个人、每个家庭为了满足生活需求必须在城市空间驻所中流动，形成了其生活轨迹。城市社区空间对于满足个人需要是必不可少的，但是这些驻所在时间和空间上的分布又不均匀，所以空间功能布局状态和到达那里所需时间成为个人行为的框架。比如一个人从自家出发，从单位到银行，再回到单位，最后路过邮局回家的连续活动就可以用路径来表示。由于个人不能在同一时间内存在于两个空间中，所以路径总是形成不间断的轨迹。

从图 4-4 的路径分析上清晰可见，完成上述生活行为所需要的时间与行为驻点间的空间关系十分密切。生活时间与生活空间及在其中的行为密切相关，即生活行为、时间与空间结构三者之间存在着必然的关联。居民个人日常生活行为的时空与通勤、购物、休闲及迁居等行为的关联性使得城市—社区空间和时间作为一种制约结构进入生活行为领域。

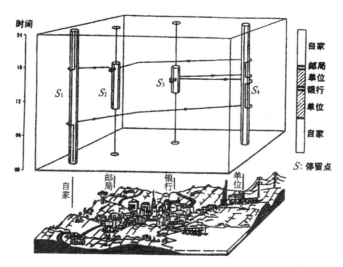

图 4-4 个体在空间中行为轨迹

4. 时空结构与行为制约

个体行为通常受到自身和外界条件的制约。制约个体行为自由的因素大致可分为时空结构及其相关的社会规范和个人能力制约。

（1）时空结构制约

由于需要睡眠、用餐等一些生理性制约，个人一天的生活只能局限在一个区域内，这个区域又是由一系列更小的限制区组成的。在特定时刻、特定地点存在的个人在一定时间内可能移动的空间范围称为可达范围。在可达范围上加上时间轴后，则移动可能的空间范围可用时空棱柱来表示（图4-5）。这一概念表示出了个人的在城市社区空间结构中移动的可能性。菱形区上下的顶点是由时间确定的，如在规定时间以前必须回家；而菱形区左右的顶点则是由交通工具的情况决定的，如步行时可达范围小，而乘车时可达范围增大。其中菱形斜边的斜率与该种交通工具的速率成反比。

在工作、消费和娱乐时的每次停留都在棱柱的边界内。这种边界也随着停留时间的长短和所用的交通工具不同发生变化（图4-6）。图中的 t_n，t_m 表示该时段是工作时间，a 表示步行时，b 表示乘车时。如果工作地点就在最远距离，那么除了通勤及工作以外没有时间干其他事情；如果工作地点在d，而c 与 d 的距离少于最远距离，则有可能在上班以前及下班以后安排其他事情。

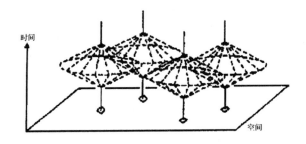

每条竖线代表一个人，中间的虚线棱柱代表这个人在该时段可能的最大活动范围。

图 4-5 个体在空间中移动的时空棱柱

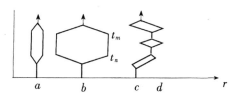

a、b 为家庭所在地点。在离家及回家时间相同的前提下，a 表示步行时，要保证按时上班，准时下班（上班时间为 t_n，下班时间为 t_m），工作地点的可选范围很小。b 表示乘车时，可选范围较大。而 c 为家庭所在地，d 为工作地点时，则午休时间有可能从事其他活动。

图 4-6 交通工具对生活行为的影响

（2）社会规范与时空结构

社会规范是指社会行为的规范，如法律、社会习惯、风俗、文化传统，此外还包括个人社会角色、社会公共政策及集体行为准则等等。社会规范与时空结构结合成为个体生活行为的制约。首先个体社会角色、地位等差异，导致他获得的信息及占有的资源的不同，如个体社会阶层在很大程度上也影响了他接受教育机会及其成年以后能够进入哪些领地。此外，地理学家哈格斯特朗运用"领地"（domain）的概念指称社会规范把某些人从特定时间或特定空间中排除的制约等。如社区的区位、女性的社会地位、低收入者的经济支付能力（影响其可选择的交通方式）都对个体的生活时空行为能力形成制约。社会规范在很大程度上形成个人的时空行为结构，并与时空结构一起影响了个人的"时空棱柱"。例如有车族更易于到达和使用所有城市的设施，高收入的人很显然比低收入的人更有条件进入那些收费的领地。

（二）地域时空社会性的分析框架

根据上述个体生活行为—时间结构与城市—社区空间结构重要概念分析，我们认识到生活行为将主体及主体关系（社会）及客体（时间—空间结构）相关联，显示了主体与客体及城市与社区时空结构在社区社会意义上的相互作用方式和原理。我们建立以日常生活行为为中心的社区时空结构—生活行为的理论分析框架（表4-2），通过理论分析认识社区时空结构对于建构社区精神的重要意义。

表4-2 从个体角度建立的社区地域时空社会性的分析框架

（三）地域时空的社会性分析

1. 地域空间生活有利于提高个体的生活质量从而提高社会质量。

主体要满足生活需求，必须在驻点间，经由一定路径，花费一定的交通时间来完成。驻点间的距离愈近主体满足需求所需的时间愈少，因而在完成必要工作和生活必须行为后所剩休闲时间越多，生活行为的自由度越大，相对而言生活质量越高。当自由时间严重缺乏预示生活节奏加快、紧张、生活无意义，自我成长教育机会减少。

2.社区地域空间生活有利于提高社区居民交往。

个人进行生产、消费及社会交往过程中，有些活动必须发生在固定场所，例如工作。因此，个人一旦选择了职业和工作地点，其活动时间就要受一定的时间表的限制。有些活动则可以由参与者更自由地选择某一场所，比如社交、聚会等。各种场所的开放时间、公共交通的发车时间变化或某个驻所的定位等会引起人的行为的各种时空调整。这就要求不同角色的人为了完成自己的生活行为必须在不同的驻点形成的路径间移动，并且为此花费时间。在时间都非常紧张的情况下，个人的活动程序很容易被打乱，而且首先被牺牲的就是那些看起来眼下并非必需的、不受时间限制的活动，例如，社区公益活动、社交活动。

自由的时间和行为不仅是个体生活品质的表征，而且也是社区交往产生的必要条件。许多人很少参加社区文化活动，不是由于缺乏兴趣，而是受到居住、工作及文化活动场所的分散布局造成个体时空结构的限制。非地域化时空结构造成生活的多忙化，也造成主体在社区内的生活和交往缺乏。很难想象一个疲于奔命的、夜不归宿的人又会有闲情、有时间在居住社区中交往。沉寂的"千禧阁"社区就是生活多忙导致社区交往贫乏的例

图4-7 沉寂的"千禧阁"社区庭院

证之一。"千禧阁"拥有西安明德门社区最美丽的居住院落，但也是最寂寞的院落。自2000年居民入住至今，这个拥有116个居住单元，99户入住的美丽庭院一直沉寂着（图4-7）。无论春夏秋冬，在庭院内活动的居民都很少，与周围院落居民优哉游哉在社区内走动、聊天的场景形成了鲜明的对比。

经调研发现：这栋楼上的大部分住户工作地较远或工作忙，约有1/3的住户深夜才回来。据物业公司人员说，他们订的报纸常常都是隔天才取走。

如此，社区似乎成了旅馆，居民的社区生活必然是贫乏的，而社区参与、社区交往更是妄谈。

时空结构也影响着人对空间环境的感知，从而影响社区感的产生。社会地理学家舒尔茨（Fritz Steele）认为个人对生活场所感知受到他采用的时间结构模式的影响。他认为匆忙的人很难获得微观世界的体验，因为他们对自己的活动进行了程式化的安排，不愿被意外的事件或新出现的各种可能性所干扰。所以他和周围环境中的各项细微之处没有真正的接触，不会产生即时性的体验。这种观点也可以从社会地理学家高里基的锚固理论体现出来（图4-8）。具有松散的时间结构的人，通常会获得强烈的微观世界体验。这样看来，我们社区空间形态的精细化设计，以及所有通过物质空间规划的来激发社区感努力，对于匆忙的人来讲，就形同虚设。

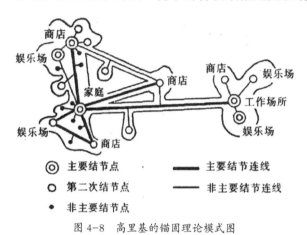

图4-8 高里基的锚固理论模式图

由以上分析可见，紧凑的、人性化尺度的社区地域生活时空结构减少了主体在驻点间的无谓的操劳和奔波，节约了个体生活必需时间，改善了主体的时间结构。从社区微观来看路径就是连接社区生活设施的通路，所以只要对社区的路径、驻点进行整合，就可以提高居民在路径和驻点上的相遇的频率，从而提高居民交往。

3.有利于社会弱势群体改善生活。

个体要满足生活需求，在商业化社会必须具有一定的经济支付能力。个体具备一定的经济支付能力，一方面可以买到社会服务，节约时间，家庭用工等。另一方面可通过先进的交通工具，如以车代步，节约驻点间的运动所花费的时间，从而提高个体生活质量。在现有的城市时空状况下，个体的能力越强，社会资源越广，交通工具愈先进，愈容易在较短的时间内满足生活需求。

相反，对于支付能力较差的社会弱势群体而言，从社区生活时空结构来看，驻点间的距离越近，对个体的体能和交通工具要求越低，即个体完成生活需求花费的生活成本越低，即对社会中的弱势群体越有利，也越能体现社区间的人文关怀。

由于社会经济条件的制约，低收入者选择住房多以房价为首要考虑因素，无论工作地在哪儿，要改善住房条件，只能在房价较低的较偏远郊区购房，势必造成弱势群体的职居生活空间"被动"分离。除日常奔波的耗时与疲劳之外，交通的花费也增加了其经济负担。例如，1996年《世界发展报告》的统计数表明在缺少有效系统的大城市，低收入家庭在交通方面的开支往往会占其收入的20%，这都不利于其有限收入用来提高生活水平。同时职业、居住的不断分离化的城市地域结构又使妇女在就业和家务的双重劳动下的制约日益增加。[1] 从行为主义和女性主义视角来看，将城市职居生活进行地域化时空整合，对减少低收入者负担、照顾家庭和培养下一代都有明显的社会意义。

4. 有利于体现空间规划的社会公正。

由于个体的社会地位、角色等因素影响着个体拥有的社会资源。社会规范规定着个体可进入的驻点，可经由的路径，进而决定了其完成生活行为需要花费的时间。从这个角度讲，空间中的社会公正就是要使社会各阶层，特别是弱势群体能靠近生活设施。因此，社会性公共设施（学校、医院、交通设施等）的空间均匀分布可体现社会资源的平等和共享。

由上述分析可见，回归人文社区、完成社区的社会使命就必须建立地域化的社区生活空间。从重塑城市社区系统的角度，就必须对现代城市社区、功能在新的城市时空中重新结构化和进行微观地域整合，否则任何形式的致力于社区微观的空间营造都将于事无补。所以，生活时空地域化既是生活的本质需求也是社区回归的必要前提。

---

[1] 柴彦威，刘志林等著. 中国城市的时空间结构. 北京：北京大学出版社，2002.

三、我国城市地域社区空间模式及调控策略

（一）类型研究与地域社区原型探寻

1. 我国现代城市社区类型

城市社区是一个随社会发展不断变化的动态过程，所以，社区物质形态类型在城市中是一个相对叠加和积累的过程。伴随社区的变迁，我国先后出现了传统社区、单位制社区、商品化社区等类型。为了便于对现有社区及其社会性进行进行研究，从历史模式中探究我国地域社区空间原型，依据社区的形成背景和现状将我国现有社区分为：传统型社区、公共投资配给（单位制、单位组合社区）社区、商品型社区、边缘社区、组合社区。下面分述其类型特征[1]：

（1）传统型社区

这是指以城市旧城区中的传统街坊为主的社区。①从形成时间看，建设年代较早，大多建于 1949 年以前；②从社区空间特征看，传统型社区中的建筑和空间往往具有较为鲜明的地方人文特色，空间层次丰富，建筑密度大而容积率一般较低；③从社区配套设施看，传统型社区由于建设年代较久远，公共设施的配套在很大程度上难以适应现今生活的需求；④从社区现状来看，居民一般多为家庭几代人一直居住的社区中，居民间分异小，互动频繁。在城市更新改造过程中，传统型社区正逐步被城市的商业办公等功能区所置换，即使得以保存，社区居民也已逐步迁离，成员变动很大。

（2）公共投资配给社区

公共投资配给社区是在计划经济时期，由单位（国家）住房分配形成的社区。社区根据居住地与工作地的距离等因素可分为单位组合社区与单位制社区两类。其典型是单位制社区，由单位在已有用地内扩建职工住宅区而成，工作单位和居住相临近结合布局。单位组合社区是由国家统一划拨专用居住

---

[1]赵民,赵蔚.社区发展规划——理论与实践.北京:中国工业出版社,2003:94-96.以及王颖的博士学位论文（2002 年）。

用地，由政府或国有单位投资兴建的社区，通常一片居住区由若干个单位分别圈地建成，不同单位的人相邻而居形成单位组合社区。这类社区根据投资主体的不同可细分为企业型、大学型和政府型。单位组合社区与单位制社区的区别在于：单位组合社区在空间区位上并不与单位工作地相邻，而且管理上也由政府组建的居委会，街道办统一管理。单位制社区：①从形成年代看，较多建于20世纪70、80年代，由单位建设或由政府为安置动迁居民而建设；②从社区空间特征看，居住形式和功能都较单一，社区空间整齐，住宅建筑多为4—6层，容积率比传统型社区高；③从社区配套设施看，生活设施配套较传统型社区齐全，但也有设施老化的问题存在，改造余地较大；④从社区现状来看，从居民构成以各单位的职工及其家属，或某处动迁居民整体搬迁而来为主，居民间的分异性较小，互动较为频繁。

（3）商品型社区

商品型社区即由房地产开发为主导形成的社区。①从形成年代看，于20世纪90年代开始建设，90年代中后期逐步发展成熟，社区随规模和服务管理的到位而逐步形成；②从社区空间特征看，房地产开发初期建设及部分经济适用房或安居工程形成的商品型社区，其空间与分配型社区相似。90年代后期建设及定位较高的社区开始在空间布局上注重人本理念、关注社区生态环境等因素；③从社区配套设施看，商品型社区是这些类型社区中最完备的；④从社区现状来看，通常住宅市场价格和个人的经济购买能力决定着某一商品型社区的居民构成。在这类社区中，成员的分异性较大，日常互动很少。由于商品型社区的权属明确，社区的物业管理相对比较专业，较其他类型的社区在空间和权属界限上要明确得多。

（4）边缘社区

"边缘"是非主流的意思，它可以包括现代城市规划过程中被暂时搁置自行发展的"城中村"社区，以及城市外来民工聚居地如"浙江村"等。在地理意义上，边缘社区指位于城市与乡村交界边缘地带的社区；在社会分析意义上，边缘社区可指社区成员及其社会角色的非主流地位，其中一部分是未经建设主管部门正式许可而自发形成的社区。这类社区功能较以上几类社区复杂。①从形成年代看，于 20 世纪 80 年代末期随改革和城市化人口的陡增而形成；②从社区配套设施看，基本服务配套设施不全，较大型的公共设施则基本缺乏；③从社区现状来看，居民构成相对复杂，部分为城郊或外来流动人口，也有部分为当地农民，成员的分异性和流动性很大，小群体内部的互动频繁。

2. 社区类型的地域性分析——地域社区原型探寻

表 4-3　单位制社区与商品型社区比较

	单位制社区	商品型社区
社区成员	同一的生活、工作方式和不同收入、教育阶层	不同社会背景的人（可能在收入上相同）
空间地域	工作单位与居住生活临近；社区居民生活扎根于社区空间地域；社区边界封闭，为成员居住生活提供全面的服务，但空间质量因单位效益而参差不齐	职居分离，流动性；日常生活往往不以社区地域为主；社区边界封闭，空间质量好；商业性设施丰富，社会性设施往往不足
共同意识	共同的生活方式和共同的价值观形成的人群同质	私有住房使居民在社区中有共同利益关系，共同价值观尚待培育
组织结构	有强有力的社区组织：单位组织主导下的居委会、物业公司、业主委员会	社区组织有物业公司主导下的物业公司、居委会、业主委员会
地域生活与社会互动	工作地与居住地临近，大多数时间生活在共同的地域，加之业缘关系容易促进居民互动	生活与工作空间在空间与时间上的分离促使居民在同一地域内的接触密度降低，社区生活贫乏

按照地域社区的精神的原则，以社区要素为标准，将单位制社区与商品型社区中居民的生活模式比较（见表 4-3），我们发现：单位制社区更符合地域精神。也许正因如此，虽然目前商品型社区的物质条件、社区服务都比单位制社区要好，但其居民的互动比单位制社区要差。所以，我们认为单位制仍可以作为地域社区空间单位模式的原型，可以进一步剖析其具有生命力的要素，用于新社区建设。

（二）单位制社区的再认识

"单位制"与单位制社区是两个概念。单位制社区作为我国一种社会组织形式，对稳定新中国成立初期复杂的社会环境起到了巨大的作用。许多学者认为随着社会的发展，作为计划经济产物的"单位制"无论对经济的发展，还是个体的社会化都产生了负面影响，成为走向开放、民主社会的羁绊。相应地，单位制社区向社会化社区转化的趋势已不可逆转。笔者于 2003 年 5 月在西安市南郊五个社区调研统计中偶然发现：单位制社区居民在社区内的交往互动明显高于非单位制社区，这引起笔者对单位制社区的关注，在后来的社区调研中笔者对地域化生活的单位制社区和商品型社区进行对比后发现了许多令人深思的问题。

笔者经过思考和调研后认为：从城市社区建设角度、微观观念角度和城市可持续发展高度，社区在许多方面存在着有生命力的东西，在市场机制下，仍可以继续作为城市微观生活组织的社会—空间基本单位。而目前，在社区社会化的浪潮中，单位制社区被当作计划经济下的单位制社会经济组织形式，连同其社区空间优势一同被抛弃了。从某种意义上讲，这是经济驱动下的"一刀切"行为。我们对于单位制社区的全貌没有给予全面的考虑，一味将希望寄托于目前更多处于"虚职"下的社会化社区。这也正是目前学术界公认我国新建商品社区居民缺乏互动的根本原因。

社区是城市微观生活空间单位。笔者从目前公认社区内涵的三个方面[1]重点探讨单位制社区作为空间单位对于社区培育的现实意义。

1.单位制社区的批评

在单位办社区向社会办社区转变的大趋势下，目前对单位制社区多是持批评态度。将这些批评概括为如下几个方面：①"单位制"表现了政府通过工资收入、住房等物质分配方式和户口、档案、工作调动等为手段对个人的过分控制；单位"强化组织、弱化技术和个人"不利于调动个体积极性，同

---

[1]①社区作为社会组织方式；②居民互动的关系网络；③社区作为一个空间单位。笔者就社区的三方面内涵，对单位社区进行全面反思，以求"真"的态度，站在社区可持续发展的高度，力求从不同的角度客观评价单位制社区的优缺点。

时阻碍了个体的社会化；②单位办社区，单位对职工吃、喝、拉、撒、睡、生、老、病、死的全包式照顾，增加了单位的负担，不利于在市场机制中增强竞争力；③"单位制"大院"小而全"设施建设造成资源浪费，封闭的单位大院造成社会隔离；④单位的住房分配制不符合市场经济的规律。

　2. 作为社会组织形式和居民互动网络的单位制社区

（1）单位制社区将居民业缘与地缘相结合，已经培育了丰富的社会资源，这种资源表现为居民社会网络和组织关系两方面。据调研结果显示：单位制社区居民大多相互认识，交往较为频繁；组合单位制社区中居民的交往也是以与本单位内的居民交往为主；非单位制社区内的居民在居住社区内的交往质量明显低于单位制社区。另外，目前以"单位"为中心的社区组织与居民已建立了相互信赖关系，与商品型社区和组合单位制社区的居委会等社区组织相比居民更信赖单位。

（2）单位制社区是真正意义上的混合社区，有利于不同阶层社会群体的整合。单位制社区构成了中国城市以阶层分布均质化为特征的独特社会空间结构形式。在目前市场机制下，城市居民的收入水平差距增大，社会分层日益明显，造成以"房价"为过滤机制的社会阶层在城市空间中居住分异加大。而在"单位"住房建设时，由于居住对象确定，容易考虑单位内职工的购买力和居住意愿，建设不同类型的住房满足不同阶层居民的需要。此外，以生产方式为主导的生活方式类似也有利于形成居民观念类似，因而减弱阶层敌视和对立，使不同阶层的人"不反感"居住在同一地域空间，这两个方面都是市场模式所不及之处。我国的单位制社区其实就是西方社会学界与规划界一直崇尚的，虽不懈努力，难以实现的混合社区。

（3）符合居民的择居意愿。根据在西安市明德门小区对组合制单位社区居民调研显示，居民更愿意住在单位内或单位附近，以利于上下班方便和工作时间之外的同事间交往。郭牧（2002）在对福建龙岩市住房观念变迁的社会调查显示，居民更愿意选择和同事（认识的人）住在同一社区的占73.5%，他们的理由是"单位人员熟，人员不杂，最主要的是工作之余可以互相串门"。

3. 作为空间单位的社区意义

单位制社区也是基于微观观念，社区建立前提都是将城市社会—空间划分为许多"空间单位"，并在这一微观地域单位中将人与人之间"临近性"生活的空间单位作为一种社会资源来经营，建立社会生活共同体。然而，单位制社区与社会化社区相比具有更多"地域"资源，更能体现社会人文关怀。

（1）单位制社区有利于社区精神培育。

其主要表现为：①单位制社区可将地缘、业缘甚至血缘紧密结合，增强了社区凝聚力；②居民共同工作、居住在单位地域空间，自然而然增加了人们交往的机会，提高了交往的质量，建立了社区社会网络；③相同的生产、生活方式，有利于形成独特的社区文化，增强社区的认同感、归属感；④社区的管理界域、空间界域明晰而统一，有利于形成结构社会、空间秩序等等。总之，作为空间单位的单位制社区在一定的地域空间中通过地缘与业缘相结合、居住与生产相临近、利害关系与感情关系相结合，培育了真正的地域社区。

（2）从可持续发展的高度上，单位制社区有利于缓解一个世界性的城市难题——城市交通拥堵，并且通过减少交通能耗从而减少空气污染。

单位制社区的居民居住和工作地临近，因此，居民上下班常规交通以步行和自行车为主导。相对于日益增加的城市机动性来说，单位制社区内的日常通勤是"静态的"、无能耗的因而是绿色的。同时，单位制社区的地域生活便利性不鼓励汽车消费。它比美国的"TOD"模式更鼓励步行交通，而且实效更直接和明显。这其实也是我国城市前些年在人均道路交通面积很低情况下能保持城市道路畅通的原因之一。

（3）真正意义上的土地混合利用社区，有利于社区自支持、自我管理。

混合土地功能使用是继现代主义之后新的规划概念。其基本理念是，考虑将不同的城市功能聚集在一定的地域空间内，通过多价空间使用，提高土地利用效率，提高社区的活力同时为生活提供便利。混合土地使用最为本质的前提是不同土地使用功能间内在的人流、物流、信息流以及社会空间结构的有机联系。这种联系并非仅仅是功能混合并置就可以产生，而是需要空间资源的内在整合。单位制社区将城市生活最为主要的生产和生活用地整合，建立了其间的有机联系，便于统一安排生活生产用地。它比一般"背靠背"生硬的土地混合更符合混合土地使用本质。

此外单位制社区更符合"自支持"社区和"自治"社区的理念，因为在社区地域内的生产和生活相互支撑，使物流、能量、信息流对外界的依赖性减少，形成一个相对自支持的生态系统。生态学的研究认为多样性并不能确保生态流的稳定性，多样性必须以某种特殊的方式安置才可以产生稳定的群落。而单位制社区这种工作与生活的有机联系就可视为"特殊安置方式"。单一功能的商品型居住社区只是城市中不稳定的消费空间，其依赖于外部的物质、能量、信息输入维持。而单位制社区生产空间和生活空间结合，减少无益的生态流损耗，可称为稳定的、自支持的生态系统。

（4）整合城市时间—空间，节约社会资源，提高生活质量。

传统的城市规划十分注重对城市空间与资源分配与布局，然而时间更是一种重要的社会资源，关乎社会生产能力。对于个人而言，时间则是生活自由度，关乎个体的生活质量。所谓的"60—70年代看谁红专，80年代看谁有钱，90年代比谁健康，新世纪比谁有休闲时间"就是这一含义。单位制社区将居民的生活、工作空间、小孩上学等日常生活空间整合在一定的城市地域空间，形成以"单位"为依托的城市地域生活时空单位。这与目前商品型社区造成不断加剧的生活时空分离相比，人们减少了日常的交通奔波，节约了大量的交通时间，以利于再学习和休闲，提高了个体的生产力和生活质量，本质上也是对社会资源的节约。

4. 对单位制社区批评的反思

现在我们回过头来正视上述对单位制社区的批评。批评①④是中肯的，从社会学角度看，单位制社区表现出其作为一种落后经济体制下的产生分配制度和管理制度对个体的过分控制。实质上这种批评的对象是单位制的社会组织方式，并非单位制社区空间单位。所以，住房市场化和社区社会化并非必须放弃其作为时空整合的地域生活空间单位的意义。对于批评②，作为社会照顾本身其内容将随社会发展愈加完善，而目前只是采取将此项内容转化为社区照顾和加强社会保障制度；对于批评③，本书认为从空间角度对"单位大院"引发的所谓社会隔离批评是不贴切的。我们从商品型社区的建设中看到这种封闭的"大院"空间并未因社区社会化而消解，只不过是原来由单位砌的砖院墙变为房地产商砌筑的漂亮铁栅栏围成的"门栏社区"。

综上所述，单位制社区作为城市地域生产生活空间单位具有明显的社区意义。特别是我国目前快速城市化过程中，城市交通设施差强人意，而城市日益加剧的流动性和机动性现实下，单位制社区作为一种探索新的城市社区地域空间的原型有重要的现实意义，不宜全盘否定。

（三）"0 交通静态社区"理念

从以上分析我们认识到单位制社区的地域生活空间结构减少了常规的往返交通，倡导步行，减少能耗。这种基于地域空间单位的生活给予居民生活更大的选择自由，提高了居民的生活质量。它在社区培育、社会整合等方面也可发挥重要作用。作为社区地域生活的空间单位，单位制社区几乎包含了近年来所有西方社区规划理论的闪光点。当我们把视线转向西方，热衷于去探究"公共交通导向（TOD）"社区时，蓦然回首，却发现我们传统的单位制社区却更反映城市社区生活的本质——是基于一种可持续发展的"0 交通、0 能耗的静态社区"，反映后工业社会时空地域化整合的新方向。从美国新规划思潮的原则主张中，我们可以清楚地看到我国单位制社区的精神实质及其对于可持续发展的意义所在。美国的新城市主义倡导的交通导向社区仍然建立在对交通依赖，特别是快速交通的基础上，而快速交通建设对于我国绝大多数城市来讲经济上基本上不可行[1]（如图 4-9 所示的 TOD 社区可能造成的城市景观）。可以说单位制社区其实就是（且优于）欧美目前所倡导的公共交通导向、混合土地利用的理想社区空间模式原型。我们将单位制社区作为城市空间单位具有持续生命力的内容归结如下，作为"0 交通静态社区"的基本原则主张：

---

[1] 因为它需要大量的快速交通建设，而且大量快速交通势必进一步将城市空间"碎片化"。

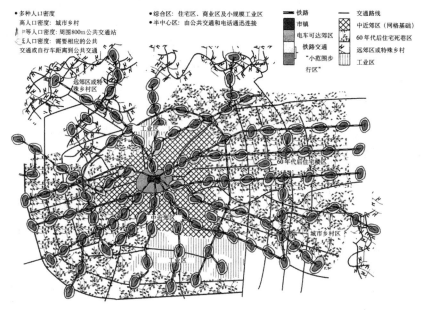

图 4-9 依赖轨道交通的城市空间景观

（1）"0 交通静态社区"主张将居民工作地和日常生活最为密切的生活设施安排在居民方便可达的社区地域范围内，是对居民的日常生活时空地域性的回归（如图 4-10）。

市民日常生活行为具有周期性、规律性，孩子上学和成年人工作是主要日常通勤行为（日本建筑师丹下健三称之为"定常流"）。其对居民日常生活行为和生活时间结构的影响最大，对城市交通的压力最大，所以针对就业与居住地临近，以及将学校纳入社区步行可达的范围内就有至关重要的意义。

社会学研究还认为在本社区所属单位工作与否也是影响社区归属感的因素之一。地缘与业缘相结合，居民在社区内有充分的生活时间和"禁锢"于社区空间地域的生活有利于培育真正的社区。

（2）"0 交通静态社区"主张减免目前日常生活主要机动交通，代之以步行和自行车交通等绿色交通方式。"0 交通静态社区"并非说居民生活中完全没有机动性、流动性。生态学研究认为物质、能量、信息在系统中的循环可分为有益循环和无益循环。无益循环节省下的能量可以用以系统的新发展。所以依赖交通工具对城市空间和距离的征服和城市交通组织城市生活思

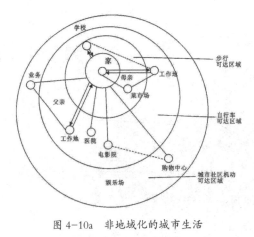

图 4-10a 非地域化的城市生活

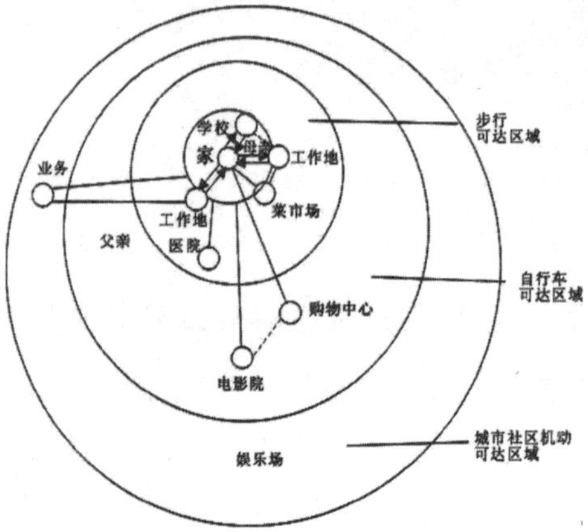

图 4-10b 城市社区生活的地域化回归

维，在可持续发展理念下，应转向非机动交通导向的、取消无益交通循环的城市生活空间联系思维。所以，与依靠高技术征服通过发展公共交通手段来解决问题"公共交通导向（TOD）"的理念不同之处在于，"0 交通静态社区"是一种适宜技术和生态策略，更强调通过缩小居民日常出行的地方性范围，主张将步行交通扩展至居民城市日常生活的全部，营造"0 交通"城市社区静态生活空间单位，以缓解城市公共交通的压力和培育社区。

（3）"0 交通静态社区"包含西方城市蔓延后提出的"土地混合运用"理念，但是更强调土地功能间"有机"的内在联系，而非只是增加城市居住区的商业设施的表象混合。

社区地域生活空间单位成为尽量容纳社区居民工作、生活、休闲消费、娱乐等全部的城市生活基本单位。

（四）"0 交通静态社区"的调控策略

1. 利用现有资源调控

西方城市社会学家认为，西方许多城市社会问题难以解决的症结在于土地私有化。我们完全可以利用"大政府"和土地国有制的优势进行城市社会空间调控，达成西方社会未能解决的社区和人文社会建构问题，而不是借鉴西方过去的模式，重复他们过去的道路，而放弃了自己符合国情的现成模式、经验。种种迹象表明单位制社区在很长一段时间仍将存在。我们完全可以采用计划与市场机制相结合的方略，对单位制社区进行"扬弃"，达成"0 交通静态社区"的实施。结合目前我国社区建设中的种种可利用的资源，我们可以探讨"静态社区"的调控策略。

（1）可利用的资源一："双轨"制土地出让（如图 4-11 所示）。我国处在计划经济向市场经济转型期，计划经济仍具有决定性的调控力度。表现在城市土地出让机制上，土地使用制度普遍采用"双轨"制土地出让，即一部分土地采用市场拍卖出让，一部分土地采用无偿划拨或低价出让给国家一些单位。这些单位一般包括：

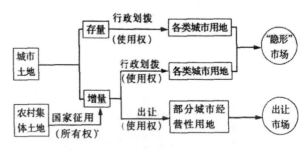

图 4-11　我国城市土地双轨制流转现状示意图

各级财政全额拨款的国家机关事业单位办公用地、军事用地；城市基础设施和公益事业用地；国家重点扶持的能源、交通、水利等项目用地；法律、行政法规规定的其他用地，如安居工程等带有社会保障性质的住宅建设用地[1]。实际上，国家为促进某些工业项目发展，目前对许多国有企业用地也采取了土地划拨或协议优惠出让。这些通过"隐形"市场出让的土地不在少数，但是在目前的土地划拨中，并没有将单位居住用地和生产用地一起考虑（如浙江大学新校区）。即使有，也对居住用地比例进行苛刻限制（笔者曾涉及此类项目规划，如四川九州集团新厂区土地廉价出让时，政府就规定居住用地不得超过总用地的 25%）。国家不考虑或苛刻限制的目的无非是减少国家土地收益损失，但这一政策并没有意识到其实际上造成了原有单位制社区的地域化社会生活优势尽失。

（2）可利用的资源二：经济适用房建设。在"双轨"制实质下，重新划定地块、统一规划建设再分配给重点扶持单位的经济适用房建设分配方式仍在许多城市沿用，特别是经济发达的沿海城市，作为人才引进等鼓励政策。

---

[1] 范炜 . 城市居住用地区位研究 . 南京：东南大学出版社，2003.

此外，我国许多城市也正在加大经济适用房的建设力度。据报道杭州 2004 年将 50% 的居住用地用于建设经济适用房，以解决大众住房和缓解房地产泡沫。

（3）可利用的资源三：城市扩展、兼并的农民安置。农民安置在我国城市，特别是发达地区快速大规模的城市化过程中，占有不可小视的建设量。如浙江的台州经济技术开发区农民安置土地仅 2002—2003 年就有三块 60—90 公顷的农民安置用地，建设大型农民安置社区（图 4-12）。

图 4-12　台州经济开发区总体规划（2001—2002）

（4）可利用的资源四：老城改造。许多城市（如西安市）老城改造采取了简单将居住人口大量外迁，增加商业设施的做法。这造成城市中心的功能单一，加之交通拥挤，商业也相对过剩。

如果认识到社区地域生活的人文社会建构意义，完全可以利用上述资源，采取有效的经济和政策调控，使之促进"0 交通静态社区"实现。建议可采用以下具体措施：

（1）将单位扩展中的生产用地与生活用地划拨综合考虑。撇开"双轨"制的利弊不谈，国家在向企事业机关单位出让土地时，应考虑将生产用地与生活用地的划拨综合考虑。对于协议优惠出让的单位，应考虑利用优惠的程度，运用地价调控鼓励一定规模的单位机构靠近工作地集中建房或购房；对于较小规模的单位机构，鼓励靠近工作地联合集中建房或购房。

（2）在城市改造中要避免大拆大建和土地功能单一化。西方旧城改造的经验和教训都证明：循序渐进的、小规模的、致力于创造就业机会的城市改造是理性的。在城市建成区和中心区，鼓励插建住宅，促进土地功能的多样性。

（3）安置房的规划建设应考虑回迁与搬迁的自由，重要的是在社区规划中考虑居民就业和生计方式。如将安置用地靠近农民可经培训就业的工业区布置等等措施。在社区中除完善公共配套设施外，还应注意将城市交通引入社区，并且在社区中多配置商业门面房，增加居民在社区中的就业机会。如图4-13所示，在台州居民安置规划中，笔者提出建设"小城镇"的概念，利用城市道路穿越社区中心，营建大型社区商业街，将社区中心营造成"小城镇"的商业中心的构想。商业街除了考虑入驻社区原有的企业外，致力于为居民创造社区就业机会。这一构想得到政府的认同，规划也因此而中标。

图4-13　台州经济技术开发区居民安置社区规划公建系统图

（4）利用经济适用房的规划建设机会，改善城市不断加剧的工作和居住分离状况。经济适用房建设应改变目前集中化、分布在偏远郊区的不当做法，转而采取"遍地开花"，均匀分布在城市各区位的策略。这样做便于居民并鼓励了居民就近工作地购买居住，而不是迫于价格，搬迁到偏远的郊区，使居民在解决居住问题同时增加生活的无谓奔波。

（5）在城市中采用"靠近工作地居住"的财政举措，鼓励居民靠近工作地购房居住。美国在新规划运动[1]影响下制定了《空气清洁法》，关注并强制

[1]大致始于20世纪50年代城市蔓延大体上包括三个相互影响、相互作用的因果关系：①城市空间无限、无序、低密度水平增长，伴随着土地资源、生态环境的破坏；②以汽车为主导的单一交通方式及不断增加的城市往返交通带来的资源浪费及空气污染和公共基础设施服务效率下降；③土地的单一功能使用强化了城市交通对汽车的依赖，伴随内城衰退和社区生活质量的下降。城市蔓延之后的美国民众、规划专家及社会各界都在对蔓延深刻批评与反思的基础上提出了积极的城市与社会的变革方案，其中主

大都市订定交通效率平面图以减少汽车行驶公里的数字，而且从亚特兰大的实施证明了它的确改良了空气质量。聪明的投资理念也提出了关于"靠近工作地居住"的财政举措主张：地方政府和州政府共同向雇员提供一次性现金补贴来鼓励他们搬到工作地一定距离范围内居住。

2.营造多中心均质的城市肌理

"0交通静态社区"的出发点是建立社区精神和完成社区的社会使命，其具体措施是调和社区微观地域空间与城市宏观结构的矛盾，目的是实现社区生活微观地域空间、城市空间功能和居民行为空间的整合，避免其将生活"断片化"。城市生活整体的地域化时空整合进程可包括以下几个方面。

（1）塑造多中心的城市形态结构

从英国新城建设的经验以及西方城市空间演变经验可见：中心多极化是城市生活地域化整合的有效途径。促进动态的城市中心多极化空间格局（图4-14）并将城市空间拓展、产业发展与社区开发结合，城市空间整体的结构形态调整与社区时空地域化整合综合考虑，营造城市中心和次中心、区域中心、社区中心等多级中心体系。这样临近社区的城市次中心、区域中心代替单一的城市中心成为社区地域生活的上一级中心，不仅减少了对单一城市中心的压力，也从总体上减弱了城市生活对城市中心的依赖，减少了居民出行距离，向地域化"0交通静态社区"走出第一步。

细胞状结构

混合式结构

图4-14 多中心城市形态举例

（2）营造均质化的城市空间肌理

从城市空间发展的时间顺序来看，目前我国郊区化往往首先成片建设住宅或工业开发区，存在着土地使用功能单一，城市空间存在严重的不均衡发展现象。如杭州城西一带大约30来个密密麻麻楼盘，目前这里却没有一个

要包括目前具有广泛影响力的"聪明的增长"、"新都市主义"和"可持续发展"，形成了一场轰轰烈烈的新规划运动。

公园。而在西安市，作为城市文化教育区、高收入区的南郊公园分布几乎是每隔2公里一个，可谓人性化十足。然而，在低收入者聚居的东郊、北郊和西郊则几乎难找到一块不花钱可以作为休闲去处的公共绿地，道路基础设施也差强人意。

　　所以，在目前城市社区空间设施分级构成原则[1]之上（图4-15），应更强调城市居住、商业等功能的混合布局，营造均质化的城市空间肌理。从社区微观地域来讲，应将城市居住生活设施，更重要的工作地点、公园和学校等对于日常生活影响较大的社会性设施的均匀布置（图4-16），将需要频繁交通加以联系的生活行为控制在社区地域空间范围内。此外，必须以人的尺度而不是机动车的尺度考虑社区地域生活行为，关注居住就业、购物、娱乐区之间的时间—距离。这样就向地域化的"0交通静态社区"走出第二步。

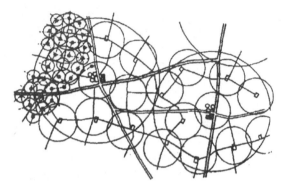

图 4-15　社区空间设施分级构成原则

　　如图4-17所示，1956年的萨凡纳城延续了传统的城市组织手法，以规则的、均匀分

● 初小
■ 高小
□ 商店
□ 中学
△ 社会情报中心
· 公共汽车站
○ 当地就业地点

图 4-16　社会性设施的均匀分散均布

　　[1] 分级构成理论重点放在"公共设施的理想模式"上，是一种注重设施的服务对象范围与居住者的利用范围取得良好吻合关系的构成理论。原则上设施的服务对象范围是由利用范围来决定的，利用范围的确定也就决定了服务对象范围的关系。通过分析出这些不同等级的利用范围和服务对象范围，根据系统形成了不同等级的利用范围和服务对象范围而构成的住宅区或城市的理论，就是分级构成理论。

布的公园（广场）形成人性化城市社区空间尺度。约翰.W.雷普斯（John W.Reps）在《造就美国城市》一书认为其由 12 个街坊围绕中央绿化广场组成的非凡的细胞状结构单位"不仅提供了一种有着非凡吸引力的、方便和紧凑的环境，而且是容许城市发展却不造成松散杂乱切实可行的办法"。而实质上其真正继承的城市组织传统是：步行主导的城市生活时空的尺度和比例。

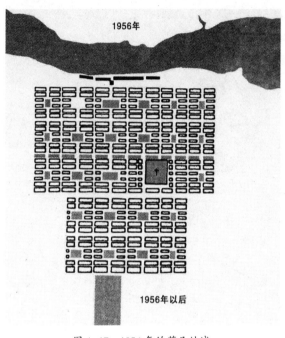

图 4-17　1956 年的萨凡纳城

西方城市空间发展从集中到郊区化蔓延及其成熟，再从内城空心化及其中心复兴到多中心城市历程，我们似乎可以发现：城市功能和结构，从单一功能到混合功能，从单一城市中心到多中心地域生活回归似乎是城市自组织的发展方向，是从不稳定系统向城市终极稳态系统进化的自然过程。然而，在这一自组织过程中，由于政治、经济因素及规划等原因使之存在很大"时差"。其造成的城市不同阶层的生活奔波，特别是低收入阶层及其他弱势群体痛苦与以及生存挣扎，都隐藏在城市空间发展不均衡的阴影中。从关注社会弱势群体和社会可持续发展的角度，一个社会性设施均质分布、"0 交通"的静态城市社区，对弱势群体提高自身素质、减少生活成本和获取平等的就业机会是何等的重要。城市规划作为社会资源再分配和社会调控手段，有必要将城市空间功能混合和设施均匀分布及工作机会在城市空间中的分散作为一种社会改良和阶层整合策略，贯彻在城市社会空间建构的整个时空过程。而都市研究中的比较政治理论也提醒我们：后发展国家必须重视过度都市化带来的不均衡发展的负面效应，因为它往往会打通快速都市化与经济、社会停滞的联系通道。[1]

（3）综合措施的支持

鉴于我国城市交通现状和社区建设实际情况，我们宏观调控城市社区空间时还应注意以下几点：①保持较紧凑的城市形态和较高的人口密度；②完善城市公交系统，创造步行者优先的道路基础设施和城市交通环境（图4-18）；③高强度的土地混合利用；④城市新开发建设与旧城的更新协调。

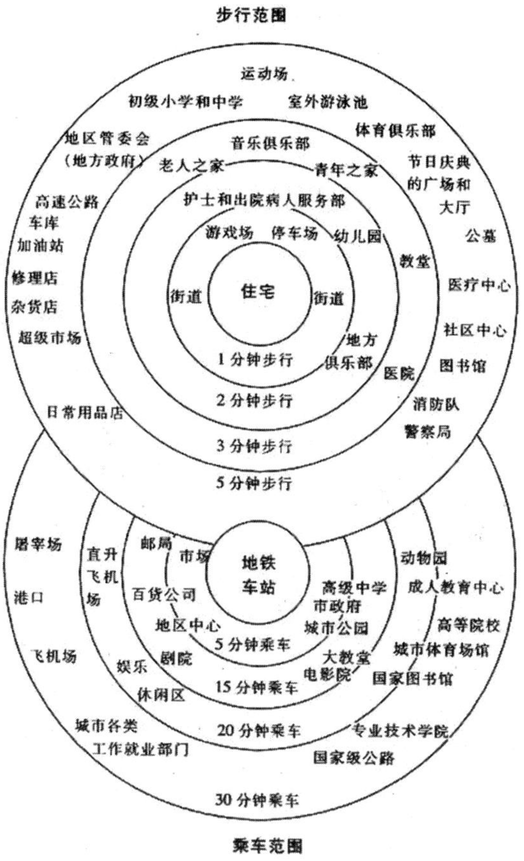

图4-18　与居住相关的城市基础设施布局

四、实证分析

（一）地域生活时空的社会性实证

1.地域化生活时空反映了居民城市生活的真实需求，体现空间中的人文关怀。

实证一：居民择居因素重要性调查，地域化生活时空反映了居民城市生活的真实需求

我国城市居民选择住宅区位考虑因素可归纳为如下4个方面：（1）自然环境条件，选择自然条件好的住宅区位；（2）就业区、商业区、学校及医院等城市公共设施的布局及相关的交通运输条件；（3）社会聚集经济；（4）区位荣辱感知因素。从许多学者的社区居民择居意愿调研结果来看[2]，上述第二

---

[1]David A.Smith,Cf.Third World Cities:in Global Perspective,Westview Press.

[2]杨贵庆教授于1996年12月在上海选取五处分别代表了一定居民类型的居住社区展开上海大都市居住地社会调查，发现居民关心的有关居住地段的敏感度、重要程度排

个因素的意义最为重要。因其直接影响居民出行所花费的时间，还决定着居住在此的居民的出行成本。公共设施齐全和上学、上班、购物、交通方便对居民择居的重要影响，反映了居民对就近上班、购物的热望，也是对紧凑的社区地域生活时空结构的期盼。因为，我国仍处在工业经济时代，并且在相当的时期内将继续着工业时代的进程。我国现阶段的交通条件并不令人满意，交通拥挤在大城市中尤为严重，而且在有"自行车王国"之称的中国，轿车远未成为普通百姓的代步工具，人们出行受交通的约束较大，这就使得与工作地点、商业区、学校、医院等城市公共设施的综合距离在人们选择住宅区位时产生更大影响。[1]

实证二：不同收入阶层的择居愿望，地域化生活时空与人文社会关怀

笔者在西安和杭州的调查反映了不同收入阶层择居意愿的差异。居民对于"您选择居住地段最关注的事情？"一问的回答从统计的结果来看，不同收入阶层的择居要求差别较大。高收入阶层择居要求按重要性排序依次为：环境幽静、治安良好、物业管理、配套完善、交通方便、邻里关系和住房价格。这种重要程度的排序，与钟波涛[2]的调研结果相似。中等收入阶层为：环境幽静、交通方便、治安良好、物业管理、配套完善、住房价格和邻里关系。低收入阶层为：住房价格、交通方便、环境幽静、治安良好、物业管理、配套完善和邻里关系。它反映了不同经济支付能力阶层对居住环境的期望值与收入提高的正相关关系。中低收入者对公共交通的依赖较大，就近上班反映了经济承受力对我国低收入居民的影响。总之，不同阶层的择居愿望反映了不同收入阶层的要求，社区生活地域化是对中低收入阶层的人文关怀。

实证三：城市社区生活的非地域化是对于居民生活的危害

李铁立[3]对北京市居民居住需求的调查结果显示了"上下班方便"是北京市住户对居住选址和首位需要。此外，对比新老城区居民择居考虑因素（表

序中公共社设施齐全和上学、上班、购物、交通方便分别位居第1、2的位置。

[1]董昕.城市住宅区位及其影响因表分析.城市规划，2001.25(2)：33-39.

[2]钟波涛.城市封闭住区研究.建筑学报，2003(9)：14-16.

[3]李铁立.北京市居民居住选址行为分析.人文地理，1997(6)：38-42.

4-4）还有几个特点：第一，上下班方便因素对不同空间城市住户来说均是首选考虑因素，但存在差异，老城区略高于新城区。第二，子女上学方便因素在新老城区均为居民居住选址的次要考虑因素。第三，购物方便因素在新城区是第三位，而在老城区为第四位。老城区集中了北京市近80%的商业网点，而适合于工薪家庭的中低档次购物场所的这一比例更大，新城区居民购物通常要到老城区。总的来看，决定上下班方便的主要因素，一是工作地与居住地的空间距离，二是联系工作地与居住地的交通条件，距离工作地近、交通条件方便的居住区将愈来愈受到住户的青睐。

表4-4　新老城区住户居住选址考虑因素得分

城区	上下班方便	购物方便	娱乐方便	环境幽静	社区文明程度	子女上学方便	看病方便
新城区	5.5	4.3	1.6	3.7	3.6	4.7	2.8
老城区	5.7	3.8	1.5	4.2	3.7	4.7	2.4

此外，针对工作出行状况的调查显示：被调查者每天工作出行单程平均时间为1.2小时，上、下班交通方式主要以自行车为主的占52%，公交车占30%。工作出行时间长，交通方式以自行车和公交车为主是北京居民的工作出行特点。居民在选择居住区位时自由度小，造成居住区位不合理，没有达到就近工作、就近生活、就近解决日常生活等目标，每天近3个小时在路上度过，极大地影响了居民的生活质量，同时也增加了城市交通的负载。这一结果不仅反映了居民对于地域化的城市社区居民生活的期盼，也反证了非地域化的城市生活时空结构对于居民生活的危害。

2.女性主义视角：城市空间中女性边缘化（隔离）现象

20世纪80年代以来，西方社会基于男女平等的社会公平观念，掀起了女性解放运动，引发对女性问题的关注，同时也波及对其他社会弱势群体（儿童、老人、低收入者、失业者等）的关注。学者们从女性视角透视城市和社区空间，为社区空间地域化提供了许多有益的启发。

美国社会学家E.威尔逊经研究认为，19世纪的城市规划成为一种有组织的对女性、儿童、工人和穷人的隔离运动。行为地理学的研究逐渐揭开了女性在城市中的边缘化现象的危害。从城市结构上看，随着城市空间的扩展和居住郊区化以及城市功能分区等导致生活空间要素的分离，加剧了女性在职业和家庭之间双重压力下疲于奔命，没有精力和时间去提高自身技能，她们因此失去了许多社会机会。同时，这也使得她们的行动轨迹固定在工作和家之间。这种都使得女性在城市中的活动自由受限。另一方面，郊区住区的扩展和职居分离也使得女性，特别是依赖公共交通的女性，被困在郊区而远离城市生活的中心。随着女性被逐渐整合到经济和社会生产分工中，这种空间障碍使得其就业机会和职位受到影响。

在西方随着商业设施、工作机会向郊区迁移，郊区发展逐渐成熟，女性被困在郊区的现象已有改善。然而与此同时，城市的"空心化"却使得内城低收入者和穷人面对获得工作机会和利用设施的新空间障碍的挑战。这种现象在中国的城市不再重演的关键在于城市社会—空间布局是否一开始就采取内城和郊区共同发展的地域化策略，将设施、就业、居住空间的混合与均布发展。

（二）"紫金港"实证——校园社区的地域化营造

20 世纪 20 年代以来，建立在实用主义、理性主义哲学观念之上的现代主义建筑思潮，曾一度影响了世界上几乎任何角落的建筑规划领域，成为一种一统天下的设计理念和审美标准。然而，随着时代所面临问题的变化，在现代主义的功能分区、层级理论指导下的环境建设带来的城市功能和社会问题就凸现出来。20 世纪 60—80 年代，西方建筑学领域广泛运用人类学、现象学、存在主义、解释学、语言学、类型学、后现代主义、种族主义、女性主义等社会哲学思潮，加之 20 世纪 80 年代以来的生态学、可持续发展的理论对现代主义进行了深刻的反思与批判，引发了建筑理论与实践的跨越式发展，使得现代主义之后的西方建筑理论与实践趋于多元化。其最根本的变化在于价值理念由实用主义转向人文主义。现代主义之后，西方以人文理念支撑的建筑理论和实践转向运用历史、符号、色彩、装饰等进行多元化的实验和探索。规划理念则由技术理性转向注重以人的步行可达、空间感知、利于交往、阶层混合、空间复合、土地多功能使用、环境质量提高的价值理性。现代主义在中国缺乏类似西方的深刻批判与反思，致使其作为一种规划设计理念，特别是实践领域，在中国仍然起着主导作用。然而，这并非表示现代主义符合我们的国情，也并非说明我们当下面临的时代问题与西方不同，现代主义仍然符合中国的社会现实。实际上，现代主义理念主导下建成的环境对我们的生活正在产生负面影响，而我们还在犯着"理性"的错误。作为建筑师、规划师，我们不得不对其危害性加以关注、进行反思，并积极寻求理想城市环境建设的正确理念与适宜模式。从寻求城市理想形式可能性的角度上，规划与设计可被视为一种实验，设计者从前人的理论建构、每日的感受和体验中寻找灵感来应对具体的设计任务，设计者在探索中常常受到时代主导的传统模式、风格、式样的影响，然而，时代所面临的主要问题是动态变

图 4-19　一期规划布局总平面

化的，相应的规划设计理念与规划模式也并非是永恒的。我们以浙江大学紫金港校区一期和二期工程的规划设计、投标、评标、建设使用的整个过程为例，在实地调查的基础上透视现代主义在中国的现状及其危害。

1. 紫金港一期工程（以下简称一期）

紫金港校区系浙江大学新建校区，一期占地 3200 亩。2001 年，从国内外多家高水平的设计单位参加投标方案中选择优秀方案，经专家论证实施建设。一期工程于 2001 年 9 月正式开工，2002 年 10 月一期工程正式启用。二年级本科生共 1.3 万人已经入住。东区计划容纳学生 2.5 万名，以本科教育为主。一期规划建筑面积

59.2 万平方米已建成并交付使用约 51 万平方米，初步实现了"现代化、网络化、园林化、生态化"的建设目标。紫金港校区是目前我国采用现代主义的功能分区进行总体规划布局的典型案例：教学科研区和学生宿舍区（仅有一个食堂，靠近宿舍区）布置在基地南北两侧，校区中间布置行政办公、图书馆和学生活动中心、体育活动区（见图 4-19）。

紫金港校园环境优美，一期在建筑和局部环境设计上有明显创新。建筑空间与室内外环境艺术整合，除满足使用功能外，更注重场所情感的培育和与功能相关的情绪、氛围营造手段，与人的感觉、心理相适配的装置艺术。这都使得建筑与环境表现出一种"休闲"的势态，这种建筑与环境设计手法同现代社会人们生活节奏加快，追求放松心情、片刻闲适生活的人文心理诉求相吻合，因而是受欢迎的。然而，当作为一名使用者（老师、学生、来访者……）真正生活在其中时，许多规划模式方面的问题就会凸现出来。

（1）交通问题：功能分区造成教学科研区与宿舍生活区的分离，每天上下课步行交通已变得不可能（南北距离约 1.5 公里，单程步行需 30 分钟），目前，师生都必须借助自行车（约 10—15 分钟车程）或汽车"钟摆式"的往返于宿舍和教室之间（图 4-20），在调研中学生普遍反映：停车难，上下课交通拥挤，车速缓慢；专业教室和公共课教室之间距离过长，步行往往十几分钟，迟到时有发生（请注意，目前校园只有规划人数的一半），这使得原本紧张的学习生活变得更加紧张，中午休息时间被交通时间挤占，也势必影响学生的学习和健康。

图 4-20　下午上课的学生人流

（2）环境品质问题：食堂集中设置使得环境嘈杂、拥挤，除使用不便外，也使食堂仅仅是满足吃饭的生理需求，而类似传统校园内兼有边吃边聊、增强学生间交往的功能尽失（图 4-21）。体育场地的集中设置使用不便，并有明显的拥挤感。

　　（3）空间使用效率：现
代主义大尺度的功能分区带
来的此类问题都使得优美的
校园环境降低了使用效率而
成为没有演员的寂静"舞台"，
其实也是社会资源的浪费。

　　由于使用不便，往返交
通浪费时间等因素，势必会
降低教师、学生的学习和生

图 4-21　午饭时食堂的场景

活质量。凡此种种，不一而足。这些都不能不说是规划的失败，然而，紫金
港绝不是中国第一个也不是最后一个现代主义作品。此前（2001 年）同样
由国内外高水平设计单位参与投标、经专家评审中标的深圳大学城也是建立
在现代主义功能分区理念上的又一作品，相信类似紫金港使用不便的问题会
同样出现在那里。

　　2. 新校区二期（以下简称二期）转向人文社区

　　紫金港一期成为现代主义在中国千千万万个现代主义规划实验之一，万
幸的是功能分区造成的诸多问题被有关专家及时发现，在二期的规划中得
以遏制。二期规划用地 5500 亩，合计 366.67 公顷，远期规划目标是与一期
共同构成浙江大学的主校区，建设目标是成为国内规模最大、设施最好、环
境最美的集产、学、研为一体的科研教学基地。鉴于一期的教训，专家在二
期概念性规划投标的《概念性规划要求》中明确提出：（1）"社区型"模式：
二期规划必须处理好与校园整体规划的关系以推进学科的综合化发展特征，
形成研究型"社区"的模式；（2）"组团式"布局：二期每个建筑群可以按
照学科群的特点，采取"组团式"结构进行规划，便于今后每个建筑组群设
计各有特色，充分体现浙江大学"海纳江河，有容乃大"的气度；（3）"园
林化"校园：二期要继承并深化一期建设的"园林化"理念，充分保护利用
基地内的原生湿地，体现江南水乡的环境特色，与杭州的西湖交相辉映。同

图 4-22a

图 4-22b

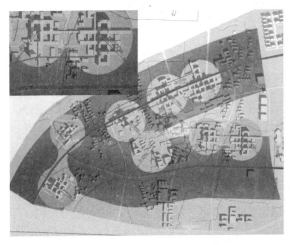

图 4-22c

图 4-22　入围方案对人性化地域空间尺度的设计

时将学科组群建筑有机地与环境组合在一起，营造出独具特色的大学园林；（4）"生态化"格局：构建紫金港校区一体化的生态空间格局和环境，实现校区内的绿色循环，使人与自然和谐共存。实验农场、林场和动物、水产养殖基地可结合生态环境一起布置；（5）"人性化"交通：二期交通要坚持以人为本的思路，紧紧围绕人的活动，创造便利的条件。同时充分考虑好与东区及周边地区的交通联系……

2003 年，来自国内外的 12 家著名建筑设计单位，以及著名大学的建筑系参与了二期的概念性规划国际投标。仔细研究这 12 家的投标方案后发现：仍有 60% 的方案有明显的现代主义功能分区的印迹。这足以说明：现代主义在中国建筑师、规划师的设计理念中有着挥之不去的情结。我们在理念之后是否更应注重量化空间的概念和操作模式的研究，或者说在现代主义之后如何营造人性化的生活环境，我们相当一部分建筑师还缺乏相应的经验。然而，入围的三个方案（图4-22）在很好地处理基地保护、校区间的功能交通与景观联系、地域特色外，无一例外的都很好地理解和表现了"组团"与"社区""人性化"交通的精神实质：人性化的、步行可达空间尺度内组织日常学习生活。同样，我们现在提倡的"组团"式城市如果不能领会组团的实质——将日常工作、生活在组团内有机组织的话，也只是纸上谈兵而已。

紫金港校区参加投标、评审的建筑专家足以代表我国的设计水平与价值理念，也足可以说明现代主义在我国城市环境建设中的理念趋向，其影响深远。

3. 大学城现象的反思

（1）现代主义尺度与人文尺度

现代主义理念下的"功能分区"与人文主义理念最本质的差别在于其对空间"尺度"的理解与处理上。这里的规模尺度包括空间与人口规模。现代主义对任何规模的空间（城市、区域、建筑）都进行了严格的功能分区，讲求空间秩序。相反，人文主义则关注从"人本"出发，更重视人的心理、生理乃至人与社会、自然的和谐来考虑规模尺度，并以此为依据考虑建筑、空间、城市的尺度，建立生活环境之于人的亲切、熟悉感，使之符合人性化的需求。目前以人文精神为中心的规模尺度研究已取得许多有借鉴意义的成果：空间规模上，从空间可控感和儿童的活动范围提出空间尺度不应超过60米[1]，从人的视知觉考虑在130—140米内的视觉可辨性[2]。F.吉伯德经研究指出文雅城市的空间范围不应大于137米[3]，C.亚历山大从人对邻里范围认知的角度指出邻里直径不应超过274米[4]，从步行可达性角度考虑在200米以内

---

[1]作者经过社区调查研究得出结论。

[2]邹颖.中国大城市居住空间研究.天津大学，2000.

[3]F.吉伯德.市镇设计.程里尧译.中国建筑工业出版社.

[4]John A.Dutton，New American Urbanism-Re-forming the Suburban Metroplis，First published in Italy in 2000 by SkiraeditoreS.p.A.：p40.

和五分钟步行距离[1]；人口规模上，考虑社会交往密切的人口尺度在 300 人[2]或 40—140 户[3]以内，认可型社区为 500—1000 户[4]。这些初步的研究和经验为我们更好地从"人本主义"出发，创造宜人化的生活环境尺度提供了很好的依据。紫金湾二期的规划入选的三个方案中都明确将教、学、研等日常生活功能有机组织在步行可达（200 米）的空间尺度内，表现出清晰的空间尺度量化概念，而其他现代主义倾向的规划方案没能注意运用这些有益的研究。

图 4-23　乡村社区的自然空间肌理

实际上，当我们俯瞰乡村社区（生活空间）与自然界（生产空间）的关系，以及由此形成的空间肌理（图 4-23），对比二期规划的社区人性化尺度创新，可见社区精神回归的实质就是社区地域生活空间的回归。

（2）从城市尺度上俯瞰大学城现象

浙大紫金港校区一、二期总占地面积 8700 亩，建成后将成为中国校区面积最大的大学。这种大尺度的单一功能土地利用模式本身就是功能主义的一种思维模式，目前这种现象在中国十分普遍，大大小小的大学城在中国数以百计，此外住居区"大盘"化、名目繁多的各类开发区等都是现代主义理念主导中国建设实践的真实写照。这里有几点疑虑与大家探讨：（1）类似大

[1] C.亚历山大.建筑模式语言——城镇、建筑、构造.王听度等译.建筑工业出版社.

[2] 社会学家通过调查发现，人的交往过程中，300 人左右是构成一个交往小群体的上限。转引自邹颖博士学位论文。

[3] 户数的确定与居住的形态、文化和居住密度有关，笔者认为其精确确定不宜一概而论，中外学者的研究成果也有差异，40—140 户是笔者根据现有学者们研究给出的大致范围。

[4] 王彦辉.走向新社区：城市居住社区整体营造理论与方法.东南大学出版社,2003：4,128.

学城的单一功能的巨大空间尺度，镶嵌在城市空间之中，切断了城市各区域间的有机联系和便捷交通，与城市肌理极不协调。我们是否应放弃"画地为牢"围墙分割的反城市有机性的做法，考虑让城市道路穿越，将大学融入城市社会生活。（2）从社会学角度来看，大量（新校区规划在校生 4.8 万人）学生长期处于一种与社会隔离的状态接受知识教育，学生势必失去观察、了解社会的机会，影响学生的社会认知和个体的社会化，也不利于培育学生的社会责任感。此外，它也会引发学生其他心理和行为的失调问题，此前屡屡发生郊区大学城学生群殴事件或许是这一问题的初步表征，这是否值得我们对其进行理性的反思。紫金港一期的失误就是现代主义理念主导下对良好环境品质追求的失灵，而非决策者、设计者的无知。所以，我们有必要对在我们周围的、内心的现代主义进行深刻的反思、批评，用新的人文主义的、生态与可持续发展的新理念主导我们的对理想环境模式的探索。

五、小结

本章从社区微观与城市宏观时空结构的关系入手，剖析了社区微观空间建构过程中人文社区缺失的宏观原因，从个体日常生活微观层面，运用结构主义、行为主义、人文主义相结合的视角和研究成果，透视城市结构、个体生活时空结构与之于社区培育的关系，建立了"时空结构—生活行为"的理论框架，分析了社区地域空间对于建构人文的社会意义；最后将传统社区研究的空间资源配置和空间秩序动态，扩展到时空资源配置和时空秩序动态的规划，提出了回归地域社区的"0 交通静态社区"的理念以及多种形式的静态社区调控策略。

城市与社区宏观系统调控是从社区微观空间、个体微观生活时空间结构角度对城市社区系统社会性的认识、分析和空间调控研究。

从社区微观和城市宏观空间的关系分析可见，社区的形成源于日常生活，而市民日常生活是在工作、居住、交通、休闲整个过程和城市时间—空间结构中动态的、连续的整体，所以社区精神与个体的生活时间、空间以及城市社区的时空结构紧密相关。现代城市社区的共同属性（空间结构、流动性、机动性和异质）是造成城市社会生活、社区精神等人文社会方面缺失的重要原因。从个体的生活时空结构分析使我们认识到：个体的生活时间、空间、路径、空间体验都是社会互动产生的必要前提。

所以，回归人文社区就必须建立地域化的社区生活空间。从重塑城市社区系统的角度，就必须对现代城市社会、功能在新的城市时空中重新结构化和进行微观地域整合，生活时空地域化既是生活的本质需求也是社区回归的必要前提。

在此认识上，单位制社区将城市工作、居住生活紧密结合，作为城市社区空间基本单位仍具有重要意义。以单位制社区为原型，致力于地域社区回归的"0 交通静态社区"新理念可以通过利用我国城市社区建设的现有资源、营造多中心均质的城市肌理和相应的空间宏观调控策略达成。

第五章

社区精神培育与社区空间整合

社会空间允许某些行为发生,暗示另一些行为,但同时禁止其他一些行为。

——亨利·列斐伏尔

一、社区空间重塑的必然

如果第四章内容是从城市社区生活的时间、空间结构提出并探讨对于城市宏观空间调控策略的话,那么本章内容则是再一次把视角转回到社区微观空间的营造。在第三章社区微观动力学原理研究的基础上,本章首先阐述了以建立社区精神为目标的社区微观空间规划 5 个目标和内容。接着,将社区物质空间规划要素归纳为 5 大部分:社区的规模结构、社区公共配套设施、社区交通、社区公共空间以及社区建筑空间形态。我们针对规划要素研究的每一部分都是从其促进社区精神的机理——社会性开始,以日常生活的社会空间视角,采用调查研究的方法,揭示我国现时各个社区空间要素规划与其社会原则相关方面存在的问题,并从空间形态、物质配置、规划管理等方面,提出了针对问题的解决思路。本章研究思路和主要内容如图 5-1 所示。

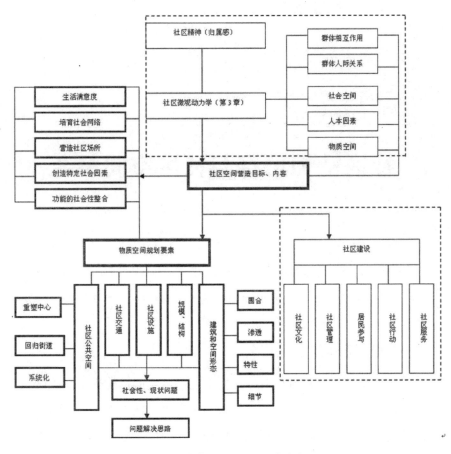

图 5-1　本章论述思路和主要内容

二、社区物质空间建构的目标与内容

（一）物质空间营造与社区精神建构

通过第三章对社区精神的基石——社区归属的微观动力学研究，我们不难发现，社区感的产生受多维因素的制约、具有多层面的发生机理，社区精神培育是社区多维动力综合作用的成果。

这一认识具有两个方面的启发意义。其一，认识了社区物质空间规划的作用机理及其能力所限。社区环境规划可以在某种程度上决定社居民行为，而社区精神未必因此产生。因为，社区归属感是物质空间—行为—心理或物质空间符号—心理刺激的复杂社会心理情感过程。社区规划可以通过提供丰富的社会接触场所等物质设施丰富社区社会生活，从而促进社区成员互相作用或邻里关系。然而，物质空间促成的互相作用可能只局限于在相遇层面，可能仅仅产生较弱的社会关系，所以，除非能提高社会互相作用的质量，否则超越邻里关系层面转向社区归属的情感层面会有困难。因此，提高互动的质量是社区规划的关键。

另一方面，社区环境规划、居民互动和社区感之间的关联可能要通过许多非物质变量促成。然而，社区精神不仅仅是物质和空间形态使然，社会因素也扮演了重要角色，应纳入规划内容之中。美国社会学家 John Dyckman 在几十年年以前的研究结论仍然有启发意义。他认为：在社会、文化和经济背景相似而且有统一家庭条件的社区，物质临近性和物质布局形式可能会强烈地影响人们的行为，从而影响人与人之间的关系模式。但是社会、文化、经济和家庭背景不同的地方，某些非物质因素可能会比物质空间因素对人的行为的影响更重要。所以，我们必须重视那些具有重要影响的非物质因素对人类行为心理的作用。由此可见，社区社会目标的实现也离不开社会和物质规划的共同协作。这些社会规划体现在社区建设中的内容，包括：社区服务、社区文化教育、社区参与、社区管理、社区策动[1]等等策略。本书主要研究社区培育物质空间规划方面的策略。

总之，社区规划是围绕建立社区精神为目标的社会、环境、社区生活行为的综合布局、调控。社区精神的建立必须重视社区归属感培育的多维动力，并通过发现和培育这些动力因素来逐步达成。社区动力学的研究还说明：社区物质空间规划的目标策略也必然是多维的、渐进的和针对特定社区实情的，然而我们仍可推导出其中一些具有共性的规划目标和内容。

---

[1] Poston 于 1972 年在其文章《创造观念社区》中详述了其在华盛顿的 Winlock 乡村社区通过培育社区共同目标和价值来统一社区的行动方案。Poston 首先举行了一系列的关于 What makes Winlock tick 的态度调研会。居民回答问题的同时也反映出他们内心关注的社区问题和想法。几个周内，社区所有居民都被吸引到讨论社区发展问题上。在这个过程中，Winlock 的居民也教会自己如何处理当地社区问题和建立了共同价值观念。Seeking The Good Community, http：//ohioline.osu.edu/cd-fact/l703.html,nodate.

（二）空间规划的原则目标

1. 提高社区生活的满意度

社区归属感是指社区居民对本社区地域和社会群体的认同、喜爱和依恋等心理感觉。社区归属感的建立大致要经历两个过程。第一个过程是社区的基础设施的建设过程。社区的基础设施建设与社区归属感的因果关系是：社区基础设施建设为社区生活提供了社区满意度，而社区满意度恰恰是社区归属感建立的基础。满意是人们产生喜爱和依恋情感的最低标准，也是归属感产生的起点。从人的需求层次来说，对物质的需求是第一位的和最原始的。因此社会成员对社区的满意度评价往往从物质生活条件开始。[1] 可见，社区规划和环境建设应通过设施的配置、环境美化等创造满意的社区生活条件，提高居民在社区生活的满意度。

2. 促进交往行为，建立社会网络

社区回归的本质是人际关系的回归。社区规划的目标之一就是要通过社区物质空间形态布局和提高环境质量来创造交往行为，建立社会网络。实证研究证明，物质空间因素促进居民的互相作用是通过公共领域及其与他人分享的程度强烈影响社会互动。Gehl·Jan 在墨尔本街头生活研究中发现：人们在户外逗留的时间越长，他们邂逅的频率就越高，交谈也越多。[2] 杨·盖尔由此则总结出社区交往活动与户外空间的质量的关系：当户外空间的质量不理想时，就只能发生必要性活动；当户外空间具有高质量时，尽管必要性活动的发生频率基本不变，但由于物质条件更好，它们显然有延长时间的趋向（图5-2）。另一方面，由于场地和环境布局宜于人们驻足、小憩、饮食、玩耍等，大量的各种自发性活动会随之发生[3]。

---

[1]黄玉捷.社区整合：社会整合的重要方面.河南社会科学，1997(4)：71-74.

[2]Gehl.Jan.The Residential Street Environment.Building Environment 6，1980(1)：51-56.

[3][丹麦]杨·盖尔.何人可译.交往与空间.北京：中国建筑工业出版社，2002.

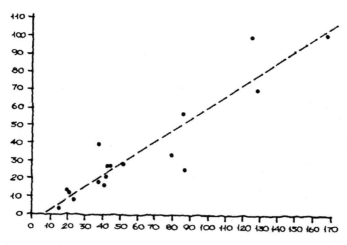

图 5-2　户外活动的数量与交往频率之间的关系

燕西（Yancey，1971）证明了公共住宅设计对社会关系的影响。其基本原理是：环境设计通过提高消极社会接触，创造促进社会接触的场景。如临近（通过紧密适当的安排空间形成接近性）和适宜的空间（适当地设计和布置共享空间）来促进社区交往从而促进社区团体形成。空间环境设计通过影响社会接触的频率和质量，产生团体和形成社会网络。个体会对社区内的社会关系网络产生幸福感，从而产生了归属的感觉。

3. 社区场所特性的营造

许多研究证实场所依附由各种不同的情感尺度，例如依附的程度、满足、参与管理、符号象征、社会满意度和审美等因素组成。场所营造还涉及地方性的社会组织，它也与"局内—局外人"的概念有关。因此，场所营造中强调这些因素就可以培育社区感。具体可概括为四个方面：

①社区边界。经验主义的研究显示：邻里是决定居民之间互相影响方面一个重要的因素，互动可能以邻里的空间界线为基础（Mc Millan and Chavis，1986；Ahlbrant and Cunningham，1979）。所以强调邻里边界的设计容易产生共同拥有感，并由此产生社区感。

②社区成员与环境特性（识别性）。通过对社区空间感知的心理层面分析发现，不同的场所对不同的经历人群、记忆都使得场所具有不同的特性、可识别性（如图5-3）。所以，场所感是个体化意义的产物，它与形象同一

图5-3　环境印迹显示了群体生活经历并赋予场所以特性

性的观念，或说个人的自我认同和物质场所相关的意义之间的匹配有关。社区的物质空间特性如果能表达特定的阶层和背景的居民对物质环境的诉求，必然有利于他们对于环境的热爱而产生归属感。一定程度的个性化设计，可以增强住宅对于个体的象征意义和强化社区的特色，避免千篇一律的环境。此外，社区归属感的营造应注意结合地域文脉，重视不同群体的生活模式，以及其使用和评价环境的方式，提高空间的地域特性和居民认同感。

③公共场所的多义性。场所的意义可能因人而异，"时过境迁，步移境异"是对场所动态变化的最好写照。这说明，多样化的环境、多角度的审美、多种活动和多种生活场景并置反倒更有利于场所感的建立，从而获得不同喜好、活动目的以及不同文化背景人们更广泛的认同。正如 Fritz Steele 所见，个人场所如果过于个性化，那么对其他人就几乎没有可利用性。总之，社区场所的空间营造必须在环境的多样性和个性之间寻求一种最佳的平衡点。

④社区成员的社会空间与社区物质空间的对应。从社区的社会空间研究我们了解到社区成员的种族、年龄、阶层以及由此产生的社会价值观的同一性是社区精神营造的重要内容。由此可见，社区规划似乎应将社区成员的空间调控纳入其中，以缩短新建社区中的居民产生归属感所需的"磨合期"。

4.营造特定的社会环境因素

安全感是人们参与日常生活和社会性活动的基本保证，有了安全感人们才会进入公共场所、参与公共活动。所有自发性的、娱乐性的和社会性的活动都具有一个共同的特点，即只有在逗留与步行的外部环境相当好，从物质、心理和社会诸方面最大限度地创造了优越条件，并尽量消除了不利因素，使人们在环境中一切如意时，它们才会发生（杨·盖尔）。

社区安全是居民首要关注的问题，除非别无选择，否则谁也不会忍受生活在不安全的地方。邻里关系源于居民安全感（Newman，1972）。社区安全感对居民的交往意愿产生影响，进而影响社区感的产生，通过改善这些社会环境因素可以提高交往意愿。

社区安全感和安全是相互关联的不同概念。第一,安全总是相对的。台风、地震、洪水能在顷刻之间毁灭整个社区，但人们通常从信仰、哲学、宿命观上接受自然灾害。尽管如此，社区规划还是应对不可抗拒的自然灾害进行预警和布控。第二，社区的居民应免于不必要的交通及其他社区灾难，同时享用安全的水和清洁的空气等等。如果这一要求不能得到很好的满足，其结果就会极大地限制户外活动的类型及时间、频率等。第三个危及安全的是犯罪。有数据表明犯罪率的逐渐上升，特别是暴力和财产犯罪剧增都会降低居民的安全感。总之，安全在一定程度上取决于能否防止危险和生理伤害，对于社区尤其要避免由于犯罪和交通事故而带来的不安全感。

所以，在一个犯罪猖獗的地区，防范就成为一个重要的议题。简·雅各布斯（Jane Jacobs）为解决美国大城市规划问题所开的良方之一便是通过环境设计预防犯罪。她提出的"街头瞭望"成为美国民众家喻户晓的"街道眼"。奥斯卡·纽曼（Oscar Newman）在《可防卫的空间》一书中提出了在特定地区减少犯罪与破坏行为的一揽子方案。建筑的高围墙围合、邻里和睦互助、社区监视和电子监控系统对于防治社区犯罪都具有明显的效果，然而，其社会意义和效果则大不相同。

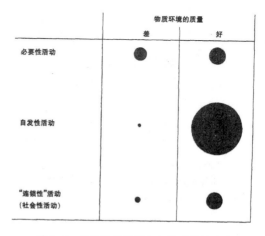

图 5-4　社区活动类型与环境质量的关系

5. 空间功能性与社会性整合

杨·盖尔将社区户外活动简化为三种类型：必要性活动、自发性活动和社会性活动，并认为每一种活动类型对于物质环境的要求都大不相同。他对于户外活动类型与户外空间的质量关系的见解十分中肯（见图5-4）。

①必要性活动 [1]

在各种活动之中，这一类型的活动大多与步行有关。因为这些活动是必要的，它们的发生很少受到物质构成的影响，一年四季在各种条件下都可能进行，相对来说与外部环境关系不大，参与者没有选择的余地。

②自发性活动 [2]

这些活动只有在外部条件适宜、天气和场所具有吸引力时才会发生。对于物质空间规划而言，这种关系是非常重要的，因为大部分宜于户外的娱乐消遣活动恰恰属于这一范畴，这些活动特别有赖于外部的物质条件，只有在适宜的户外条件下才会发生。

③社会性活动 [3]

发生于公众开放空间中的社会性活动可以称之为"连锁性"活动，因为在绝大多数情况下，它们都是由另外两类活动发展而来的。这种连锁反应的产生，是由于人们处于同一空间，或相互照面、交臂而过，或者仅仅是过眼一瞥。人们在同一空间中徜徉、流连，就会自然引发各种社会性活动。这就意味着只要改善公共空间中必要性活动和自发性活动的条件，就会间接地促成社会性活动。由于社会性活动发生的场合不同，其特点也不一样。

杨·盖尔关于社会性活动是必要性、自发性活动的"连锁性"活动的见解，说明了功能空间与社会性空间（交往空间）整合的必要性。社区的社会

---

[1]必要性活动包括了那些多少有点不由自主的活动，如上学、上班、购物、等人、候车、出差、递送邮件等。换句话说，就是那些人们在不同程度上都要参与的所有活动。一般地说，日常工作和生活事务属于这一类型。

[2]自发性活动是另一类全然不同的活动，只有在人们有参与的意愿，并且在时间、地点合适的情况下才会产生。这一类型的活动包括了散步、呼吸新鲜空气以及驻足观望有趣的事情等。

[3]社会性活动指的是在公共空间中有赖于他人参与的各种活动，包括儿童游戏、互相打招呼、交谈、各类公共活动以及最广泛的社会活动。

性交往行为具有自发性、偶然性、连锁性的特点。许多现象表明规划者苦心设计的社交空间并没有如期产生交往行为——那些十分雅致而被零落了的环境正说明了这一点。我们必须认识到这是社区空间规划的缺陷所在。社会性行为恰恰与功能性行为"连锁"和同时发生的几率更多，这些功能性行为恰恰是社会性行为发生的"触媒"。

所以，本书认为物质空间规划在完善社区必要设施的同时，应采取将社会性行为空间与功能性空间并置和"簇团化"的微观空间设计策略，即在任何功能性空间设施处根据居民行为模式"附加"相应交往空间，更有利于激发社会性活动，提高社区活力。如，幼儿园接送小孩的入口处、商场餐厅附设休闲和儿童娱乐空间等等（图5-5），让社区交往随处、随时、随机发生。

图 5-5a　幼儿园入口

图 5-5b　商店附近

图 5-5c　健身设施与亭子

图 5-5d　住宅入口

图 5-5　功能性空间与交往空间并置

此外，社区空间在设计上应充分考虑不同类型居民使用行为与社会交往空间的整合。例如，对于一个纯粹的家庭主妇，她一天的日常行为可能包括去幼儿园接送孩子、打羽毛球、购物、做饭、散步，上述的行为均可能成为她社交中的一个交往媒介。公共空间的设计结合了小区公建、幼儿园等，那么她可能在购物、接孩子等必要活动的过程中认识小区内更多的人，从而产生交往。

三、物质空间要素的规划设计策略

（一）调整社区规模与结构

1. 社区规模与结构的社会性

社区规模的社会性除了涉及从"人本主义"出发形成地域社会的社区自然规模外，还有防止社会分异，促进社会阶层和谐等含义。社区规模结构使社区按照物质秩序、社会秩序和空间秩序三者相辅相成的精神建立"理想的社会空间"（物质、社会、生态、持续四大原则）。它把城市居住生活空间系统的组织结构提高到不仅有优良的物质生活质量和空间景观，并使它能够启迪和陶冶居民追求进取团结、促成新的"邻里精神"的城市居住生活，让空间环境对健全社会生活做出贡献，同时致力于实现基层生活环境的群众自我建设、自我管理、教育、服务，创造一个有利于培育高素质新一代人的居住生活空间系统，促成社会健康发展。

2. 影响社区规模与结构的多维因素与组织原则

——人本生活因素。社区的结构与规模应根据社区居民特定的生活模式来确定。从普遍意义上，这涉及：a、具有"控制感"的有限领域空间——维护居民的"隐私权"，促成居民归宿感、安全感、责任感；b、家庭行为活动空间，如步行 5 分钟出门办事；c、现代生活方式在"开放"尺度空间中不失控。

——社区的培育和社会纬度。涉及根据社区特定居民的空间和人群认知能力范围、交往模式探索不同社区的结构与规模。包括：a. 利于各社会阶层、群体，特别是不同年龄的儿童和老人，找到志同道合朋友所需的人群规模；b. 符合人的认知能力和人群交往的适宜规模。在这一规模里，居民能基本识别哪些是邻里，哪些是外来的陌生人[1]；c. 家庭对儿童活动的控制，个人生活私密性、公共性等；d. 社会交往的人群"自然规模"组织。

——社区开发规模。目前的社区开发以用地范围为规划对象，多根据社区用地规模、区位等因素，采取客户定向的开发模式，形成同质社区和封闭模式，对社区的结构、边界、社会构成影响很大，可以说直接影响社区规划的社会原则。

——社区建设管理。社区规模与社区后期管理建设的关系密切，a. 物质空间反映社会秩序以及空间秩序与社会秩序之间的适配；b. 社区的空

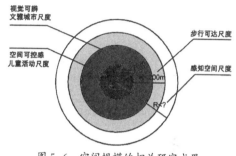

图 5-6　空间规模的相关研究成果

间领域与社会生活行为一致，社区空间领域的界定规模和它的整体性要符合社区社会生活的组织秩序；c. 人群规模和社会生活行为组织的"自然规模"保持一致的组织原则。

——社区设施配置。社区人口规模、阶层、消费水平直接关系到社区设施的配置水平，社区规模对组织完善的邻里公共生活设施、创造邻里公共生活的共享空间（交往权）和提高生活质量有决定性意义。

——社区空间形态的完整。社区中心、边界、场所的营造以及统一整体的建筑艺术空间组织等都与社区规模相关。社区完整的空间形态结构有利于人的交往，促成意念上的"集体观"和感情上的"安全感"，成为居民自我感知其和社区关系的基础，即空间艺术形成精神构架。

——物质复兴。西方的社区更新实践证明，一定规模社区利于社区在生命周期内的物质更新和居民参与。这也是确定邻里单位规模的依据之一。

——社区的影响力。社区作为社会生活组织单位，具有一定的规模有利于参与更大范围的社会活动或针对社区利益展开社区运动，发挥社区成员集体的作用和具有更大的社区影响力。

---

[1] 亚历山大曾经提出合理交往邻里的规模为居民不超过 400 至 500 人的范围。

——社区的自然人文特征。社区地域自然、文化及针对不同居民（阶层、收入）的功能属性等都是影响确定社区规模结构的重要因素。

综上所述，结构与规模受到多维因素影响，只是在不同的情况下，这些因素所起的作用主次会有不同。确定社区结构与规模也要根据上述原则和社区具体情况综合考虑。如从建立社区亲密人际关系角度关注适宜的人口规模（自然规模）、空间的可控性和空间形态完整性；从社区设施配置、管理、物质复兴等角度考虑经济可行性；从人本主义空间感知和视觉、心理学角度考虑空间适宜性、行为便捷等。所以，我们可以认为，社区的规模结构是根据不同社区因素形成的层级、网络，以及二者交错相互嵌套的复合体。

3. 社区规模与结构调整思路

西方从关注"人本"需求出发，重视人的心理、生理乃至人与社会、自然的和谐来考虑规模尺度的研究，已取得许多有借鉴意义的成果。这为我们更好地从"人本主义"出发，考虑建筑、空间、城市的尺度，建立生活环境的亲切、熟悉感，使之符合人性化的需求提供可参考的依据（如图5-6）。

近年来，随着我国市场机制的逐步建立，许多学者，如清华大学的邓卫[1]、北京市建筑设计研究院的白德懋[2]、天津大学的邹颖[3]，以及杨贵庆[4]、王

---

[1] 邓卫教授主张"结合各地实际情况和城市居住文化传统，选择多元化的居住规划与建设方法，以创造丰富多彩的人居环境和城市景观"。转自：邓卫.突破居住区规划的小区单一模式.城市规划，2001(2).

[2] 白德懋在其文章《关于小区规模和结构的探讨》中建议"小区的概念有必要做出相应的修正。其规模应缩小，规划结构也需进行适当调整"。并从城市结构及邻里关系的角度建议"小区的用地规模从十几公顷缩小到6至7公顷，一般不超过10公顷为宜。小区人口规模因受户均面积和住宅层数的影响很难确定，可能在600—1000户，2000—3000人左右。"另外，同济大学的周俭等提出我国的居住小区规模不应超过150米的空间范围或4ha.的用地规模。

[3] 邹颖在其文章《对中国城市居住小区模式的思考》中从社会学角度对居住小区的规模、组织结构进行了有益探索。

[4] 杨贵庆从社区感和可控性角度认为一个理想的社区是以组织一个全日制小学相对应的居住人口规模最为合适，最大不宜超过组织一个中学相对应的居住人口规模。转自：杨贵庆.提高社区环境品质，加强居民定居意识——对上海大都市人居环境可持续发展的探索.城市规划汇刊，1997(4)，17-34.

兴中[1]、杨军[2]、蒲蔚然、刘骏[3]等都根据国情并结合国外相关研究理论对市场机制下的我国社区规模与结构提出许多建设性探讨。总之，学者们对"自然规模"的概念，以及对小区规模缩小上基本达成共识。这些初步的研究和经验为我们更好地从"人本主义"出发，创造适宜的空间环境尺度提供了很好的依据。

目前，我国居住区规划的规范采用居住区—小区—组团的三级规模结构的规定已经难与上述国内外学者的研究取得一致。此外，我们对社区的实地考察（问卷调研、个案走访、观察）还发现：

图 5-7 组团：绿地上常常有丰富的居民活动

[1]提出认可型邻里社区人口规模为 600—1000 户。

[2]杨军.当代中国城市集合居住模式的重构.建筑学报,2002.从空间可控性和交往角度探索社区的自然规模，认为构成邻里间有效交往空间尺度最好限制在 30 米范围内，最大不能超过 100 米，这一尺度与人们的步行交通距离、有效监视距离相吻合。在城市社区中的人数过多会超出人们的有效认知范围，使人们无法进行深入的相互了解。要限定适量的人数，邻里社区必须是一个更小范围的社会"熟知"邻里层次，即 10—20 户，在这个范围内人们可以进行基本群体的交往活动并从中获得援助。

[3]蒲蔚然,刘骏.探索促进社区关系的居住小区模式.城市规划汇刊,1997(4):54-58.认为促进邻里关系的邻里规模在 90 户以内。

（1）组团的公共建筑和设施配置规模普遍过小，已不适应现代生活方式，在市场经济中也失去其存在的合理性，而实际上2000年以来新建的社区中设施配置也已经放弃了组团级别的设施设置，组团的人口规模既不符合设施配置也不符合人群交往的"自然规模"。组团规模300—700户的规定已经超过了心理学上邻里"认知"的范围，无法构成亲密的邻里交往关系。但是，组团绿地作为近宅空间对于周边居民（两排住宅以内）社区邻里关系建设仍具有重要作用，如图5-7所示。

（2）从社区的管理组织设置上，居委会的性质和作用对应组团的社区管理也使得其失去存在的现实基础。而且目前新建社区中活跃的是业主委员会和物业公司，居委会作为政府深入社区基层组织，仅负责社区老人和失业人员的现状，由于服务内容和管辖人口过少也有重复设置的嫌疑。

（3）小区人口规模并非与社区小型化和人际交往的"自然规模"等相关研究结论相符，有必要将小区空间根据不同的住宅类型划分为多个符合"自然规模"的"邻里社团"。这一人口规模相当于我国多层住宅区中由几栋多层住宅或一两栋点式高层住宅围合成的庭院。而且，通过对胡同及四合院等传统空间与当今某些缺乏围合感的单元楼的比较，人们不难发现，围合院落是创造良好的邻里关系的场所。

我们根据社区调研，结合学者们的研究和社区结构规模的多维影响因素，提出我国社区结构与规模调整思考：

（1）确认小区为规模社区开发的物质基本单位；

（2）缩小小区规模，控制小区人口在1000户左右，以设置一个幼儿园为规模尺度，这样多层住宅小区的用地规模在6公顷，高层住宅小区4公顷较为合适，中心绿地结合幼儿园和公共设施成为小区中心；小区四周以社区内部可穿越的网格道路为边界，与物质构成上的"街区"重合。

（3）多个"街区"构成社区，社区的边界以城市干道为边界。为了区别一般意义上的社区，结合目前城市交通规划，我们将一个城市干道网格适宜尺度约500m×500m范围的社区称为基本社区。其与城市路网单位（对于社区来讲它是一个刚性的限制条件）对应成为城市空间基本单位。

（4）取消组团级别的设施和绿地配置规定。

（5）院落作为社区人口"自然规模"单位的概念，可作为小区的下一级空间存在，则最能体现地域文脉的空间层次（胡同、里弄、四合院都属于这一层次），在规划法规中将配置近宅绿地和健身设施作为指导原则。

这样，我国传统的"居住区—小区—组团"的三级划分模式调整为"基本社区—街区—院落"的规模结构，每个社区中设置公园或学校。在概念上与城市交通干"道"、社区的生活性的"街"道以及亲密围合的院落相对应。

（二）审视社区设施的布局

1.社区设施的社会性

（1）社区设施性质、分类

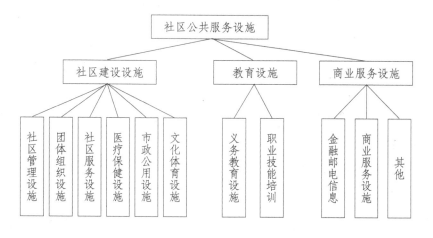

图 5-8　社区公共配套设施分类

《城市居住区规划设计规范》关于"公共服务设施"一章规定："居住区公共服务设施（也称配套公建），应包括：教育、医疗卫生、文化体育、商业服务、金融邮电、市政公用、行政管理和其他八类设施。社区中的公共服务设施根据配套公建的性质可分为三类：一是社会公益性质，不以营利为目的，没有特定的受益者，而是面向小区全体居民，例如文化活动站、公共厕所、为居民服务的各类行政管理机构的业务用房等；二是社会事业性质，虽不以营利为目的，但有特定的受益者，例如托儿所、幼儿园、中小学等；三是商业服务性质，以营利为目的，通过自主经营活动既方便群众、又获取收益，例如粮店、菜场、饭馆、门诊所、储蓄所、收费停车场等。性质不同的配套公建，理应有不同的建设资金提供方式。从社区建设角度可将社区公共服务设施分为社区建设设施（社区管理、服务、文化、医疗、市政公用设施）、商业服务设施、教育设施三大类，如图 5-8 所示。

（2）社区设施的社会性

规划与建筑学科关于社区规划的社会纬度有三个中心议题：

其一是空间的社会性，即社区空间与社区培育关系问题。多年以来，我国对社区感和社区归属问题的研究多限于空间形态和空间布局方面，又以空间与交往为中心议题。我们对 2003 年以前的各大规划建筑院校硕、博士论文的社区研究选题统计表明，85%集中在空间形态与交往领域，一般认为公共设施的频繁使用可促进社区交往。

其二是社会空间结构与社会整治问题，即社会阶层在空间中的分布与整合。一般认为可以通过设施的布局进行社会空间整治。社区内的设施平衡有利于体现社会公正公平，并且可以减少社会阶层空间分异的程度。我国许多学者也认为进行社会空间异化整治的策略之一就是通过增加低收入阶层社区的公建设施来实施社会空间结构调整。

第三个议题是社区规划过程中的社会参与问题。社区规划的公众参与问题与规划师的角色与分化问题最近成为我国规划建筑学科的热点问题。2004年 4—6 月的国内各规划建筑杂志几乎都对此专题刊登了大量文章。学者们对于我国社区规划参与的表面化，或说无实质性参与的现状都有共识。究其原因，许多专家认为是居民缺乏参与意识，或缺乏实质性的集体参与。

上述三个社区规划社会性的中心议题都与社区设施密切关联。

经社区调研发现：目前的社区设施规划在脱离了"单位制"所谓的"小而全"模式，奔向市场化和社区社会化的过程中，正在出现一种过度社会化和市场化倾向。一方面社区商业设施大大丰富，另一方面，在利益驱使下，社区非营利的社会性设施却日益贫乏。这与居民生活需求和建设适宜人居环境的目标背道而驰，并且存在许多社会问题隐患。因此，本书提出了社区设施的"属地化"概念，从人文社会视角解析社区公共设施，特别是社会公益性设施配置的"属地化"对于社区规划参与和社区培育的意义，并从发挥社区组织作用的角度提出社区建设设施中心化布局的主张。

2.社区公共设施的布局原则

（1）社区建设设施的中心化布局

社区组织，无论是正式组织还是非正式组织都是社区社会网络最重要的、最有意义的构成部分，是社区信息、服务和居民参与社区管理的灵魂和中枢。正式组织（居委会、业主委员会、物业公司）作用的发挥，以及非正式组织（各类爱好团体、协会）的培育对社区活力、社区文化服务、社区凝聚力具有重要意义。经过对明德门社区各类体育活动团体的走访调研看，非正式组织的活动提高了居民交往的质量，促进了较高层面的居民互助，甚至发展到包括找工作和辅导孩子学习等方面。而且这些社会团体的活动也发展到其他社区，拓展了社区交往的网络。所以，社区规划应重视发展非正式组织，并致力于为其提供丰富的设施、聚会场所和活动场地。然而，在社区调研中发现：在20世纪90年代后期以来建成的社区中，除了物业管理设施外，其他社区管理和组织设施不全，或面积不足、布局不合理的现象十分普遍。如西安明德门社区业主委员会的活动室竟然设在地下室。经过对西安5个1996年后建成的社区调查显示，80%居民不知道居委会在哪儿，甚至不知道社区有没有业主委员会。这一现象本身说明社区组织的萎缩和不健全，也居民对社区组织不重视，使其不能更好发挥作用的根本原因之一。

社区公共设施提供的不仅仅只是服务，它也是社区自豪感、认同感、归属感的重要物质基础，其中社区建设设施包括的社区组织管理设施是社区组织发挥作用的基地。鉴于社区管理机构对社区组织文化生活具有重要的建构作用，所以，物质规划应给予社区公共设施相应的中心地位和塑造象征性的形象。

如何设置社区建设设施体现社区组织的中心作用？我们从德国的邻里组织设施规划可以获得的启发是采取"社区建设设施的布局中心化"策略。1930年德国在国家社会主义时期就认识到在城市规划、物质配置和密切人民意识之间的直接关联。美英的邻里单位规划传到德国后，德国结合城市组织服从政治结构的观念，将党的建筑布置在一个中轴线上。邻里单位在德国发展成为有机的个体——当地组团[1]（local group）。德国这种将意识形态组织与邻里划分相结合就是给予社区象征地位的反映。所以，要发挥社区组织的作用应从物质上提供支持，体现社区组织的中心地位，即社区建设设施中心化。C. 亚历山大也认为："社区当地管理机构必须位于人人看得见的、人人都会去的醒目的地方，因为提供一个政治管理'心脏'，即具有吸引力的政治中心是一个社区管理的重要部分。"[2]

图 5-9　杭州的采荷小区的社区管理中心

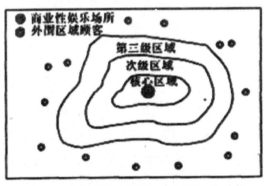

图 5-10　设施邻近性与顾客群的"圈层"结构

从总体布局上，应将社区建设设施布置在社区入口（如图 5-9）、社区中心、中轴线等显要位置。此外，还应注重其建筑形象的象征性、标志性，其周围还应附设社团室外活动场地等。这些措施在强化了社区组织形象、提高社区设施象征性、可达性的同时，也可以激发一种集体荣誉感。

（2）设施的"属地化"布局

① "属地性"原理

研究表明，公用设施、商业性娱乐设施的顾客群呈现以邻近性为参考系的"圈层"结构，如图 5-10 所示。商业性娱乐设施 50% 的顾客来自核心

---

[1]德国"当地组团作为邻里细胞"的观念战后重建过程中传到西方转化为西化民主的邻里单位称为"estatenode""细胞"或叫"结点（node）"。

[2]C. 亚历山大. 建筑模式语言（下）：209.

区域，25% 来自次级区域，10%—15% 来自第三级区域，另外 10%—15% 的顾客群来自外围。我们在社区调研中就"超过几分钟的路程，你会选择不在某处消费？"征询居民意向时发现，对于商业设施回答 10 分钟以内的居民占 70% 以上，而且休闲、健身等日常生活设施的邻近性与使用频率的关系更加密切。这种以邻近性为参考系的公共设施使用频率的"圈层"结构表现在社区设施配置上可称之为"属地性"。

（2）"非属地"现象及其根源

与"属地化"相对的是"非属地化"。城市日常生活的微小变化都可体验到我国目前社区设施的非属地变迁趋势。"以前，想踢球，随便到谁家楼后，就能找块空地；现在，要真想踢，您得掏银子，去体育馆；没车、住得远您还甭去了，要不还得往里搭点银子坐公交车，更得受得了挤车那份罪……"[1]

总结起来，我国社区设施的非属地现象主要表现在以下两个方面：一是配置"非属地"即社区设施配套不全或严重缺乏。这在 80 年代以前的老社区中普遍存在，而 90 年代后建的新社区也屡见不鲜。社区设施依靠市场调节造成厚此薄彼的现象，如商业设施过多，社会公益事业性设施不足。此外，社区中的配套设施在社区空间领域内，但其服务内容及收费标准超出社区的需求，如经济适用房社区中建设高档会所，再如普通社区中的贵族学校。实质上，这类设施已从社区的空间领域中"脱出"。社区设施的非属地现象导致的直接后果是社区难以完善社区日常生活的功能，居民的生活需求不能在社区内得到满足而被迫社会化。二是管理"非属地"，即社区成员对社区设施没有管理权（详见第六章）。

（3）非属地现象的社会性

"注重效益、兼顾公平"的幌子下，社区规划往往无暇顾及公平而一味注重经济规模、效率和管理方便，转向一种集中设置倾向，谓之设施"整合"。如设施的管理、人员配比、建筑用房的配制等所谓的规模效益。具体表现在

---

[1] 强暴生态跟人较劲：谁是不适合人类居住的城市，http：//cn.realestate.yahoo.com/2004-05-2117：24PM.

三个方面：一是对服务人口规模的偏爱，对空间尺度的漠视二是对设施规模大型化的青睐，认为小规模不利于形成规模效应和不利于经营，杭州某小区34个班的小学就是典型案例之一（以下详述）；三是对设施集约化和塑造"中心"的一厢情愿。如体育中心、商业中心、公园等，许多本应属于社区和地域空间的公益设施都在"效益"的驱使下，从城市地域社区脱离，在城市空间中形成各类所谓的"中心"。这种所谓的"整合"与提高服务质量的真正动因是局部经济效益驱动——姑且称之为"本位效益"。

此类所谓空间整合下的物质空间结构并没有与人们日常生活时空结构和行为轨迹整合，没有与人们生活的真正需求结合，反而削弱了社区生活的地域化。规模效益的背后隐藏的是居民使用便捷和社会总体效益的折扣。在杭州调研发现，某社区小学被集中成34个班设置在相邻社区，小学服务半径超过2千米，学生上学需跨越三条城市干线。因此出于对孩子安全的考虑，离得远的家长必须在上下学时接送孩子，常常造成学校入口处的道路人车混杂、交通阻塞。这样，迫使离家近的家长也非得去接送小孩，又进一步增加了交通的阻塞，居民对此十分不满。一个家长道出了他们由此带来的不便："以前小学设在小区中，学校离家较近，孩子上学不用家长操心接送。自从小学搬迁后，必须去接送。因为上班和接送孩子不是在一个方向增加了3公里路程，早上必须比以前早起45分钟，生活太累了！"此外，在接送小孩过程中发生的种种事故，如拥挤产生的邻里吵架、自行车与小汽车家庭的对立、公车私用等社会不良现象也对孩子的社会认知造成了不良影响。可见从"设施规模效益"出发造成居民使用上的不便和由此导致生活的艰难、总体社会效益的巨大而隐性的损失都不能仅以"规模、集聚效益"弥盖之。

从经济效益，特别是"本位效益"出发的设施配置除了学校、医院这类必需的公共设施在使用上的非人性化外，许多设施则降低了其使用效率。由于使用者人群的匿名性和群体规模巨大，都使得这些"中心"除了短暂的"趁墟"式的热闹外，没有给社会交往和社会整合创造任何机会。另外，因为这些中心所辐射的地域空间已超出居民认同的地域社区，人们对它没有拥有感，可见集中化设置也不利于设施的集体维护。

如果说老社区的设施不全是历史遗留所致，那么新建社区造成设施配置不全而导致的"非属地"的主要根源是市场失灵和政府对市场监管不力。我国相关建筑法规对于社区空间设施设置及其产权、管辖权的规定模糊，加之法规执行监管的缺失，致使许多公益事业性设施的建设甚至不及80年代的社区。而在"注重效率、兼顾公平"原则掩护下的"本位效益"驱动与"集约化"和塑造"中心"的非人性价值趋向不谋而合，致使现在的社区设施设置有一种不良的"非属地化"趋势，特别是在土地和住房供应相对紧缺的城市。如杭州，"房荒"使得供求双方地位不对等，居民丧失选择社区公共设施配置的主动权。此外，自上而下的集中式管理方式，如学校系统由教育系统管理，而非地域社区自己管理，加之各种利益纷争都造成社区设施的"非属地"后果。

（4）布局原则及其规划配置

与"非属地化"相对，本书提出的社区公共设施"属地化"包括三个相互关联的方面。

a. 社区公共设施配置的个性和丰富多样性，既要针对社区不同的消费群体设置个性化的设施，又应注重设施多样化选择。由于每个社区或者街区的人口是有限的，设施配置的个性、针对性即应该面对社区大多数居民的消费水平和生活需求。多样化与个性化双赢的方法在于设施资源的有效整合，即基本社区内不同街区的公共设施向其他街区开放和共享。公共设施布局在社区边界已证明便于设施共享和提高利用率。

我国有学者认为在小区配套存在"低水平重复建设、低效率利用"问题，但是我们得承认其中许多是因为没有良好的社区规划管理造成的。从社区动态发展来看，随着我国人均GDP突破1000美元，逐渐进入消费社会，我国的社区公共设施配置陈旧和不足在社区刚建成不久就显现出来，对比发达国家的设施增长势态（图5-11），我们也能发现设施需求的迅速增长趋势。所以，目前我国某些社区设施的表面过剩是相对于居民生活需求的变化加之空间设施的非属地管理（见第六章）而没有很好地整合所致，而非设施的真正过剩。暂时过剩的设施完全可以进行改建满足社区成长过程不断出现的新需求（图5-12）。这种转变是社区生命周期和人的生命周期对设施动态需求的反映。目前有些学者主张社区预留发展用地也是以动态满足社区生命周期中居民生活需求为出发点的。

　　b.社区公共设施空间分布均匀性和空间、规模的人文尺度，包括步行可达性和使用人群规模适宜性。芒福德对中世纪的城市规划极为赞赏，因其体现了城市有机性和人文关怀[1]。中世纪城市设施的布局实质上是一种分散的、均布的、与生活时空有机结合的属地化格局，是被目前所谓的效率原则讥讽为"小而全"的模式。然而，它是真正以步行为导向的、人性价值取向的社区设施地域空间化布局。

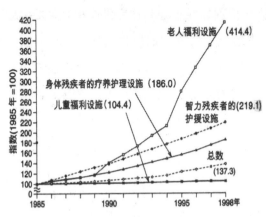

图5-11　日本社会福利设施的变化趋势

图5-12　幼儿园改建的敬老院兼餐馆深受居民欢迎

　　c.为了符合规模经济的原理，社会公益性设施布局社区属地化设置可以采取多功能、综合小型化取向。如将社区成年男性空间（如酒吧）、女性空间（健身、美容）、青少年、老年、儿童活动中心综合为小型社区会所，幼儿园、中小学也可以综合设置。这样设置有明显的社会优势：每一种功能设施的人群使用规模都很小，

　　[1]在《城市发展史——起源、演变和前景》一书中，他写道：关于建筑物的大小尺度，中世纪的建设者们倾向于合乎人体的尺度，……一个救济院只可收容7—10人；一个修女院开始时也许只为十一二个修女设立；医院规模很小，一般不建为全城居民服务的大医院，常见的是为两三千居民服务的小医院。同样，教区教堂的数目也是随着城镇的扩大而增加，而不是在市中心建几个大教堂。这种城市重要功能的分散化，防止了机构上的臃肿重叠和不必要的来往交通，使整个城镇的尺度大小保持和谐统一。

有利于设施维护和社会交往，综合在一起又具有规模效益；不同年龄居民及其在整个生命周期的使用，必然有利于提高人际交往的质量；还可以促进社区活动的家庭化，增进家庭成员的理解，减少现代社会日益加剧的家庭人际代沟。

3. 社区公共设施供给方式与规划建议

关于社区公共设施的建设与提供方式，我国学者已经提出市场化的思路。此外，对不同性质的公建项目在指标体系中应做出不同的安排也十分必要。一方面，对于绝大多数居民需求的公共设施在指标中应给予明确的规定，特别是社区建设设施、教育设施，确保其配建实现均好性，从而满足全体居民的基本生活需要。

另一方面，在市场经济的发展过程中，由于经济收入、文化价值取向、年龄结构的差异等导致城市社区居民分层日益明显。需求分化导致需求弹性很大的设施，则可以针对不同档次的社区确定一定幅度的弹性标准，将能由市场配置的项目交给市场去运作，以市场机制来配置。例如大多数的商业、服务类设施，居民需求不仅在内容上，而且在服务质量上也会有不断变化的要求，因而市场配置往往比计划措施要有效。对这类项目的配建指标大可不必规定得过死过细，需要规定的可能只是一个上下限的幅度，其目的是为防止因市场主体对于利润最大化的追求，导致产生负的外部效益。学者赵民、林华[1]、邓卫、高朋都以不同的方式表达了这一看法。

市场是以效益和利润为导向，社区（建设）公益性、事业性（教育）设施目前在现实社区开发中容易被开发商在以各种理由与政府、消费者的博弈中"漏建"。如图 5-13 所示，根据居民对设施的需求状况的调研结果[2]，儿童游乐场的需求支持率仅为 17.4%，开发商

名称	支持率
宽带系统	52.9%
图书馆	42.8%
小区巴士	30.2%
洗衣店	23.8%
网球场	19.5%
老年活动中心	15.8%
便利店	51.6%
健身房	40.3%
游泳池	28.9%
可视门铃	22%
儿童游乐场	17.4%
钟点保姆	15.6%

图 5-13　对杭州居民社区设施需求的意愿调查结果

---

[1] 赵民，林华.居住区公共服务设施配建指标体系研究.城市规划，2002，26(12)：72-75.

[2] 参考 2003 年 12 月 9 日《钱江晚报》的调研结果。

可能会根据购房者的设施需求的强烈程度，不提供儿童游乐场和学校。而实际上从社区调研来看，如果将儿童游乐设施设置以理想半经 100 米[1] 为标准测评社区儿童设施配置的话，仅有 5% 达标，且不说其设施环境之不尽人意。而那些只盖楼，不建校，又无人监管的现象更是比比皆是。2003 年杭州房展博览会新建楼盘中的公共设施配置，如表 5-1 所示，商业会所远比学校受开发商青睐。可见，在注重经济效益的同时，服务的公平与公正等社会目标极有可能被忽略，所以，从规划管理上应注重体现对社会公益事业性设施的特别重视。具体可采取如下措施：

（1）规划法规应对社区教育设施、社区建设设施的设置严格按规范强制执行，而不是"应该"配置。因其关乎社会公正和社会总体效益，所以应该离经济效益越远越好。以新加坡为例，政府在社区建设法规中规定：每 600—1000 户居民组成一个住宅小区，内设居民集会场地、体育运动和儿童游戏设施；每 3000—7000 户组成一个邻里中心，内设商店、市场、摊贩中心，以及政府经营的医务所、托儿所、房屋维修和管理机构；每 3 万—5 万户组成新城镇，即社区中心，其必须拥有商业中心地带、百货公司、超级市场、银行、图书馆、电影院、室外运动场、游泳池、专科学校和医院。政府对这些硬件的规定实际上是强制性地推动社区基础设施的建设。

表 5-1　2003 年杭州房地产博览会新建楼盘中的设施配置

楼盘名称	规模	幼儿园	学校配置	备注
钱江湾花园	2000 户	1 个 6 班幼儿园	无	会所
西溪风情一期	2000 户 /1000 亩	1 个 6 班幼儿园	无	会所
耀江·文鼎苑	一期 3200 户，二期 1500 户	1 个 12 班幼儿园	1 个小学校	会所
全都·华府	980 户 /80 公顷	无	1 小学 1 幼儿园	19 幢高层、会所
萧山白马公寓	2000 户 /11 公顷	1 幼儿园	无	高层、会所
南都银河	1000 亩	无	无	高层、会所

---

[1] 日本建筑学会. 建筑设计资料集成（综合篇）. 中国建筑工业出版社，2003.

（2）在规模开发中应对于教育设施的收费标准、办学方式做出规定，使之符合社区居民的承受能力。

（3）对于市场失灵和监管不力出现的问题，最佳的措施是转变土地出让机制，变生地出让为熟地出让。即在土地出让前，在现场周边环境调研的基础上，根据"属地化"配置的原则，确定社会性、公益性设施的设置规模和位置；经过统一规划，由政府将社区的公益事业性设施建好后，将相关成本核算由社区居民共同承担的部分转换成地价，再出售给开发商。这样，既可以保证新建社区设施完备，又可以减少监管的成本。

（4）制定有效的"属地化"规划管理标准。以教育设施为例，过去以社区结构和用地规模决定设置学校及其规模，转而以适宜服务半径（如幼儿园150米，小学500米，中学1000米）和服务水平（教学质量、上学便捷安全，如不穿越干线）为控制。这样在城市不同区位，以及成片开发和建成区中插建新社区中都有利于规划控制和管理社区设施的人性化布局。如对就近上学这个问题，日本政府就明确规定，从家里到学校步行不能超过10分钟，这比我们现行的一些规定更容易操作。

（三）优化社区交通

1. 社区交通社会性的提出

现代社区交通规划的原则大致经历了从关注交通的安全性到关注社会性的转移，相应的交通规划理念演进也从人车分流的规划思想向人车混合理念模式的转化。随着可持续发展理念的提出，步行交通和公共交通又被提高到社会、能源环境可持续发展的高度。

人车分流思想是为解决不断增多的小汽车使用产生的人车混杂、交通拥挤和安全问题而提出的。人车分流思想的发展伴随着对社区的结构规模、空间模式的调整进行了调整，同时在交通路网、道路分级、功能分区等方面进行了一系列的变革。至今仍比较有影响的人车分流规划思想有：佩里的"邻里单位"、克拉伦斯·斯泰恩等的"雷德朋体系"以及屈普的分级划区构想。

人车分流通过设计提供分道运行或加掩蔽的路线。随着车流量增加，道路变得难以跨越也成为沟通的一种障碍，影响了人与之间的沟通，所以交通的社会性被了提出来。此外，社区实证研究证明，人车分流虽然解决了人车之间的尖锐矛盾，提供了安全的生活，但在车行道上，只有车辆匆匆而过，使得车行道冷冷清清,案发率很高。1963 年,亚历山大和车门合作出版的《公共性与私密性》以及简·雅各布斯所著的《美国大城市的死与生》都以不同方式对小汽车带来的居住空间私密性和城市街道生活性被破坏提出批评。

基于上述对人车分流交通的社会性认识，社区规划理论开始重新审视人、车彻底分离的交通体系。怎样既解决交通问题又利于建立社区生活成为此后社区交通规划的目标。由此，可达性和人车混行的新构想被提出。

（1）"可达性"和"空间交往"并重的模式。1965 年的"布恰兰（Buchanan）报告"提出城市道路的功能不仅限于交通，还应包括"可达性"和"空间交往",居住区内道路更应如此。因此,他提出了"集散道路"和"居住环境区"的概念,并形象地把它们比喻为建筑物中的走廊与房间的关系。其中强调"应当把人人均可在其中徒步活动、无须提防汽车的房间——居住环境区，与有效的分散城市交通的城市走廊——集散道路网严格区分开"。如图 5-14 所示。

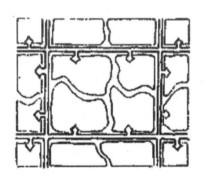

图 5-14a　布恰兰报告中的细胞　　　　图 5-14b　集散道路和居住环境

图 5-14　布恰兰报告中细胞集散道路的模式图

（2）人车混合的模式——汽车与儿童游戏共存的规划思想。荷兰埃门大学城市规划系教授波尔认为使各种类型道路使用者都能公平的使用道路进行活动是改善社区的关键因素。1963 年他探讨城市街道上小汽车使用和儿童游戏之间冲突的解决办法，研究的目的是想重新设计道路使得这两种行为共存。他尝试取消居住区的尽端路——纯粹的步行道设计，采取人车混行的方式，汽车停放在经过精心设计的道路上，在道路上设置了活动空间，被称之为"Woonerf（居住院落）"，如图 5-15。这是一种有效的人车共享的道路空间设计手法，而且部分小汽车可以停放在道路旁边的适当位置上。

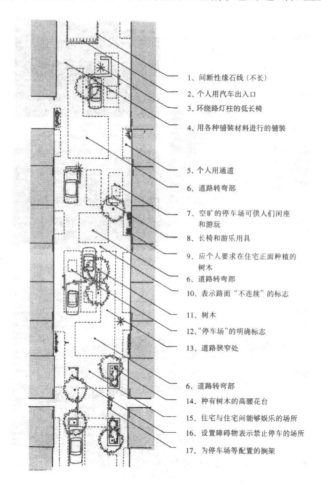

1、间断性缘石线（不长）
2、个人用汽车出入口
3、环绕路灯柱的低长椅
4、用各种铺装材料进行的铺装
5、个人用通道
6、道路转弯部
7、空旷的停车场可供人们闲座和游玩
8、长椅和游乐用具
9、应个人要求在住宅正面种植的树木
6、道路转弯部
10、表示路面"不连续"的标志
11、树木
12、"停车场"的明确标志
13、道路狭窄处
6、道路转弯部
14、种有树木的高腰花台
15、住宅与住宅间能够娱乐的场所
16、设置障碍物表示禁止停车的场所
17、为停车场等配置的捆架

图 5-15　人车混行的"居住院落"

2. 社区交通现状调研

社区交通现状调研的目的是发现我国社区交通规划中存在的问题，所以我们统一选择"小区"为调查对象，一方面是因为小区是我国居住社区的主要空间单位，另一方面小区之间的道路一般定性为"城市道路"。交通实地考察选择我国具有可比性的东部省会城市杭州和西部城市西安两地对比研究，主要针对各小区的交通停车现状和社区生活的关系进行了调查。选定的社区包括 20 世纪 80、90 年代以及 21 世纪新建的高、中、低档类型社区，在调查研究的基础上形成研究结论。下面是有关调研结果：

西安明德门社区现状调研

社区概况：明德门社区始建于 1996 年，社区以多层（7 层）住宅为主，属于普通住区，总用地面积 616 亩，分为南区、西区、北区三个街区，每个街区用地约 250m×250m。

社区原交通规划要点：（1）修建城市公共停车场满足停车需求；在北区修建了能容纳 35 辆左右的地下停车场，地下停车场与北区中心绿地结合设计，能解决部分的停车需求，社区中心的公共绿地下修建了能容纳 194 辆车的地下停车场；（2）采用了"层级式"的交通路网；（3）社区的公共汽车交通可谓十分便利，这里有 401 路、704 路、30 路、321 路等多个公共汽车的站点，几乎与城市各区相连。

明德门社区的交通规划和存在问题都具有很强的典型意义。

明德门社区北区：由于物业管理不加限制，停车以内部、路边停车为主；社区主路停车数量较多，组团支路停车数量相对较少；地下收费停车场停车量很少（管理人员介绍每天停车不超过 10 辆）。每到夜晚的时候停车数量达到高峰，而白天停车数量相对较少，工作日和休息日的停车数量没有太大的变化；路边停车基本没有管理，处于一种任意停放状态。但是由于社区的车辆不多（约 50 辆），居民对社区内

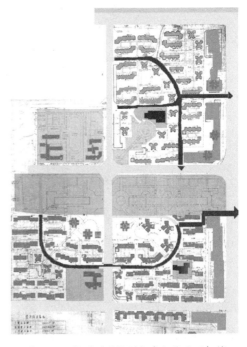

图 5-16　社区道路规划与实际使用不相符
（黑线为实际居民出行路线）

部随意停车没有很大意见，也没有对社区生活造成很大影响，社区街道生活十分丰富。

明德门社区南区、西区：南区和西区相邻，交通采取半环形道路与社区干线相接。社区汽车拥有量增长很快：2002年约有200辆，2004增加到350辆，目前夜间停车高峰时段，几乎所有的社区外部干线上的车位已停满。但由于原规划汽车禁止进入小区内部，社区的室外生活十分活跃，邻里交往频繁。社区汽车均停在小区外部的社区干线上，由于小区的规模不大，汽车用户步行100—200米回家。

社区居民出行以公共交通为主，由于社区采用道路层级结构，由于规划时未考虑到小区居民乘车点便捷需求，所以目前南区居民实际步行出行乘车的南区出入口并非与设计社区入口相同（如图5-16）。"非典"时期南区这一出入口曾一度封闭，但是在居民强烈要求下最终还是开放了。这一突发性事件导致的这一出入口从封闭到开放的过程更能显示社区出入口设计中考虑出行便捷的重要性。从未来发展来看，明德门南区、西区社区停车紧张将成为难题，当社区交通干线和车库停满后势必向社区内部延伸，影响社区丰富的室外生活。

西安紫薇花园社区现状调研——车的海洋，人的荒漠

社区概况：紫薇花园位于西安高新技术产业开发区内，属于城市的二类居住用地，它于1998年建成，属于高档住宅区。社区以4—6层的多层住宅为主，沿街布置高层商住楼，居住密度较大。

社区原先交通规划：社区与城市其他区域之间有多路公共汽车相连，可谓交通方便。但是，社区居民小汽车拥有量较高。社区车辆停放规划经过了认真的考虑，主要分为两种情况，一种是社区内车辆进入社区内部停放，另一种是来访车辆在社区外与绿地比邻的道路路边停放。社区的主次干道并不是很明确，尽管采取了尽端路的规划方式，但十字网络式道路系统无形中给汽车的任意流动创造了便利。社区内规划设置了一个能停放42辆汽车的停车场（水泥地面）。

现状存在问题：根据调查统计，紫薇花园社区停车总量约256辆（包括

图 5-17a　社区入口处

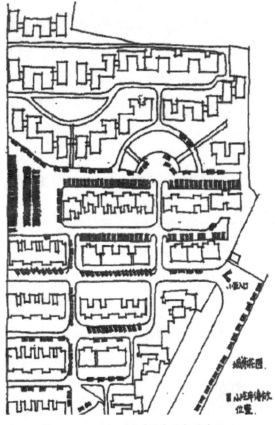

图 5-17b　下午 5 时（星期日）停车状况

社区外停放汽车）。物业管理部门的资料显示，社区中私家车约占车辆总数的 78%。社区内的停车量变化有一定规律：晚上为高峰期；工作日时，早上停车数量开始逐渐减少，到晚饭以后停车数量开始增加；到 24 点左右，社区基本上已经没有空余的停车位。由于社区内停车位有限，社区停车主要以小区内、路边停车为主，大量的汽车占据了宅前宅后的道路空间，见图 5-17。社区的地面停车数量已经达到了极限，有些区内车辆不得已只好停放在社区以外的来访停车位上。住宅和居民都处于汽车停放的"海洋"中，居民除了可以在汽车占据大半道路后留出的夹缝中穿行以外，难以开展任何室外活动，哪怕是路边的停留交谈都不可能，严重影响了邻里之间的交往和儿童游戏活动。我们多次在紫薇花园社区调研都没有发现儿童游戏的场景，这种状况与明德门社区完全相反。

杭州翠园二区——内部道路停车，擦出火花

调研中，据社区管理人员反映：由于 20 世纪 80 年代建成的社区没有考虑车辆停放，近年来随着小区汽车拥有量增多，每到夜间所有的社区内部干线和大多数社区支路全部停满小汽车，影响居民户外活动。此外，由于汽车停放位置不当（拐弯处、路口），经常发生自行车与汽车擦撞引发的居民争吵，影响居民关系。

杭州中江都市花园——区车位争夺背后的危机

中江都市花园，位于环城东路与体育场路交叉口，属高档住宅小区。私家车数量增速惊人，2000 年小区仅有 70 多辆车，但到了 2002 年 7 月，私家车增加了近五倍，小区住户几乎家家都有车，最多一户竟有四辆私家车。小区居民共 300 住户，私家车却已达 400 辆，但固定车位才 180 个，加上道路临时车位120 多个，车位共有 300 个。小区地下车位停满以后，物管公司就在小区内部道路上划出一些固定车位，以每月 100 元出租给户主。一些临时的停车点，则实行先到先停。结果一到傍晚，中江都市花园内抢车位成了住户们下班后最急切的事。无车位可租的住户，每天看哪里有空车位停哪里，而租了车位的住户回家时发现车位

图 5-18 消极空间停车

被人挤占，为此引发小区居民纷争不断，大大影响了邻里关系。为争个车位，住户间冷眼相向，越来越冷漠。停车车位之争，目前正由小区内转向小区外，引发周边小区不满。

杭州社区停车总体状况调研——凸现社区规划停车法规落后

2003 年 10 月杭州第 5 届人居房地产展览中，汉嘉机构市场中心随机抽样调查了 1200 个意向购房者的居民停车需求，采取 SPSS 统计方式，统计显示：66.8% 的购房者需要一个车位，4.7% 需要 2 个车位。这一调查结果和上述社区调研都显示了现有社区规划停车法规落[1]后，也导致了杭州新建小区的车位规划依然落后。杭州新开发的住宅区，每户车位规划约为 0.5 个，别墅也只有 1 个。杭州普通住宅和高档住宅分别为每 10 户和 2 户设置一个小汽车位[2]，已供不应求。在我国经济发达地区一户两车、三车的现象已悄然来临，停车危机已提前到来。新建小区车位规划必须认真考虑住户的需求，而相应的法规也必须重新修订，以适应未来汽车增长的趋势。

3. 社区交通规划问题的解决思路

小汽车进入家庭和汽车交通的迅速发展成为社区规划必须要面对的问题。社区规划在考虑人车交通的矛盾和汽车停放问题的基础上，必须解决社区交通产生的对社区社会性活动的干扰问题。根据上述社区交通调查结果的对比分析，形成以下针对社区交通规划的一些思路：

（1）交通组织方式：人车分流还是混合式应视社区具体情况而定。

人车交通的矛盾在于人车混合造成的危险，特别是交通高峰的上下班时段。汽车停放的焦点主要是大量汽车停放造成景观破坏，占用绿地面积和阻塞交通，解决人车交通矛盾的途径是人车分流，包括平面和立体两种分流方式。立体分流方式常用于高层居住综合体，将人车在地下、地面、地上两层或多层分流。大量运用并效果良好的是目前住区中常用的平面分流方式。人车分流是我国的集合式社区交通组织的首选，人行道和车行道之间以及住宅院落之间的"消极空间"用于组织交通和停车十分有效，可以兼得街道生活

---

[1]现有小区停车管理的法律法规只有两部。1998 年由国家交通部和建设部联合制定的《停车场规划设计规则》规定：高级住宅要求以 0.5（车位／户）比例配置机动车停车位，普通居民住宅要求以 1.0（车位／户）比率配置自行车位，对于机动车车位配置并无要求，这显然已不合时宜。

[2]据杭州《钱江晚报》调查结果。

和停车便利（图 5-18）。

人车混合交通是一种新型的交通观念。但是，在我国市场化的集合式社区中，由于人口密度大，汽车保有率迅速上升，这种模式从长远来看反而会降低交通效率和造成对社区街道生活的干扰。但是，在人口密度较低的别墅社区、小汽车的拥有量较低的社区，在不影响交通效率和街道生活的情况下，人车混行的"乌纳夫"（Wooneff）原则，即在以步行和自行车为主的街道上允许慢速的机动车辆通行，是对社区内部街道一种显著的改善，且住户小汽车可方便地停在住宅附近（图 5-19）。

步行交通是构建社区户外生活和营造社区活力的重要举措。步行交通由于速度慢、不受道路限制更利于接受环境传达的信息以及与环境互动，如人与人之间打招呼、交谈、欣赏景观、随时参与"自发性"社区活动等等。在步行道上的游戏和活动，使得社区生活充满生机和活力。社区规划中应设计专用的步行道路系统，并且将步行路径与社区的内部生活设施（购物、上学、娱乐等）和居民外出乘车点、出入口设置加以统筹规划，在提供便捷舒适路经的同时考虑沿路景观，特别是人文活动

图 5-19 日本千叶县浦安市入船西房地产的 Woonerf 实验，深受住户欢迎

场所结合步行路线进行合理组织可以大大吸引人们的步行兴趣和步行路径的选择。

（2）路网选型应各取所长，入口设置应考虑出行便捷。

社区路网布置类型根据用地的规模、形状、规划结构等因素可有多种方式：方格网街廊、环路式、尽端式。环路式优势是可阻碍社区内部与社区无关的外部交通穿越；方格网街廊可以确保交通的可选择性（为新城市主义推崇）和社区的可穿越型；尽端式则可以杜绝社区基本单元的空间领域不受干扰。

结合社区规模层级、内外部交通、道路层级等概念，我们认为：社区交通无论是人车分流还是混合在实施上要将多种道路形式各取所长地应用在不同层级的社区道路中。其共同特点是：基本社区中街区间的街道宜采用方格网街廊，使汽车交通可在街区的外围通过，并与城市干线联系便捷；街区内部宜采用环路式并用尽端路引至庭院，尽端路在两个或多个"邻里社团"之间的"消极空间"[1]结束。尽端路上设置几个邻里组团公用的停车场，使汽车可以方便到达，可以就近停车而不穿越社区。社区中心完全是步行区，这就使绿化系统避免被小区道路分割，并与社区中心的步行道路结合，具有安全感、领域感、社区感，利于人的交往等方面的独特优势。

鉴于目前我国社区普遍采用社区封闭的形式，从对居民出行便捷考虑，居民乘车点应纳入社区规划中，将社区步行出入口尽量与乘车点靠近是十分必要的。笔者在杭州翠园二区和西安市明德门小区的调研中都发现：街区道路在社区层级结构和封闭空间形态下，社区的入口常常只向社区次要道路开放，而实质上城市干线上有更为便捷的公共交通枢纽，是居民乘车出行的主要地点。所以，在出入口和路网设置上应考虑与城市、社区干线建立方便联系。

此外，应减小地块规模，一般来说小于 100m×100m 的地块可以用一个出入口和尽端路组织；不大于 250m×250m 的地块宜采用增加出入口；而超过 500m×500m 的地块则应采用网格道路。

（3）社区停车规划应考虑动态发展。

社区的地面停车方式可分为外环路—外部停车和内环路—内部停车。

①外环路—外部停车分析：外环路可以是街区外社区干线（如西安明德门社区南区），也可以在地块内部后退红线，形成外环路—外部停车（图5-20）。其优点为：a. 使汽车沿地块外部停放能形成更多的停车位，这为高密度社区解决停车难提供了有利条件。b. 汽车对社区内部生活的干扰较少，

---

[1] 亚历山大等在《建筑模式语言》中指出："正空间是部分封闭的空间……人们在正空间里感到舒适，愿意使用这些空间。"消极空间又称负空间，主要指无人使用或没有被利用的空间。消极空间多数发生在住宅与住宅背面之间，住宅背面与公共建筑的高围墙之间。转引自马航. 社区安全环境的整体构筑. 规划师，2002，18(6)：80-87.

利于社区内部形成连续的步行路线，所有的建筑都有直接到达社区中心和休闲区的道路，不需穿过停车场；c. 外部停车使得社区内部建筑安排的弹性更大。但是其缺点为：a. 外环路与外部的停车需要更多的红线后退距离和较高的基础设施投入，当详细规划要求后退建筑红线，并且如果社区中心有幼儿园、娱乐设施，诸如游泳池、网球场不宜被交通破坏情形等等时最为有利。b. 这种设计通常会导致从停车场到居民的家有较长的步行距离。

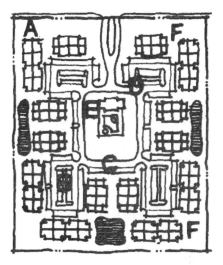

图 5-20　外环路－外部停车

②内环路—内部停车分析：内环路—内部停车（图 5-21）是常见的社区内部人车混杂交通停车方式（如明德门北区、紫薇城市花园等等）。该方法的优点是居民可以临近门前方便停车，同时道路投资也较低。但是当停车场朝向地块中心时，形成的停车空间较少，所以这种方法通常适合在低收入社区或汽车数量少的别墅区社区中采用。

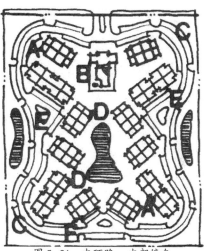

图 5-21　内环路－内部停车

从未来发展来看，无论进程的快慢，小汽车逐渐进入家庭，成为社区的特殊"居民"已是不争事实。从对杭州和西安社区的调研，以及对比 20 世纪 80 年代乃至 20 世纪 90 年代建成老社区的停车现状，并结合我国社区的集合式、高密度为主的开发方式，我们认为：随着经济发展，社区汽车单一的地面停车方式势必导致汽车占据社区通道外的几乎所有的户外空间。所以，我国目前社区规划必须在规范中控制地面停车量与地面面积的比例[1]，以免

[1]亚历山大"模式语言"经考察认为地面停车占地面面积9%是一个适合的地面停车

严重影响社区户外生活。地下停车或许是未来必须采取的停车方式。集中停车、地下停车与自由停放相比更有利于社区交通安全和社区培育。同时，停车位的严重缺乏及其对社区生活、邻里关系的负面影响，也将促使高收入家庭搬离原来居住的老社区，加快老社区的衰落。因此，社区交通规划必须考虑交通与停车的动态发展。一方面考虑社区未来增加车位的规划内容，如社区预留发展用地，增建地下车库等；另一方面提高不同类型社区的车位设置标准。总之，让社区能够随时提供足够的停车位已经成为必须考虑的问题。

（四）重塑社区公共空间

1. 社区公共空间的社会性及其问题

（1）公共场所的社会性

公共场所的社会性表现为：如果居民频繁地使用公共场所，那么它增加了人们偶然相遇的机会、地点，促进社区公共生活，强化社区居民交往，从而增强了居民的社区感。邻里公园和市民中心等形式的公共场所构成了社区的"心"，也是居民自豪感的象征，促进了社区居民观念上的场所感。但是，只有通过公共场所的适当设计和布局，社区的归属感、场所感才会产生（Duany和 Plater Zyberk，1992）。这正是空间规划的深层次意义。

（2）社区中心的社会性

邻里单位理论的三个思想[1]源泉之一是邻里中心运动[2]。邻里中心运动中的社区中心是供大家对所有公共问题进行讨论、辩论和进行公共活动的场所。其目的是恢复当地团体参与社区公共事务积极性和首创精神、自我意识和自我治理……鼓励大家参加业余戏剧演出，学习各种艺术和工艺，形成邻里的

比例，当超过这一比例时社区地面停车就会影响社区室外活动。

[1] 其他两个分别是：①英国花园郊区的建设实践经验；②1920—1921年，Unwm的论文中题名为"分散"的论文（Biddulph，Mike，2000）。

[2] 该运动发起于斯特路·易斯（Stlouis）市，提出在整个城市建立市民中心。它使伦敦、芝加哥和匹茨堡等城市的贫民区"建立了一个社会核心，提供了组织各种各样邻里活动的必要设施"。

精神和文化中心，就像中世纪教堂所扮演的角色那样[1]。由此可见，社区中心的本质是市民中心，并且通过这些市民中心促进社会活动增强社会凝聚力。实际上，社区中心也正在成为社区规划中最重要的结构性要素。

（3）传统街道的社会性

在我国传统社区模式中，街道有显明的社会意义。如果说历史上中世纪西方社区中心是教堂，那么我国传统社区中扮演社区中心角色的则是街道、集市，街道是一种真正意义上的社区空间。传统的街道除作通行之用外还发挥着许多其他功能，它既是市场、工作场所，也是聚会处。人行道还是游戏场，街道转角处往往是人们聚集、闲聊、游戏的去处。如果从街道中去除这些功能，虽然对交通有利，但对社会却是一个损失。我们通过拓宽车道来改善街道，却导致人行道、行道树和路边的活动减少[2]。街道要当作公共空间而不仅仅是在建筑物之间间隙，因此必须设计得适合行人（Calthorpe，1993）。通过环境设计鼓励居民使用街道（人行道），从而就可以鼓励街道生活，藉此增加作为社会互动的机会，步行活动可以加强社区连结和促进场所感。

（4）社区公共空间存在的问题

西方社区规划历史一直强调社区中心的重要性，而且一直将社区公园或学校作为社区中心来营造。我国目前社区中的公园、会所、学校、居委会、商业设施、街道等公共设施，究竟谁可担当社区中心？就这一问题，在杭州、西安的5个社区（西安紫薇花园、西安紫薇城市花园、明德门小区、杭州翠园二区、杭州采荷小区）进行的居民意向调研显示，被访者认同公园、会所、学校及其他商业可发挥社区公共生活中心作用的比例分别为：75%，15%，1%，9%。在没有社区公园的社区，65%的居民认为没有社区中心或者模糊不清。这说明社区公园由于其容纳了多样化的社区生活和社区品质的象征作用成为居民意念上的社区中心。

比照社区中心的社会本质，其他设施没能被认同为社区生活中心有以下

---

[1][美]刘易斯·芒福德.城市发展史——起源、演变和前景.倪文彦，宋俊岭.中国工业建筑出版社，1989.

[2]凯文·林奇.总体设计：214.

原因：就商业设施而言，随着现代社会生活方式的变化，生活节奏的加快，大型超市虽然有大量人流的聚集，它们并没有被居民公认为社区中心，主要是其巨大的规模和人们的陌生感以及购物活动的节奏、方式使之仅成为消费场所；传统的商店由于比较分散和服务质量等问题，也不具有成为社区中心的潜力；会所的盈利导向和高昂会费使得大多数居民望而却步，据统计目前60%的社区会所亏损就是一种表征；学校的功能单一和管理方式使之没能在整合居民的社会活动中有所作为。

这些现象也说明了社区公共空间规划并未使其发挥应有的社会作用。现代社区街道生活的萎缩、中心的丧失、社区公共生活的贫乏等等现象说明社区规划必须重塑社区中心、回归街道生活和整合社区公共空间系统。

2. 社区中心的营造

图 5-22 深圳万科四季城社区中心的标志性

图 5-23 社区中心的功能复合性

比照社区中心的本质，在社区调研基础上，我们认为社区中心和公共场所营造必须从空间形态布局、功能结构、活动组织等诸方面进行总体整合，其具体策略为：

（1）物质性：社区中心首先要提供社会活动场所和设施，并将功能性空间和社会性场所结合布局。

（2）标志性：社区中心和公共设施在体量和形象应具有标志性（如图5-22）、象征性和可以感知性，成为具有公众（不同阶层、年龄、爱好等等）

吸引力的公共生活中心。

（3）复合性：社区交往需要借助交往媒介来实现。因此，强调公共空间使用及功能上的复合性，即是强调通过该空间创造出来多重的交往媒介，以满足不同类型居民非正式交往的需要（如图5-23）。社区中心与社区老年活动中心、幼儿园设施和重要的商业设施结合布局是成功经验之一。

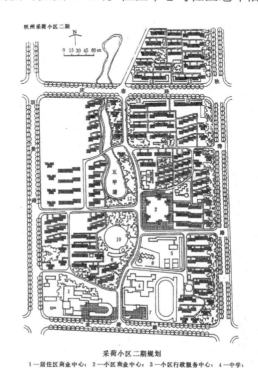

采荷小区二期规划

1—居住区商业中心；2—小区商业中心；3—小区行政服务中心；4—中学；
5—小学；6—幼托；7—农贸市场；8—青年公寓；9—青少年活动中心；
10—庵池塘；11—防护林带；12—中心绿地；13—沿街商业

图5-24　杭州采荷小区社区中心的多元化空间

（4）多元性：室内外空间、自然空间及其多样化空间形态的营造，适于居民多样化活动，并且能在不同的时间获得不同的场所体验，这都可大大提升环境的新引力和活力（如图5-24）。

（5）开放性、公共性：社区设施向社区所有居民开放，居民可以自由出入这些场所设施，并且其消费标准应是所有居民完全可以轻松负担的。

（6）展示性：社区公共活动的展示性，特别是在边界和出入口处的展示性可以吸引更多的人参与其中活动，使之发生"连锁性活动"增强公共场所的活力（如图5-25）。

图5-25　社区中心边界的活动吸引更多的人参与

（7）可达性：居民可以步行方便到达。社区调研发现，如果居民需要借助交通工具到达某一设施，居民使用它的几率会大大降低。

3. 回归传统街道生活空间

（1）创造步行安全的街道。

街道生活的回归必须让行人觉得街道是行走、活动都很安全的场所。步行安全的主要威胁来自于社区机动交通，所以如何让步行远离汽车的威胁是鼓励街道生活的重点。

（2）鼓励步行生活的社区形态。

根据美国联邦管理协会的最新报告显示：充分将家、学校、商店、公交站点置于步行可达范围的社区规划（被称为"新社区设计"）可以提高居民健康和生活质量。"新社区设计"的规划创造居民可以方便到达公园、服务中心、商店、甚至是工作地等多功能混合的社区空间模式。美国自然资源研究会主任 Joel Hirschhorn 说："1/3 的美国人愿意生活在'新社区设计'的社区中，但目前美国只有不到 1% 的社区提供了这样的混合使用的场所。"[1]

（3）营造社区商业步行街。

社区商业街在目前我国社会背景下已经具有存在和发展的经济基础。随着生活水平的提高，人们对社区生活设施的要求普遍提高。伴随着城市商业分布的多元化、离散化，人们对于社区商业设施也从简单的附属单店式要求，转而追求一种更为完善的社区生活。此外，我国社区建筑向小高层和高层发展已是大势所趋，较高的居住密度和节节攀高的居民消费促使商业娱乐设施的类型、规模、标准都大大提高。于是，社区商铺成为投资者的"新宠"。这使得商业步行街这种原属城市商业的空间形式为丰富社区街道生活提供了良好契机。在杭州，华立·星洲花园的风情街、坤和·山水人家的社区"商业联盟"，以及碧天假日休闲商业街都可以归结到社区商业街之列。目前来看，社区步行商业街要具有永久的生命力并成为激发社会交往的场所还必须增加相应室外设施和提高空间质量，以营造社区生活气息。

---

[1]Better Community Planning Means Healthier Neighborhoods，Nation's Health. 00280496, Oct2001, Vol. 31, Issue 9.

（4）强化社区街道生活媒介。

并非所有社区都有足够的人口密度和强劲的居民消费来支持社区商业步行街，但这并非说社区街道生活就应因此而贫乏。应当注意的是，如果社区街道不是商业街，街道生活的主体就是儿童、老人和照顾小孩的成年人，如何设置活动场地吸引他们参与街道生活就成为街道设计的重点。

在社区调研中发现：增加社区街道景观和街道处的设计仍然是营造街道生活的可取之道。在西安明德门社区和杭州采荷小区的调研中发现：街头小店、街头公园、报刊亭、健身设施等间隔不远（60米为宜，不宜超过120米）布置在社区的内部街道处，同样可以激活各处的"连锁性"活动，丰富街道生活（图5-26）。

图5-26　借助街道生活媒介丰富街道生活

4.公共空间系统化

空间网络与社会关系网络可以相互促进。公共空间的系统性、开放性比封闭内向的社区中心更有利于形成交往空间的网络结构，从而促进地域社区社会网络的延伸发展。因此，社区从整体上应将居民的休闲、娱乐、日常出行予以综合考虑，使居民的交往在社区中连为整体，巩固社区中的地缘关系。

社区中存在各个级别和类型的中心，如社区中心、街区中心、街道等等。中心网络化、系统化的规划要结合各个社区中心等级、其间的距离，强化空间联系网络（视觉廊道、功能关系）的可感知性（位置显著、视觉可辨性、心理感知）和步行可达性。在空间规划时，应借助于步行街道空间、绿化系统，甚至是意向的拓扑空间建立一个由不同层次和功能的公共空间序列构成的交往空间网络结构。

具体而言，首先，可在整个社区创立许多活动中心，相互散开的距离符合可感知性和可达性的要求。从社区内那些现存的真能起到集中活动作用的点来看，社区中心间距不宜大于 250 米，期间可由多个次级中心过渡。其次，关注社区内的道路的布局设计，使尽可能多的路通过这些点，并且注意用不同级别的道路联系不同级别的"中心"。如通过步行商业街将社区的中心与次中心加以连接。这就使在路网中的每一个点起到一个"中心"的作用。最后，在每个中心的中央设置一个共享空间（如小广场），并在它的四周设置一连串的社区设施和商店，它们相互支持，互为补充，共同构成社区公共空间系统网络（见图5-27）。

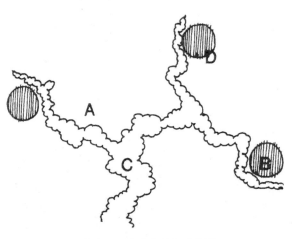

图 5-27　公共空间相互关联

（五）整合建筑和空间形态

1. 空间边界与围合

围合有助于创造安全、稳定的居住环境，并赋予人们领域感和归属感。心理学家认为：人在空间环境中，需要自身定位，即他需要很容易地理解所处环境的方位、模式和组织，很容易找到他要去的目的地，从而获得心理上的安全和稳定感，就会产生归属感，通过归属来建立认同。空间，只有具有明显的界定，才能产生一定的领域性；只有达到足够的界定，才能使人将其作为"自己"的"内部"环境来体验和感受。可见，明确的领域范围和边界标识是实现社区群体间有效交往并产生认同的首要条件。空间领域性能使人们获得归属感，使他感觉身处"我的家"或"我们的家"中。领域必须有明确的边界，或是实体边界，或是心理边界。所以，要形成邻里关系和谐的社区，必须对交往活动空间做出必要的界定。

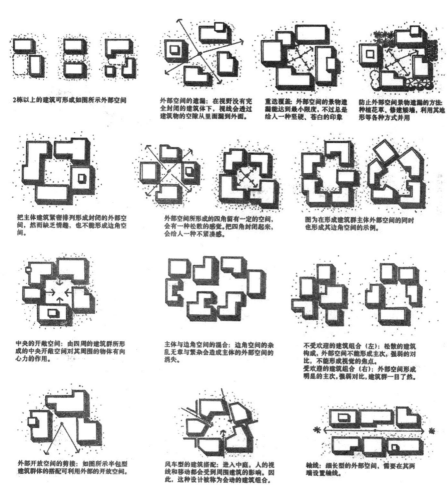

图5-28　空间围合形态的一般原理

整体、连续、围合的界面有利于实现这些界定。作为一个围合的空间环境，其边界的构成首先应当具备整体、连续和围合的条件。连续有助于强化特征，从而加强整体识别性和形象性。通过恰当的入口数量、合适的入口位置、围合性的建筑形态和布局方式、具有特色的边界绿化等营造强烈的场所感，提高可识别性和安全性，形成人们对该组团的认同和归属感，营造一种"家"的氛围，为人们进行广泛的人际交往打下基础。

每个不同层级的基本居住单元（院落、街区）应以空间围合为基础，形成明确的领域界面，创造安静而稳定的聚合空间，建立起住户的归属感和认同感，促进邻里交往的展开。如图 5-28 所示的是空间围合一般机理。实际上运用占据空间体积、能够限定视线的各种物质因素，如建筑、高大的树木、低矮的灌木、围墙以及地面标高的变化等，都可按上述的排列组合规律形成良好的空间形态。

图 5-29　住宅形成的围合空间

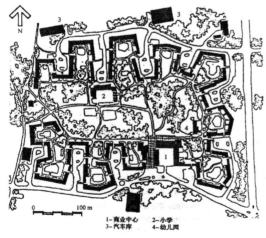

1-商业中心　2-小学
3-汽车库　　4-幼儿园

图 5-30　空间的边界由封闭逐渐变得模糊和开敞

2. 空间渗透、模糊、开放

空间设计通过鼓励居民走出他们的住房，进入公众的领域，促进公共活动从而促进居民相互作用。社区中心和公共空间有不同的层级和公共性，相应的空间形态也具有层次性。随着空间由住宅、近宅空间（图 5-29）、院落、街区、社区的过渡，空间由私密性向公共层次逐渐转化，空间的围合度也逐渐减弱，空间的边界由封闭逐渐变得模糊和开敞（图 5-30），从而实现公共空间与私有空间的渗透，引导人们从私密性活动转向公共活动。新城市主义的代表人物 DPZ 在著名的海滨社区采取了收缩私有空间（如缩小住宅地块），住房放置在街道的附近，并且住房的门廊面对街道表现出室内的活动，以及促进步行交通等策略，就是要优化室外空间形态以及提高环境质量吸引人们进入公共空间参与集体生活（Duany and Plater-Zyberk，1992）。

此外，在各层次的生活空间中，应该特别注重半私密性的住宅院落空间的营造，使其成为邻里之间交流的有效场所。传统院落虽然从理论上讲符合邻里交往的"自然规模"，但是我国的大多数多层住宅庭院中的活动并不丰富，居民更愿意选择美化庭院。其原因在于：

（1）空间较为局促。建筑间距多依据日照间距来设，庭院空间夏日通风不良，冬日缺少日照，并不是个宜人的场所。

（2）住宅入口布局不合理。多层住宅的庭院一般只有住宅北向入口连结一条小路通向庭院外部，其他部分被绿化占据，没有相应的活动停留空间。相比之下，若建筑南北入口都设在一个庭院中，则庭院活动较多。

（3）人群规模不够和没有相应设施。通过对西安明德门小区两个居住阶层和空间形态相似、分别为 115 户和 376 户的高层院落使用状况对比发现：人口密度较高、有活动设施的院落更具有活力，因为老人和不同年龄的小孩都能借助共同的设施、活动找到他们的朋友。

图 5-31a　庭院入口

要丰富庭院的居民活动应注意：

（1）庭院中活动的多为老人、妇女和儿童，他们经常停留位置在庭院入口和边界处（图 5-31）。所以，庭院规划应考虑在人员经常停留处布置座椅、沙坑和小型健身等设施。

图 5-31b　庭院边界

（2）组合庭院＋尽端路模式相比之下有较好的庭院活动气氛。所以，套院、大院（见图5-32）、尽端路（见图5-33）加之适当的交往空间、设施可营造更为适宜的庭院空间。

图 5-32　深圳万科四季城尽端路与大院组合图

图 5-33　尽端路口往往是人群聚集处

图 5-34a　晒场

图 5-34b　躲避日晒的活动场所

3. 社区特性与社区标志

社区特性也叫可识别性（identity），是社区有别于其他场所的独特之处。它是社区居民自豪感和通过环境认同形成家园感、社区感的重要因素。营造社区特色的源泉主要是地域社会生活、自然特色和历史传承。现代社区理论从认知学的角度，将居民的感知与身份象征相结合认为：社区景观环境中的活动场地、绿化、环境、雕塑小品等也是形成社区特色的重要环境要素。

海德格尔认为，定居的意义是和平地生存在一个有保护性的场所"，而序列化的空间使人们在心理上产生一种渐入的平和感，并从这种"习惯性"中获得对邻里场所的认同。因此建立社区标志体系，加强由公共空间向半私密性空间的过渡、转换处的可识别性设计，如庭院空间、单元入口标识、过街楼、入口小品等空间标识性处理和暗示，不仅可借以界定邻里庭院范围，提示居民空间使用性质的转换，明确适当的公共或私密程度，而且可借此唤醒居民自身的责任感和社区主人翁意识，有利于邻里环境的营造和维护工作。

4.营造宜人环境不可忽视的细节

（1）针对气候的设计

针对气候的生态设计是创造宜人环境的必然，也是避免不利天气影响的空间策略。不利天气条件的类型在不同地区、不同国家有很大的不同，因此也形成居民的生活行为和文化模式的基础。阴影空间与日照空间在不同的季节、场地会有不同的重要意义，甚至超过环境场地本身（如图5-34），然而这是最容易被忽略的问题。如图5-35所示的院落设计，看似空间设计精细，如果综合考虑住宅层数、通风、阴影、阳光等诸因素则宜根据当地气候情况慎重地选用。

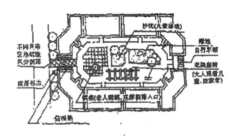

图5-35 封闭局促的空间是否影响日照通风

（2）地面铺装

目前我国环境设计的缺点不是不具有美感，而是为了美观牺牲了许多人性化环境建设原本的目的——"适用"，以环境美化代替了环境人性化。

图5-36 儿童活动对地面铺装的要求

如社区地面铺装常常为了美观而铺满地面砖，而没有考虑新型玩具的使用空间，如图5-36，这会使得那些想随时随地玩电动汽车、滑板车的小孩十分扫兴。

（3）环境家具

环境设施如同室外环境家具，对于改善环境质量同样具有不可小视的作用。以戴夫·蔡平和乔治·戈登等在某精神病院设计的户外休息亭为例，根

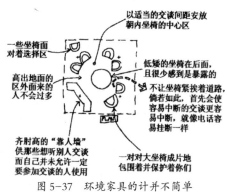

图 5-37　环境家具的计并不简单

据采访人员的报导：这些户外亭子显著地改善了精神病院的生活面貌，被吸引到户外去活动的人比平时多了许多，他们谈笑风生，欣喜之情溢于言表，那些一度为轿车所占据的户外空间，顷刻之间突然变得富有人情味，它们不得不减速而缓慢地向前移动[1]。这些神奇亭子所具有的特征和作用，如图 5-37 所示，显示了环境家具的设计不可小视，精心设计和适宜尺度使得环境锦上添花，更具人性化。

四、小结

本章以社区精神培育为目标，阐述了微观空间规划的 5 个原则目标：①提高社区生活的满意度；②促进交往行为，建立社会网络；③社区场所特性的营造；④营造特定的社会环境因素；⑤空间环境的功能性与社会性整合。

接着，本书将社区微观物质空间规划归纳为五大部分，针对每一规划要素，首先分析其物质空间形态的社会性以及促进社区精神的机理，在大量社区调研基础上，较为详尽地阐明了当下我国社区空间规划存在的问题，并从空间形态、物质配置、规划管理等方面，提出了针对问题的解决思路：调整社区规模结构；审视社区设施的布局；优化社区交通；重塑社区公共空间；整合建筑和空间形态。

[1]C. 亚历山大，建筑模式语言：209.

第六章

社会原则与社区精神
相统一的空间重构与整合

如果未曾生产一个合适的空间，那么"改变生活方式"、"改变社会"等都是空话。

——亨利·列斐伏尔

一、传统社区空间的社会学反思

（一）传统社区空间模式的缺陷

自邻里单位以来，西方社区空间模式探索总是与其社会使命紧密联系，从阶层理解、社会和谐到社会整合无一不被逐渐纳入社区空间规划的社会目标之中。然而，源自社会学的批评也总是随着社区空间理念的沿革追随而来。从 20 世纪 60、70 年代的经验主义实证研究认为邻里倡导的社会整合、阶层混合和政治和谐并未发生，到微观模式在培育社区同时导致进一步的社会隔离，直到最近的新城市主义理念下的 UV、TND 空间模式被斥为中产阶级的专用社区和市场秀。特别是人文主义思想和行为主义研究的兴起以来，以微观理念为中心的邻里社区空间规划的社会目标也受到质疑，乃至邻里规划引发的负面社会问题也被广泛提出。本书总结这些批评的目的是力图从反对者的立场发现传统社区的缺点，作为探询符合社区原则的新社区空间的出发点。

1. 对邻里单位的批评

20 世纪 60、70 年代以来，行为主义的研究认为虽然邻里单位理论试图理想化乡村生活形式，但是无法面对现代城市生活结构（Goss，1961）。例如，社会学家埃萨卡从当代社会特征角度的批评道：我们生活在一个复杂的社会，一个在很大程度上将市民从传统控制中解脱，个体有充分的自由选择其行为方式的社会，个体分别属于不同的社团，每个社团成员都在整个城市分布，个体表现出极强的动态特征，很少属于特定地域的空间，邻里单位直接导致了高度生活分裂（Isaacs，1948，P22）。他甚至认为邻里模式是与现代生活不可抗拒的多样性唱对台戏[1]。Silver（1986）把美国早期对邻里规划的批评做了恰当的总结。这些批评涉及多个方面，如邻里之所以活跃，实际上常常是社区关键人物的作用，与邻里设计毫无相干；如邻里单位实质上是促进了内向化，导致民族和社会分离，并且是反都市化的情怀。许多批评认为社区研究对居民的满意度关注太少。

此外，邻里理念通过物质规划实现社会目标的意义也受到怀疑。如 Willmott（1960）的实证研究（就邻里的使用问询 379 个居民）发现：①人们能辨识他们的住房，但是仅有 1/3 的人提及他们居住的邻里；②邻里的物质边界"就形成社会关系而言，并无特别的意义"；③人们的确使用规划的邻里设施，频繁使用邻里商店满足日常需要，这可以得到"邻里似乎是功能上的字眼，并无证据表明邻里有什么社会意义"。这一结论得到社会学者的特别支持。

2. 对邻里社区空间异化的批评

在西方，"共同兴趣社区"、"门栏社区"和"阶层社区"都是市场化的产物。美国开发商长期提供"总体规划的社区"或称"规划的社区单位（PUD）"，其中有开放空间和公共使用的运动设施。它直接促使了共同兴趣

---

[1] Madanipour, Ali, Design of Urban Space: an inquiry into a Socio-spatial process, John Wiley & Sons Ltd, Baffins Lane, Chichesters, West Sussex PO191UD, England, 2001.

社区[1]（Common Interest Developments，CIDS）的产生。20世纪80年代末已经有1 200百万美国人生活在共同兴趣社区，而且超过225，000个"共同兴趣社区"居住单位正在筹办建设（Mckenzie，1994）。"共同兴趣社区"被美国作家T.C.Boyle描绘成偏执狂。

以增强社区安全感、社区感为出发点，80年代的美国社区规划转而求助于纽曼的"可防卫空间理论"。目前这种趋势的结果是富有的美国人用篱笆围起了社区，形成"门槛社区"。据称这不仅给了他们的拥有者一种较富有、较强的社会控制，也亲近了邻里感情，于是逐渐形成了被认为导致阶层隔离根源的"阶层社区"。然而，1981年，美国规划师凯文·林奇区别了邻近性的邻里（人们相互认识）和阶层邻里规划之间社会性的不同。他认为：阶层混合的邻里不符合人们的社会生活模式和保证商业利益的商业门槛。多个社会阶层混合的社区形式在顽固的房地产自由市场机制下很难成功。[2]他甚至批评道：城市连续的肌理，而不是细胞的肌理，可能更有利于人们选择他们自己的朋友和服务，利于居民自由的移居，将城市规划为一系列的邻里是无效的，或许会带来社会隔离。

无论是"共同兴趣社区"、"门槛社区"和"阶层社区"都遭受新城市主义者的批评，成为其社区空间改革的目标之一。

3.对新城市主义的批评

新城市主义致力于促进社会阶层的混合，主张对郊区发展形成的社会空间分异进行变革。可是许多学者怀疑其在市场机制中的实际效果，市场可能利用这种观念作为一种销售手段而不会认真对待其社会性内容。事实上，随

---

[1]CIDS是由开发者推向市场，为那些特殊需要的社会群体，如老年人，高尔夫爱好者、独身者而建设。居民的同质和共同的爱好用以提升交往和社区感。选择这种物业的购买意味着接受社区生活管理详细契约、条件。不想那样生活的邻里会被排除。据称，这是一种自愿的分离和"积极地集中居住形式"。

[2]相反，林奇主张以16—100个家庭住房为规模的邻里单位，他认为这样能够提供有当地影响和可控制的人口范围。这不是一个城市村庄，而是几个宁静的街道，一群熟人或几个当地服务设施。他认为这是最大的、可自治的、清晰界定的邻里单位的标准尺度。对于那些强调物质和社会关系的邻里来讲，这种规模更适合于我们的社会。

着新城市主义住区在市场上的成功，新城市主义社区成为越来越多的中产阶级的购买对象，设计者羡慕的社会混合被市场的"现实"调整而流产。可以说，这种反现代主义的社区概念，始于一种批判，只能止于广泛传播后被商业利益利用。在商业机制中，新城市主义意味着它也可能变成商业操作的一部分，而实质上并非欢迎一种不同社会群体的混合，因其危害了中产阶级的舒适。如果将他们的空间开向这些潜在的"令人不快者"（其他阶层），正如批评者 Audriac 和 Shermyen（1994）认为的那样，新城市主义社区的社会目标和结果将是有问题的。

4. 对城市村庄（UV）的批评

和新城市主义受到的批评相似，城市村庄（UV）主张的促进社会阶层功能上的混合的主张也被认为是商业上推出新产品的促销创新手段，并且可能促进新的社会隔离。亚历山大（1966）认为类似城市村庄（UV）现象是把复杂城市分成单位（Units）的一种简单的、清楚的途径。但这种单位不能描述我们需要的城市结构。他认为"我们正在用仅对设计者、规划者、管理者、开发者有利的一种概念化的简化方式来交换人性和城市生活的丰富性，UV 不能解释为当代城市的本质和塑造城市生活的真正进程"。城市并非大量村落式社区的聚集，用一种随处可见的、新发明的村庄不足以认识城市发展的进程。Sennett（1977）则指出这种城市的自动繁殖是"种族隔离法的庆典"。Raban（1974）也指出应把我们的城市社区从紧密性、临近性转向对陌生人（外来者）开放。通过这种开放，我们能够学会社会宽容、面对多样性和差别、享受丰富的机会及精彩的城市生活。

5. 传统社区空间的缺陷与新探索

综上可见，如果我们以新的城市设计理念正视这些批评，审视我们的城市和社区，我们会发现这些主要来自于社会学科对于以邻里理论为鼻祖的社区理论及其新发展的批评许多是中肯的，可概括为以下几个方面：

（1）社区理论"细胞"似的内向封闭的空间形态与现代城市空间肌理、居民生活特性相对立。

（2）传统社区空间的基于"中心—边界"似的内向封闭式的社区空间实

质上更容易造成了新的社会隔离。

（3）阶层混合社区在社会阶层化和市场机制的社会现实中是难以实现的困惑。

所以，我们必须站在城市社会、空间的整体高度重新审视我们传统仅仅强调"中心—边界"的社区空间模式，力图在社区的封闭与开放、社区居民阶层的混合与均质之间找到平衡点，结合国情现状以重塑我们的城市空间。解决问题关键还得从整合社区规划理念、寻求双赢策略、探索适宜空间模式入手。

（二）西方社区规划失效的启示

1.重视社区规划的社会目标

西方国家虽然一直强调社区规划的社会目标，但由于缺乏足够的重视，实际上走了先建设后治理的道路。虽然许多发达国家的城市进入成熟期，却仍受到不断发生的社会问题的困扰[1]，西方社会学家认为社会空间分异、阶层隔离是许多社会问题的根源，即使有些社会问题并非城市空间分异直接所为，但其造成的社会阶层对立和矛盾已是不争的事实。正因如此，近年来城市规划的社会性问题在西方规划界受到前所未有的重视。

城市的社会空间结构一旦形成就具有一定的稳定性，实践证明，其造成的社会不良后果比物质环境的治理要困难得多。我国60年代借鉴苏联的计划经济下居住区规划理论，在实践中一向重物质而轻社会，如今更难以适应住房市场化的趋势，这都使得研究我国应对社会转型期社会结构的转变、社会空间结构异化的城市空间策略迫在眉睫，以达成社会和谐，避免走西方社会先建设后难治理的老路。

2.注重社区空间的系统整合

社会空间分异、阶层隔离以及混合社区失效等问题与其说是社区规划的

---

[1]以青少年犯罪为例,据英国官方的统计资料表明：40%的街头犯罪、26%的撬窃案件和刑事伤害及1/3的汽车盗窃案都是10—16岁的学生所为。据调查，现在的英国人搬离市区的主要目的已不是向往郊区的清新空气，而是远离市区混乱的社会环境，寻求良好的子女成长环境。

缺陷，莫如说是西方社会—空间结构的客观制约所致。首先是城市空间结构的制约。西方城市几乎都是在现代主义和分散思想主导下建成，现代主义城市功能分区成为城市社会—空间结构的物质基础结构。功能主义将城市生活分割为居住、工作、休闲功能，通过交通加以联系相互独立的部分。相对独立的城市住宅区无法与城市其他区段协同工作。更为关键的是，对于社区来讲，住宅区功能单一使居住用地的空间使用率和住户的社会交流成为难题[1]。功能分区的真正悖论在于其导致城市生活连续性在城市功能分区、时空分离的空间结构中割裂。对于秩序的迷恋和对物质环境决定论的迷信导致其将空间结构、秩序凌驾于生活的多样性和差异之上。所以，尽管现代主义也有执着的社会目标和强烈的社会使命感，但其不当的空间策略却使之与社会使命背道而驰。

3. 加强社区规划调控力度

资本主义的社会经济政治制度也同样作为一种框架左右着人们社会生活的面貌。西方有些学者经研究认为，资本主义制度下城市居民的社会归属感的根基更多地取决于他们的经济、年龄和家庭生命周期所处的阶段，而不是其所居住邻里的空间界域。同时，资本主义的社会政治、经济结构制约着规划的原则和实效，制约着社区社会目标的实现。例如，美国的区划法规实质上保护了中产阶层社区不被低收入阶层侵入，使得规划的社会使命难以实现。可见，阶层对立致使混合社区的实践探索在西方更多的成为一种摆设，而非实质。所以，新马克思主义对资本主义制度的批判指出，资本家的商业机制远比规划官僚运作高效得多的角度，指责规划在资本主义制度下的权威到底有什么？所以，新马克思主义要求给予规划更多的控制的权力（吴志强，2003）。可见，社区空间模式探索与加强规划政策调控力度同样重要。然而，"混合社区"的批评者还应当承认，除资本主义体制深层制约原因外，其失效的原因更多的是由于缺乏一种使得市场和大众能够接受的适宜社区空间模式。

---

[1] 徐一大，吴明伟. 从住区规划到社区规划. 城市规划汇刊，2002(4)：67-69.

（三）我国社区建设与社会原则的背离现象和机遇

1. 社区建设中社区精神与社会原则的背离现象

传统社区空间营造以培育地域社区精神为目标。在目前房地产市场化机制下，开发商购地建房"各扫门前雪"，往往仅从社区开发地块地域空间角度考虑问题，专注开发地块内空间的营造以满足本社区居民的需求，社区空间场所的营造没有考虑社区空间之于社会和城市其他个体物质精神的影响（图6-1）。

从单位制社区到市场机制下"门栏社区"现象愈加普遍，"封闭社区"大量出现，社区空间日益封闭。然而，其社会隐患也将因空间的封闭而起。所以，尽管空间和社会领域范围独立性是社区存在的必要条件，从独立性走向开放性，在"中心—边界"模式两者间找到一个恰当的平衡点是城市社区建设发展的新方向。

图6-1　社区规划应不仅关注开发地块内的个体需求而且应注意对社会其他个体的影响

在社会阶层分化的现实国情下，我国已经出现了社区同质化的趋势。社区规划如果放任"封闭社区"空间模式随意发展，势必会加剧城市社会空间异化，造成社会阶层的隔离与敌视，重复类似于西方的错误老路。这也有违全体城市居民共享社会经济发展成果、维护社会分配公正的基础，更难实现社会整合。因而，从更为宏观的角度来看，社区精神与社会整体和谐的原则目标并非完全一致，表现出社区微观和社会宏观目标的矛盾。从这个意义上讲，我国目前的社区规划并非与社会原则等同。

2. 我国实现社区精神与社会原则统一的机遇

与西方国家相比，我国实现"混合社区"有更多的机遇：

（1）历史上有中央集权制、计划经济和强有力的规划控制传统；

（2）以往的单位制社区已经为创造均质社区格局打下良好基础；

（3）社会经济分层明显，但阶层内部的认同感不强，还没有形成明显的阶层观念差别，在经济高速发展的中国，广大的中间阶层是一片混沌未分，同时充满各种可能性的状态，每个人的社会等级都是可变的。

"混合"模式在美国难以维系的主要原因在于：美国是贫富差距很大的国家，阶层划分明显，并且由于历史的原因，存在着多种歧视现象，这是对混合社区极为不利的社会环境。而在中国，社会主义体制长期控制着贫富差异的规模。改革开放后，市场经济刚刚起步，社会上明显残留平均分配的痕迹。因此，经济阶层固然存在，但是中国社会的绝大部分还是尚未分化的中间阶层。[1]这个时候，如果我们针对"混住"及"同质聚居"方式的利与弊，把着眼点放在社会和谐上，力求找到合理的空间模式和政策调控手段，并非不能完成社区规划的社会使命。

综上所述，中国城市社区建设的现实问题和西方发达国家城市社区规划理论和实践的经验教训启示我们，中国社区规划建设要重视将空间因素和社会因素动态整合，将结构因素与生活因素动态整合，更好实现城市社区的可持续发展。

二、空间重构策略——走向开放的社区空间

（一）社区封闭与开放之辩

1. 社区封闭的优势

如果说"门栏社区"是西方 80 年代的产物，那它实际上就是我国从历史的"里坊"、"里弄"、"四合院"到"单位大院"以来一贯的空间传统模式。这种空间封闭围合的传统观念，其对开发者、购房者、设计者的影响都十分深远。在传统和现实双重作用下，封闭社区空间就成为我国继"单位大院"以来顺理成章的社区空间模式，且有过之而无不及。而内向封闭社区空间似乎不仅符合居民对安全的需求，也符合物业管理的利益。钟波涛[2]对封闭社

---

[1]周静子,庄园子.从"分异"走向"融合"——关于我国当代居住模式的调研与思考.第46届世界大会大学生论坛：122-126.

[2]钟波涛.城市封闭住区研究.建筑学报，2003(9)：14-16.

区的调查和研究结果显示：

（1）封闭能带来安全感，居民对于封闭能否带来安全是持肯定态度的。88.7％的居民觉得住在封闭的住区里要比其他类型的住区安全，86％的居民认为封闭对于住区的安全"非常重要"，高达96％的被访者认为"封闭"对于住区的良好治安"非常重要"或"有帮助"。

（2）大部分的居民（87％）都认识到封闭对于制止交通干扰非常重要，或有助于维护安静的居住环境。

（3）环境幽静、安全需求导致居民选择封闭社区。高达64％的人首选封闭式作为自己居住空间的理想形式。

2. 封闭住区下的城市景观和社会隐患

（1）封闭社区造成城市公共空间(如道路设施)的私有化，致使城市空间成了建筑、小区各自割据之外的剩余空间，破坏了城市空间的节奏、连续性和活力。

（2）城市街景单调，当我们沿城市街道无论是驾车还是步行，有两种景观占据我们的

图6-2　封闭社区的街道景观——商业

图6-3　封闭社区的街道景观——围栏

视线：其一是带有底层商店的住宅（图 6-2）；其二是人烟稀少的围栏（图 6-3）。放眼杭州的城西、钱江新城以及近年建成的许多城市的高档社区，那里似乎就是围栏产品的万国博览会。这两种景观使得城市街道单调、封闭、毫无生气、特色，除了社区的门牌及后来的形式各异的社区大门，社区的可识别性也荡然无存。

（3）社区治安转化为城市治安问题。城市街道的监视作用被封闭了，道路和住区之间的互补和包容关系被隔断了，街道成为无人理睬、犯罪滋生的地方。

（4）增加了城市交通负担。这些封闭社区无论规模大小，都有"门将军"把关，或采用环状道路交通，把与社区交通无关的城市人车流拒之门外。在社区用地很大的情况下，社区的这种不可穿越性，不仅致使城市交通路径缺乏选择性，也直接导致城市缺乏下一层次交通落网，微循环系统不畅，增加了城市干道的负担，使得原本紧张的城市交通雪上加霜。

（5）住户行为受阻，出行不便。为了安全和管理方便，很多的封闭住区仅设一两个出入口，从而使居民出行必须绕行很远的距离，对居民的出入造成不便。另一方面，由于自我封闭，目前许多住区根本无法实现与公共交通进行一体化设计，致使居民经常要走上很长距离才可乘坐公共交通工具。

（6）封闭景观能带来安全、幽静的环境，但并不能促进邻里和谐和社区培育。调查结果表明，封闭对于居民邻里关系没有明显的帮助，这跟国外的调查结果是一致的。封闭住区与 80、90 年代的开放社区相比，社区户外活动贫乏，缺乏生活气息，这实质上对社区社会网络的发展是有害无益的。

更为隐蔽的是由此引发的社区成员因缺乏与不同阶层的接触而失去相互交流、理解的能力，进一步产生对陌生者的恐惧及阶层隔阂。这种问题在我国目前听起来似乎是天方夜谭，但是许多学者认为西方发达国家的阶层隔离现象正是由此产生。

所以，我们有理由认为尽管住区封闭是居民在当下社会治安恶化和城市背景下的合理需求，但是它并不利于实现社会整合的原则目标。于是我们必须再一次关注社区之间的空间，重新认识社区封闭的局限性，探寻社区开放之道。

（二）传统社区空间模式的再认识

传统的社区理论强调"中心—边界"社区有三个层面的中心和边界：

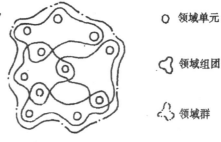

图 6-4　相互嵌套的领域群

①社区中心—社区与城市环境之间的界面，具有城市公共空间的属性；

②街区中心—街区与社区环境之间的界面；

③住屋内外环境之间的界面，如入口、传统的门廊、檐廊。

传统的"中心—边界"观念认为：强化中心和边界可以增强社区的可辨别性、拥有感、安全感，从而增强社区感。然而，这种观念发展到极端就是边界封闭的"门槛"社区。所以，我们从城市社会整合角度看社区间空间关系，探讨社区融合空间、整合就必须正视和谨慎处理社区的边界。

中外许多学者都曾从不同角度对社区边界进行探讨，生态学的认识就具有启发性。生态学"界面"包括从细胞水平到个体、群体、群落等都存在着与环境相互作用的界面。边界往往是生态活动的活跃地带，如水塘与陆地交汇处总是草木旺盛,昆虫繁多,形成边界效应。据此,我国学者提出场所的"边界域[1]"的概念,认为边界是一种空间领域而非硬性的边界。徐淑宁从生态学角度对边界的全面分析,提出居住界面的 6 种特性[2]。物质、能量、信息都需

---

[1]"边界域"可以被理解为"是两种不同性质的实体在相互邻接时,产生相互作用的一个特定区域"。边界域是一个空间域,既不同于相互作用的母体一,也不同于母体二,而是相互独立于两者之间,又与母体休戚相关的新实体,具有新的特质。母体的各种因素,对立的、相干的,在边界域中相互作用、干扰、整合、妥协,是对立矛盾冲突与调和之焦点所在,孕育着无数的可能性和无限的丰富性,充满着不确定性。（详见侯交栈,陆峰. 场所的边界域效应. 新建筑, 1999(4).)

[2]徐淑宁根据生物膜特性,并结合绿色思想,探索一种能够适应特定自然环境和社会环境,能够像生物膜一样具有保护、渗透、调节和交流等功能的绿色住居界面,提出了绿色住居界面必须具有的六个特性：可识别性；选择透过性；弹性；内外不对称性；事件可参与性；特色性。作为进行绿色住居界面设计时必须遵循的六项重要原则。

通过界面与社区相联系以及现实生活中的种种迹象都表明：社区的边界不是也不能以硬性物质为边界。从边界特性的角度看，社区空间领域和结构特性并非是传统上认为的层级式的，而是亚历山大所谓的半网络，甚至是网络化的；社区的空间领域也不是界限分明而是相互嵌套的领域群[1]（图6-4），居民主观感知的社区边界也是相互交叉的（图6-5）。以上关于社区中心、空间边界、领域种种空间关系上的新认识说明了社区边界空间形态的模糊性和"柔性"。因此，我们有必要重新关注空间围合并重视界面的意义和设计。

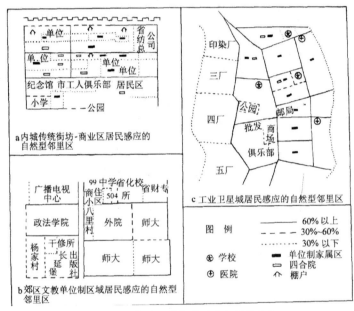

图6-5　社区物质边界与居民感知并非重合

（三）从关注空间围合到重视界面

1. 社区界面的意义

（1）活动和交往的场所

社区界面不仅仅是一种单一的空间划分边界（道路、围墙、墙面），而

---

[1] 斯蒂（D.Stea）将领域按照社会组织结构分为三个层次：领域单元（Territorial Unit）—即个人空间、领域组团（Territorial Cluster）和领域群（Territorial Complex）。他把个人空间定义为一个小圆形物质空间，以个体为中心，文化上的因素影响着半径；领域组团包含了个体空间及其间交往频繁的通道；每一个群体中的个体同时都具有自己所属的其他组团，包含这些组团的集合则被定义为领域群。

是居民活动和交往的场所。作为住居
的界面，常常是人们日常交往的集散
休憩之地，它整合了人际交往、日常
生活等诸多功能，使私有空间与公共
空间交融流通，最大限度地将人们的
行为活动融合在一起，满足了人们社
会交往的需求，是人们进行户外活动
的理想场所。现代住宅设计很少考虑
这些微观界面的社会作用，而这些界
面上的活动仍在发生着（图6-6）。

图6-6　空间边界的丰富活动

（2）社区安全防线

居住区界面的交往活动使得各级
社区界面由消极空间转变为积极空
间，相应地提高了社区的安全。社区的边界地带常常由于缺乏人们的监督而
受到冷落变得危险。居民在界面空间内的积极活动形成了住居界面的柔性安
全防护体系。社区的防盗系统和监护、警报系统仅仅能在设备监控的范围内
起到作用，并不能完全解决居住区的安全问题，而且引发居民心理上的不适。

（3）社会整合的"窗口"

社区中心作为混合社区边界，具有社会整合的特殊意义。在我国社区阶
层化的趋势下，社区边界具有特别的意义。社区围栏封闭，造成社会隔离是
公认的事实。社区之间的围栏封闭阻碍了不同群体的相互接触和彼此理解，
从心理上造成了不同阶层的隔阂。在行为上，隔离封闭的空间阻碍了路径的
可选择性和便捷性，特别是放弃了社区居民空间邻近性这一社区培育的基本
资源。

从社会阶层融合的角度，如果将阶层社区相邻的空间营造为混合社区的
"中心"，那么不同阶层居民共享的交往场所对促进不同阶层的理解和认同所
起的作用将十分显著的它将成为不同阶层社区居民相互了解的"窗口"，有
利于促进阶层间的融合。这样的"窗口"曾经在我国70、80年代的非封闭

图 6-7a　自然要素的界面

图 6-7b　自然景观要素的社区边界

图 6-7　空间边界的划分与融合边界的可参与性

图 6-8　通过设施加强界面的可参与性

的社区公园中和90年代以来的低收入社区中普遍存在，如杭州的翠园小区、西安的明德门社区等，而在一些近年来建设的高档社区中却是遗憾的缺失。

2. 社区界面的设计

积极的柔化社区界面不仅仅是以绿化、曲线、凹凸等空间形态将社区边界加以物质操作，而是利用边界域的"边界效应"，将各级社区边界营造成促进社区间居民交往的活动"场所"，使其接纳不同的市民阶层，成为社区成员和周边社会接触的窗口，社区公共空间的城市性和公共性也因此而增强。运用界面营造场所和交往中心的空间策略有：

（1）以步行商业街作为边界。一条尽端路可使邻里组团凝聚，而一条宽阔的林荫路将会起到划分组团边界的作用，一条快速道却只能是一堵墙，然而一条拥挤而行进缓慢的市街可以是一个中心场所。[1]

（2）以自然景观要素为社区边界。我们可以让社区公园成为社区的后花园或在居住区的界面空间内配合绿色走廊或水体等设置健身步道，并结合老人和儿童的生理及心理需要布置活动场地和按摩步道，照顾到不同年龄层的人群活动的需要，使界面有较大的可参与性（图6-7）。

---

[1][美]凯文·林奇，加里·梅克.总体设计.黄富厢，朱琪，吴小亚译.中国建筑工业出版社，1999：213.

（3）增加边界的设施。还可以结合现代人的生活节奏和要求配置丰富的社区硬件设施和软件设施（服务设施），从而加强界面的可参与性（图6-8）。

（四）走向开放的社区空间

1.社区空间组织的形态结构模式

根据社区空间领域性、层次性的需求，针对社区的不同规模进行社区空间结构形态构思有以下几种模式，空间也从封闭走向开放。

（1）"核—中心"。内向封闭的社区"核—中心"结构是我国社区最为典型的空间形态结构，其布局往往以社区公园（绿地、水面）或结合幼儿园、商业休闲设施，形成内向封闭的社区中心，周边布局居住单元。如图6-9a是2000年中国小康住宅设计竞赛一等奖方案。

（2）"轴—中心"结构。其布局往往以线型社区商业街结合社区文体、休闲设施共同形成线性中心——步行街，居住邻里组团布局在中心步行可达的范围内，例如深圳万科四季城（图6-9b）。

（3）网络结构。"轴—中心"结构网络化就成为相互联系的公共中心系统，如杭州彩虹城（如图6-9c）、杭州市的金家渡社区。

（4）"核—轴"+网络结构。当用地形

图6-9b　"轴—中心"模式

图6-9a　"核—中心"模式　　　图6-9c　"网络"模式

图6-9d　核—轴放射＋网络结构

图6-9　社区的空间形态结构

状、规模都不能以单一的"核"或"轴"来组织社区的形态空间结构时，多采用"核＋轴"模式，或以核为中心的放射轴＋网格轴模式（如图6-9d）。

社区结构组织方式不仅仅反映了基地规模、形状、地质实况，无疑它也折射出规划者、开发者的设计理念。

目前，我国社区的种种空间形态无论是开放还是封闭，都是以开发地块为对象形成的内部整体空间形态，很少从城市社会的角度关注社区之于城市系统、网络的建构作用——内向封闭的空间观念仍占据社区规划理念的中心。

2. 社区空间开放的策略和空间形态

由于我国传统空间观念和当下的社会背景，封闭社区仍为目前居民择居意愿所在，也是开发商所遵循的原则。这成为我们在社会和城市整体原则下走向开放社区不得不面对的现实。所以，社区由封闭走向开放不仅要综合考虑城市治安状况和居民愿望而定，同时还需要长时间社会治理和观念引导。但是，我们仍然可以通过空间模式和空间管理积极地、逐步地引导社区开放。那就需要我们再次把视角转向社区之间的空间和城市公共空间去探究空间的形态和社会关系，探索社区开放之道有如下三个层面的内容和策略。

（1）社区景观向城市开放。社区与城市互为借景改观城市街道单一封闭的景观，这是从城市整体景观出发对社区空间规划的基本要求。具体做法应打破社区临街面建筑连续的封闭形态，让社区景观和居民活动"透"出来（图6-10）。特别是社区公园的布局可采取以下方式：

图6-10 社区景观开放

①公园作为社区中心位于从街区中可以看见并容易到达的地方，不仅有利于服务该社区，增加它的使用率而且还可引发居民拥有它的自豪感。

②方便的话，公园应该尽量位于社区中心或入口并且至少靠近公共

道路。

③公园的间距应该有规律，"打断"连续的交通道路的单调感，形成韵律感，营造集散道路沿线优美的景观（参见分析图6-11）。

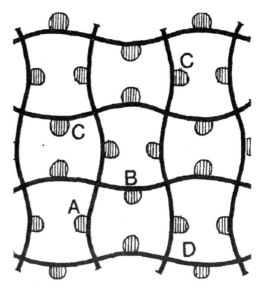

图6-11　公园的间距有规律"打断"集散道路，
形成韵律感，

（2）社区设施开放。设施开放使相邻社区可以"借用"设施，增加了社区设施的多样性，更为根本的是，这也是商业经营效益的需要，所以，这是目前从实践上多被采用的社区开放内容，如沿街商业、经营户型、社区生活街道都被广泛的采用。

社区中心和设施设在城市道路边界向城市开放是一种更可选择的优秀方式，既保证了社区的空间领域，又为社区内外的交往提供了"界面"，向城市所有人开放社区公共空间和设施有助于提高社区的活力。例如，西安紫微城市花园，社区中心花园置于城市道路边缘，既提升了开发楼盘的知名度（实际上也取得了意想不到的经济效益），又增加了城市公共空间，也改善了地段的城市景观（图6-12）。其社区的公共设施位于入口，既可对内又可对外服务；同时，住宅后退城市道路也免受交通噪音的干扰，可谓一举多得。"紫微城市花园模式"是一个罕见而成功的开放社区模

图6-12　社区中心公园和设施向城市开放

式。从其经验可见，公园作为社区中心尽量布置在社区边界，不仅能很好地服务于公众，还对房屋出售产生积极影响。

（3）社区道路开放。我们以往的居住区规划理论与规范都以小区不被穿越为指导原则，提倡采用环路或者弯曲的内部道路组织外部交通穿越社区。这种概念已经根植于我们社区规划理念之中。于是，无论是60公顷还是6公顷规模用地社区，环路似乎成为惯常做法和看家本领。社区的道路开放就是社区的入口和道路设置上，增强社区的可穿越性，如图6-13所示，进一步发挥社区道路在地区局部交通中的作用，也为城市缓解城市干线的交通作贡献。

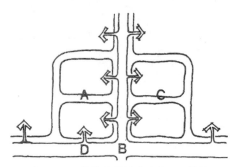

图6-13a　传统的社区道路和入口设计

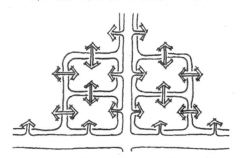

图6-13b　向城市开放的社区道路、入口格局

（4）社区与城市空间整合。城市社区对相邻的城市区域而言，应该是开放的社区。社区不能总是关起门来，包括本身的配套设施，都应该面向城市开放，否则，这样的封闭住宅区跟建在郊区的没有什么两样。[1] 此外，社区的公共空间开放也是社区与空间整合的策略之一，是其成为所有人可以自由出入和使用的公共空间。在这方面，英国新城（Newtown）建设的发展历程对我们有很好的借鉴作用。第一代新城邻里空间严格划分，强调独立性的社区形式削弱了城市中心的吸引力。人们不愿意、也不能从自己的邻里到其他邻里，使不同的邻里间产生了社会隔离。第二代新城建设吸取了以前的教训，弱化社区空间的独立性，更强调城市的整合。这样，不仅方便居民交往，突出了新城中心的作用，通过提高居住密度和缩短服务半径，使新城内所有服务设施都在有效的步行范围内，

[1]雅典宪章，转引自王昕，"城市化社区"设计——蛇口花园城一期设计. 建筑学报，2002(3)：14-17.

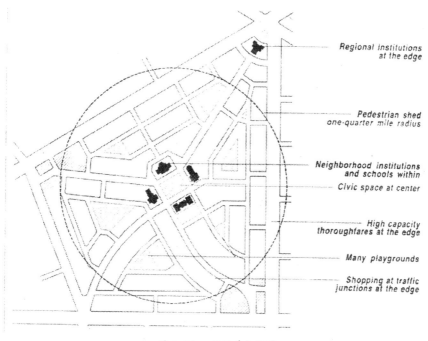

图 6-14a　邻里单位模型

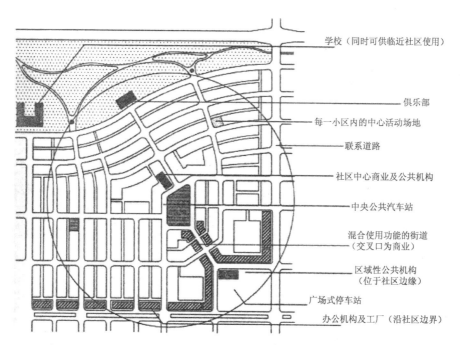

图 6-14b　新城市主义提出的传统邻里模型较传统的邻里单位理念更具开放性

人车几乎完全分流，社区的空间结构比较松散，社区边界被弱化，因而大大增加了社区的可达性，增进了居民的交往。

综合以上社区交通的穿越性、公共设施和中心的边界共享等特征，我们还可以从邻里单位（图 6-14a）以及新城市主义倡导的传统邻里（TND）的空间模式图（图 6-14b）中发现社区的整体空间格局由封闭走向开放的一些要素的变革。

3. 引导社区开放的规划策略

社区走向开放还可通过如下规划策略加以引导：

（1）可以用类似"紫微城市花园模式"的规划理念引导开发商的开发建设，使其正确处理经济效益与社会效益双赢的关系，引导社区形态布局走向开放。

（2）利用公共空间建设引导空间形态。在规模开发中，可以采取减小开发地块的规模，将社区公共空间转化为城市公共空间的策略。如"基本社区"采用开放式空间模式统一进行规划后，社区级的中心，如广场、公园等公共空间由政府或政策鼓励开发商投资兴建，既服务于社区又服务于城市。其优势还表现在，可以通过这些公共空间营造作为社区开发的"触媒"引导后续开发的社区空间面向这一公共空间，从而改观传统社区开发"背靠背"的局面，创造"面对面"社区。

（3）利用现有的资源推进开放社区。虽然居民多希望社区封闭，但从社区调研来看，如果社区的开放措施（包括交通、景观、设施）在不影响居民生活（如社区安静、安全）的情况下，居民对社区的开放在心理上是有适应性的。当他们在其中生活一段时间后发现并没有原来心理作用下的种种问题，如治安、噪音等等时，他们就会逐渐适应开放社区的生活。所以，应在政府提供的经济适用房、廉租房等中低收入社区中推广采用开放社区。当然，开放社区在治安混乱的地区如果的确存在明显的安全隐患，这就需要社会综合治理和采取适宜的社区空间形态。

三、空间整合策略——混合社区空间模式研究

从社区理论发展历史来看，从"邻里单位"、"花园城市"、"新城理论"到最近的"新城市主义"理论都主张通过社会各阶层混合居住促进社会整合。目前西方研究认为混合社区大致包括以下几个方面的广泛内涵：

①土地使用功能的混合，已经证实对于创造多功能、富有活力的商业及公共中心十分有效；

②社会阶层的混合，即不同年龄、种族、职业、收入水平、生活方式等居民的混合，以创造和谐的城市社会；

③建筑式样的混合，致力于多样化的景观和地域文化培育；

④住宅建筑类型的混合，通过在同一社区内提供不同类型的住宅以适应不同阶层混合居住的需求。

从西方的规划历史上看，混合社区研究仅强调原则而并未提供现实可行的混合社区空间模式，使之缺乏现实的可操作性。所以，经验主义的研究证实以邻里单位为代表的社区所倡导的社会整合、阶层混合和政治和谐并未发生。这也证明研究混合社区适宜模式的意义所在。我国目前对混合社区的社会意义还缺乏正确认识，相应的在我国国情下的实现途径也缺乏系统的研究。混合社区实现的难点和重点是阶层混合，这也是本章探索的重点。

（一）阶层社区的社会性

1.同质社区的社会性

混合社区（异质社区）是与均质社区（同质社区）相对的概念。社区同质或异质主要是指社区内居民阶层的单一化或多元化而言。在这里，社会阶层除传统社会学上所指农民、个体工商业者、教师等等外，还包括不同收入水平、教育水平、种族信仰等各类社会差异的人群。一般来说，当社区某一阶层居民占绝对优势时，我们称之为同质社区，反之，则为异质社区。国内外有关研究显示同质社区更符合社区精神。其表现为：

（1）符合居民的择居意愿：居民愿意选择与自己相同阶层的居民住在

一起；

（2）符合居民的认同和归属需求，并且便于为不同社会阶层的居民"量身定做"适居环境，以满足其个性化需求；

（3）同质社区居民相似的生活方式、消费结构还利于提高居民安全感、公共设施的利用率和业主统一意见行使业主权力（如表6-1所示）；

表6-1　同质与异质社区的优劣调研

	安全	舒适	公建利用	小区内交往	与城市交流	开发管理
混住小区	中	良	差	中	优	中
同质聚居小区	良	优	优	良	差	良

（4）居民相似的价值观和行为方式利于在文化认同基础上建立密切的社区人际关系和培育社区精神。相反，普通的混合社区不具有这些优势。阿莫斯·拉普卜特在《建成环境的意义》一书中从文化景观的角度指出：在一个均质的地区，个人化和人的行为"叠加"产生强烈的、清晰的统一性；在异质性很强的地区则随机变化，使得空间规模的地区意义微弱，甚至全无（图6-15）。从这个意义上讲，社区规划应当鼓励具有同一属性和归属要求的人在一定的地域范围内、自愿基础上的集聚，以达成社区精神，即社区同质化。

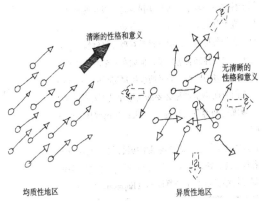

图6-15　同质与异质群体行为与空间清晰的性格意义

2. 异质社区的社会性

混合社区主张的提出主要是基于其社会学意义。一方面，基于社会和谐的理想。混合居住模式可以促进不同阶层居民交往、理解，被认为是解决不同社会阶层隔离的有效方法，而且由此可以产生社会资本[1]。

[1]科里曼在《社会理论基础》中指出："当人们之间的关系转变为互助的行为时，就

另一方面，基于社会公平的价值观。低收入者应该与高收入者享有同等的生存与发展条件，混合不同收入阶层的居住模式至少可以为低收入居民提供平等的外部社会经济环境，为其自身社会经济能力的提升创造同等的外部机遇。在此基础上，混合居住模式的支持者认为，不同收入阶层混合居住邻里的主要优点在于：

（1）通过中高收入群体的影响，改变低收入群体的行为模式，除了住宅质量可得以改善外，城市社区的生活环境质量也同时得以提升。

（2）通过中高收入居民较好的信息网络，帮助低收入居民找到工作。

（3）此外，阶层混合的社会环境使得各阶层观念相互影响。高收入群体具有更明显、更严格的社会行为准则，可以规范每个混居邻里成员的行为，因而可使地区的犯罪率下降。

（4）低收入居民可以得益于更多的就业机会、更好的教育设施和地区社会服务。

从根本而言，混合居住模式的最基本目标是：使低收入群体的生活环境质量得以改善，社会地位和经济能力得以提升。可见，混合社区利于社会各阶层公平地分享社会资源，帮助弱势群体和促进社会各阶层相互理解、交往，从而促进社会整合和社会可持续发展。这是混合社区之于社会可持续发展意义上的重要性。由此可见，我们应该走建设混合社区的道路。

综上所述，我们不难发现，社区规划既应当保证具有同一属性和归属要求的人在一定地域范围内自愿基础上的集聚，即社区同质化。然而，按社会

产生了社会资本。"社会资本是促进社会良性发展的基础性资源。目前学者们总结出对社会资本的三种定义。第一种是"传统的"社会资本定义，认为社会的、基于互惠主义的共有的信念，共享的信息及互相的信任（Woolcock，1998）。用布特纳的话来总结，"社会资本是指社会组织的一些特性，例如社会网络、共同信念、互相信任，它们能为相互的利益而促进协调和合作"（Putnam，1993）。第二种定义有较广泛的含义，它认为社会资本包括在民众中的竖向和横向的组织机构以及机构之间的关系。除了上下之间的竖向关系，横向关系（和别的组织的联系）更反映出社区的可识别性（The World Bank，1998）。第三种定义包含了最广泛的含义，它将社会资本放入一个社会的社会政体中考察，认为社会资本反映了政府、企业界及民间社会三方合作的程度。这涉及政府组织、法律及企业组成。引自张庭伟，社会资本城市规划和公众参与．城市规划，1999，23(10)：20-30.

学的理想目标应促进社会构成的异质，即混居社区模式，以促进社会和谐。这是社会目标在社区规模空间地域内社会构成的矛盾。这种两难的境地也是中外学者都在探索的问题。解决问题关键还得从整合社区规划理念、寻求双赢策略、探索适宜空间模式入手。

（二）混合社区的理论模式

从城市社会—空间整体来看，社区微观社会—空间系统是宏观城市社会—空间系统的有机构成部分。社区是地域共同体，因此，社区规划首先必

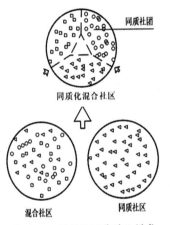

图 6-16　同质社区异质化模式

须以建立地域社区精神为宗旨，从"局内人"的角度，从个体、群体的情感、物质需求和生活行为入手，建立适居的、与地域社会结构适配的物质空间形态；同时，社区更是整体城市乃至整个人居环境中的一个地域空间单位，社区规划必须将社区视为一个社会开放系统，还应当从社会可持续发展的理性角度出发，促进社区作为更大区域要素的意义、角色和功能，强调社区对于社会整体和谐的意义和义务。

如果将上述两种理念整合，则社区规划一方面要从强调社区精神实质，促进居民认同感、凝聚力出发，保护社区同质化；另一方面，又要从社会整体和谐角度考虑，保持社区异质，促使不同阶层的居民相互理解、消除社会隔阂，以消除阶层壁垒、阶级对立，达成社会各阶层共生。在共生社区规划理念下，笔者提出"异质社区同质化"和"同质社区异质化"策略来化解社区同质和异质两种属性的矛盾。

所谓"异质社区同质化"、"同质社区异质化"是将不利于社区培育的异质社区和大地域空间规模的同质社区（不利于社会整合）解构为多个小规模的、不同阶层居住的"同质社区"，再重构为异质社区，即局部的同质与整体的异质（图 6-16 所示）。"同质社区"利用同质居民利于形成密切人际关系等优点，重点在于培育社区精神；重构后异质社区整合多个"同质社区"

以促进社会各阶层和谐为目标。二者取长补短，使得社区物质空间与社会空间同构。这样由多个不同居民居住的同质社区为基本社会空间单位，以社区建设设施和社会活动中心为"介质"，形成多元结合、合而不同、结构化的自由空间来构成多样化的异质社区，也取得社区精神与社会原则的统一和双赢。

上述"异质社区同质化"策略实际上等于我们对社区社会空间提出两个相互矛盾的要求，社区也同时具有两种相互冲突性质。我们可以运用物场理论[1]来客观认识并解决这一矛盾。根据物场模式，如果社区有两个相互冲突共存的性质，要求改善一个性质（社会整合）的同时又不使另一个性质恶化（减弱社区感），可采用把它们在空间、时间和结构上分开，使之整体具有一个性质，而部分具有另一个性质的策略，以消除冲突。同理，社区可视为不同阶层的人相互作用的空间"场"，根据物场模式，可把一定规模不同阶层居住混合社区在空间上、结构上分成许多由"同质社区"构成的居住单元，而又不失其整体的异质。"同质社区"是以建立密切社会联系网络为宗旨的同阶层的居住单位，对各类"同质社区"提供适合不同阶层居住生活所需并能够负担的个性住房、社区服务、空间环境和相应的日常生活设施，保证各"同质社区"阶层生活的个性便捷和空间特性。这样就能保证社区同质化的同时又保持其异质性。

（三）适宜的混合社区空间结构形态

1. 物质规划目标

（1）营造"介质"

首先，上述由多个"同质社区"构成的异质社区，由于不同阶层人们的

---

[1]物场理论是一种精确的科学，其理论前提是认为世界是一个相互联系的物质体系，物质与场是现实世界两种基本形态，也是相互作用的系统即物场系统。物场系统是由物质B、场和介质C三种基本元素构成，在这里场指一个空间范围，物质B指具有静质量的不连续组合的总和，介质C指相互作用的物质或场，相互作用指物质体或现象在它们相互变化中各种形式的联系。物场系统分析法是解决技术矛盾和物理矛盾的有效方法，所谓物理矛盾就是要求元素A实现C1，就该完成B1的作用，同时又要元素A实现C2应完成B2的作用，即向系统某一元素A同时提出两种相互对立的要求。物场系统有许多典型应对不同问题的解决模式。

生活方式、价值观的差别，不同阶层存在着一定的隔阂，怎样促使不同阶层居民间的交往而形成社会融合？此类情形属于给定两个性质不能改变的物质要求保证两个物质（社会阶层，特别是贫富阶层）很好的相互作用。同样可按物场系统分析法则来理解，利用物场补构的原则，通过加入介质 C 来建立完整的物场系统，促进两个阶层相互作用。表现在社区层面上促进不同阶层的互动，可通过物质空间形态和社区公共生活的建构，增加人们接触机会的"介质"。而我国目前社区建设市场化历程中表现出的由机动车道路与围墙分割封闭的"背靠背"的社区隔离状态，却正在削弱这些"介质"的作用，与社区融合的道路背道而驰。

（2）适宜的同质社区规模与形态结构

从理论上讲，任何城市都可看作异质社区，局部的同质与整体的异质并不矛盾。但问题在于多大规模的同质社区才有利于促进社区精神，怎样的城市空间肌理可以防止城市社会空间分异。所以，"异质社区同质化"、"同质社区异质化"策略之于社区精神和社会整合双赢的关键有两个因素：其一是"同质社区"规模的确定是否利于促进社区精神；其二是混合社区空间形态是否可保证异质社区对各同质社区有较强的社会亲和力，符合社会阶层整合的要求。此外，从种群生态学的研究我们得到启示：通过优化社区形态布局，可以加强"同质社区"间的时空联系，促进其间的物质、信息交流。

（3）调查研究及基本结论

本书主要是从社会整合角度探索形成"异质社区"居民社会网络的"介质"，和从培育社区上探索"同质社区"适宜的空间规模和人口规模。为此，笔者在 2003 年 6 到 9 月对位居西安南郊的 5 个社区（2 个混合社区，3 个同质社区）进行社区问卷和个案走访调查，共发放问卷 160 份，回收有效问卷146 份。由于影响社区日常人际交往的因素很多，此次调查仅对影响各社区社会网络形成的"介质"，即交往产生的主要因素和交往发生的主要场所（商业购物、教育设施、会所、公园）及其空间形态以及交往的质与量进行调查。对有效问卷统计结果显示（表 6-2）：

表 6-2　社区交往与设施的关联调研统计

社区名称	社区属性	空间设施与社区内交往发生的比例						社区内交往/居民交往总量
		儿童照顾	社区公园	社区会所	商业设施	社区内工作	其他	
西安紫薇花园	中等收入阶层同质社区	28%	33%	32%	6%	2%	3%	16%
紫薇城市花园	中高收入阶层同质社区	36%	33%		11%	2%	18%	12%
西安明德门小区	不同收入、教育阶层混合社区	41%	36%		8%	10%	6%	46%
西安建筑科技大学居住区	单位制社区中等收入混合社区	20%	16%		4%	66%	6%	82%
西安糜家桥小区	中高收入阶层混合社区	36%	18%		26%	17%	6%	18%

①产生交往的"介质"设施

虽然从整体上来看，不同的同质社区交往媒介有差别，但是居民产生交往发生最为频繁的主要场所不外乎两大类：一是儿童设施，如幼儿园、玩具出租、亲子园（收 0—3 岁儿童）；另一类是公园和会所。而单位制社区居民交往的更多是通过工作关系。

②重视儿童媒介

从个案调查发现，由于中国家庭非常重视孩子的教育，孩子越小需要家长的关爱越多。家长之间为了交流儿童的抚养、教育经验，往往会增强交往的愿望，从而

图 6-17　儿童是社区交往的重要介质

提高成人的交往质量，容易形成密切的人际关系（如图6-17）。而儿童的天真可爱，也可化解人与人之间的隔阂，所以在社区规划中应重视儿童对居民在社区的交往中的"介质"作用。

③场地、场所和交往"介质"

通过观察和个案走访调查发现许多晨练（舞蹈、剑术、太极拳）和各类体育爱好者（羽毛球、乒乓球、篮球等）的非正式组织成员，他们之间因为长期在同一场地活动，形成了信息交往、互助等密切的社区人际关系网络，大大提高了交往的质量（如图6-18）。他们中许多发展为朋友关系，而且以他们为媒介许多还建立起家庭之间的交往和互助，被访者中多人谈及他们的小孩在学习上互助。也有多人通过这一网络找到理想的工作。而且，这些成员包括来自周边步行可达的各阶层居民，以共同的活动为媒介增进了相互了解，消除了阶层隔阂，也拓展了社区的社会网络。社区空间正因提供这类社交、活动场地不仅赋予空间环境以场所的意义，而且提升了社区的交往质量。相比之下，那些注重"养眼"、"美化"的高档社区环境则显得空旷而黯然失色。

图6-18 场地社区交往的重要介质

④"同质社区"的适宜规模

虽然从理论上讲，同质邻里的规模越小，社会异质的肌理越细腻越有利于社会融合。但是，个案调查证实，由于混合社区的人群构成复杂（除单位制社区），居民间有防备心理，并不利于提高同质社区内居民的交往质量。从明德门（混合社区）的调查结果还发现，由于不同街区间的幼儿园质量、收费差别比较大，不同收入的居民往往因此要舍近求远，居民反响比较大，也会削弱儿童设施对密切社区人际关系的介质作用。因此,针对"同质社区"的服务对象,幼儿园临近不同阶层设置更利于使用上的便捷,而且还可以保证去幼儿园不必穿越社区道路。所以,结合第五章社区规模研究和社区调研结果,笔者认为将维持一个幼儿园的人口规模,即"街区",确定为同质邻里规模较为合适,这与第五章关于社区规模的研究结果一致。

2.混合社区的空间布局原则与规划要点

综上本书第五章部分有关社区微观空间形态的研究以及本章上述社区开放、混合社区"介质"的研究结果,我们可以得到以下混合社区形态结构的基本结论和规划要点:

(1)将规模开发的基本社区作为异质社区的基本单位,采用"基本社区—街区—庭院"的社区空间结构,街区的物质结构与"同质社区"的社会结构相对应;

(2)适宜的同质社区规模。将维持一个幼儿园的人口规模和4—6公顷的用地规模相结合确定为同质社区规模;

(3)优化社区空间布局,强化其对各阶层社会和谐的"介质"作用。在"基本社区"层面上促进不同阶层的相互交往、理解,即需通过物质空间的配置和非物质的组织引导公共生活增加上述促进不同阶层人们接触机的"介质"。

空间环境介质的"营造"应特别注重:

(1)公共开放空间(如社区公园)、公用设施的配置和空间布局,创造有特色、有吸引力的社区公共生活中心并使之方便到达与使用;

(2)社区的中心布置在各街区的边界,作为社会融合的窗口;同质社区的入口开向社区中心促成"同质社区"之间边界融合;

(3)"基本社区"空间和建筑形态的个性、标志性与整体性的结合,完善社区标识体系;

(4)完善社区公共设施的配置,提高生活满意度;

(5)社区环境的美化与适用相结合,提供丰富的室外活动场地,并组织引导居民参与社区活动方面,包括社区建设、开发、纪念、娱乐、公益事业等活动。

总之，通过这些公共设施、空间的配置，以及公共活动的组织为"介质"，增加不同阶层的人们从接触、观察开始，逐步增强交往和社会理解的可能性，使各阶层之间形成地缘上的心理认同，增强促进比"同质社区"更大范围的社区归属感，从而促进社会阶层的整合。

3. 混合社区空间形态模式

根据以上原则、规划要点，综合交通与居民行为方式。本书提出混合社区"双轴—心"的空间结构模式，如图 6-19 所示。"双轴"指"基本社区"与城市网络相连的"交通轴"和"社会轴"，虽属社区空间，但具有城市公共空间属性。"社会轴"以社区建设设施、使用频率较高的活动场地、绿化景观和一部分社区商业设施构成，若有必要可采用"乌纳夫"交通模式，取得交通性与社会性的双赢。"交通轴"除了穿越社区外，还可考虑路边和住宅间的消极空间停车。"心"是指各个社会阶层居民的生活中心，是以嵌套式院落围合成的"同质社区"的"客厅"和"核心"，其中设置儿童活动和居民社交设施。

这样以"双轴"为骨架，并通过传统社区步行街和生态绿化的引入，同质社区的入口与"双轴"紧密联系，共同构成网络化的"双轴—心"空间形态模式。"双轴—心"空间模式致力于保证同质邻里居民间的凝聚力，又体现混合社区实现社会不同阶层和谐相处的社会亲和力，是社会微观与宏观双赢的社区空间形态模式。与传统社区空间画地为牢，注重层级、封闭的"中心—边界"体系和空间形态相比，"双轴—心"模式更强调空间整体与局部的开放和关联、中心的网

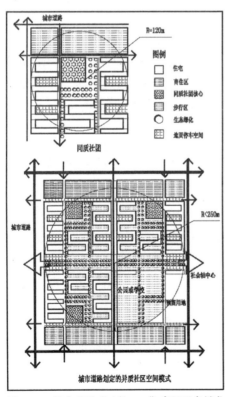

图 6-19　混合社区"双轴一心"空间形态模式

络化、多阶层融合与"介质"的营造等等。其主要表现为：

（1）均质的社会空间肌理。"双轴—心"空间模式强调以"同质社区"为基本居住单位的社会阶层以及社会公益性设施（如学校和公园适宜间距1公里）在城市范围内均质分布，以城市交通划分的异质社区间的开放性与相互联系形成城市社区网络。

（2）社会亲和空间。轴向的社区中心表达了"均好性"，通过与各同质社区核心紧密结合的廊道空间，完备的城市生活设施、适宜的步行的可达性等，建立各阶层居民的平等相处"介质"的亲和空间。它也是各个同质邻里之间的柔性边界，替代了目前冰冷的围墙铁栏，具有缓冲阶层对立的意义，诱导各阶层居住的"同质社区"入口向其开放。

（3）富有活力的社区中心。"轴中心"是集社区景观、交通停车、休闲购物、社区管理、散步晨练等多种功能为一体的多功能中心，以其容纳社会活动的丰富性、展示性和活力形成公共社会生活中心。它具有半公共的城市空间属性，是社区居民就近体验城市生活魅力的场所，是社区的象征性空间，也是与其他基本社区或上一层次社区相联系的社会空间。

（4）可穿越性。"双轴—心"空间模式建议城市干线的间距不大于500米，强调社区空间保持适宜的可穿越性，使社区微观交通对于缓解城市交通压力做出应有的贡献。

（5）社区功能布局倡导步行交通优先。其重视步行交通对于社区交往和提高生活质量的意义，将机动车交通"过滤"在步行范围之外，建立独立的社区步行系统，并将社区各类生活设施（如学校、商业等）都与步行系统相连并在步行可达范围内（图6-20）。

图6-20　田园牧歌式的社区生活

（6）强调土地的混合利用和创造异质生活空间。将工作与生活在自行车、步行交通方式（绿色交通）可达的范围内解决，减少无谓的工作奔波，缓解城市日常交通的压力，增加居民在社区内的生活时间，提高社区生活的质量。提供多种不同类型的住宅和个性化居住环境，适合不同阶层居民的居住需求。

（7）强调空间资源整合的"四维"空间利用。社区停车场主要在夜间使用，在白天可用作社区活动场地或工作机构停车场，同质邻里内居民社交与儿童设施合建也可以在使用时间上成人和儿童交错等等提高空间利用效率。

（8）综合实效。"双轴—心"空间形态模式强调土地的混合利用、绿色交通、资源整合、空间融合、开放、渗透等等都是从宏观、中观与微观入手，促进社区社会、生态与经济的可持续发展举措。

四、社会原则与社区精神相统一的空间调控策略

（一）混合社区的空间调控机制

在全球化、地域化及信息技术发展的国际背景与国内社会政治经济改革及市场机制的双重作用下，我国的社会空间结构变化产生了类似于西方国家出现的社会阶层对立与矛盾激化现象。从城市空间异化形成的机制来看，包括客观和主观五个方面的因素。

（1）经济因素。即不同的住房价格和居住成本将不同收入阶层分化。

（2）区位、环境。社区在城市中的位置、交通、公共设施、环境质量、声誉等综合因素，使其在城市中的地位往往具有象征性，也与物业价格相连。

（3）历史上老工业区的衰退与现代城市和社区规划不当所致。

（4）居民的择居意识上有选择与同阶层的人居住在一起的倾向。

（5）社会文化心理层面。在消费社会，居住地和环境象征着身份与地位，所以，居住在哪儿，环境如何就关乎居住者的"面子"问题，也有十分微妙的影响。

在上述主客观因素的影响下，居民在城市中择居和流动，寻求适合自己的居所，逐渐形成社会阶层在空间中的分异。从控制论角度来看，个体择居意识、市场及价格等因素是社区同质化的正反馈机制。社会空间异化的规划调控就是要加强社会目标的负反馈机制，通过探索混合居住模式与建立相应

的社会调控机制，促进社会阶层在城市空间分布的均质化。在市场机制下寻求社区规划与社会原则的统一是一项综合的社会调控系统工程，而其实现也离不开城市交通、土地利用、空间模式、社会政策的共同协作。为此，我们首先应从以下几个方面入手。

1. 抓住机遇

从西方城市社会空间发展的历程我们清楚地认识到：在市场为主导的城市化过程中，如果没有强有力的规划和控制手段，那么城市不同收入阶层的居住分化和隔离是不可避免的。我国当下正处于社会转型期，社会阶层化趋势日益加剧，但是不同经济阶层（富裕阶层、中产阶层）之间的社会认同性不高，还没有形成类似西方国家明显的阶层象征，但是，同一阶层的生活方式又有相似的特征 [1]，也就是说，虽然我国目前总体来讲存在阶层差别，却无明显的阶层对立。另一方面，中国的城市是在计划经济时期共同富裕、社会空间均质基础上发展演化的，因此无论从社会心理上还是经济、空间方面，推行阶层混合居住模式所遇到的社会阻力与西方相比要小得多。如果这个时期建立正确的社区概念，进行科学的社区规划，有效地进行社会政策干预，综合调控社会各阶层在空间上的均质分布，就能够阻止不断加剧的城市空间异化，避免走西方城市化过程中先发展而后难治理的老路。在对西安市明德门小区的走访调查也证明了这一点（见本章实证部分）。总之，在以可持续发展为目标的今天，特别是在我国社会转型的十字路口，抓住机遇，以社会、经济、生态协调持续发展的理念引导我们的城市化道路显得尤为重要。我们在确定社区发展与社会整合的理念与目标后，相应的适宜模式及对市场的约束、引导相关的社会经济和政策调控研究都迫在眉睫。

2. 深化住房供给结构改革

中国房地产的开发在地区之间存在着极不均衡的现象。在部分地区房地产业发展过热苗头的表象下，隐藏的是住房供求结构失衡，有效供给不足，特别是对中低收入的住房供应不足。相关数据说明，一方面，我国目前房地

---

[1]顾朝林.城市社会学.东南大学出版社，2002.

产业的积压程度相当之高，空闲率平均在 38% 左右，2001 年的空闲面积就达 13156 万平方米。[1] 由此导致一些大中城市高档商品房供过于求，价格虚高。另一方面，低价位的面向中低收入者的经济适用房却供不应求，使得房地产市场价格与中低收入者的购买力之间出现了严重错位。国家统计局投资司统计，从 1999 年到 2002 年，在中国总体住宅投资中，经济适用房的比重逐年下降，同期别墅和高档公寓的比重则逐年上升。

此外，政府为解决中低收入者住房问题所实行的廉租房、经济适房政策虽已初见成效，但由于它们的区位布局不合理，影响了其充分发挥实效。例如，我国许多城市的经济适用房集中布置，并且分布在地价便宜的郊区，使中低收入者不能在工作地附近购到称心的住房，或虽然搬到郊区改善了居住条件，却造成了他们在居住地和工作地之间无谓的奔波，在降低了生活质量的同时也增加了生活成本，不利于他们快速提高生活水平。所以，廉租房、经济适用房政策作为一种社会关怀，在实施过程中不仅要考虑中低收入者经济承受能力，还要从根本上考虑可达性，即为中低收入者就近上班提供方便。更重要的是应以此为契机，调控社会各阶层在空间上的均匀分布。应该将经济适用房作为一种调控社会阶层在空间上均质分布的策略，在城市住区建设中，宜采用"遍地开花"、在整个城市范围内均匀分布的方式，结合商品房的开发，将经济适用房以街区为单位，作为一个个中低收入阶层的"同质社区"镶嵌体融入城市空间肌理，促进混合居住模式，达成社会阶层共生目标的实现。

3. 优化土地供给机制

目前，我国许多城市的土地供应以区位地段的优劣、离市中心远近、自然景观的差别分为许多土地类型等级（如图 6-21），每类等级对应不同的土地价格。进入市场后，按经济规律必然将价格较低的经济适用房推向郊区或区位地段差的地区，形成郊区中低收入者聚居区。相应的城市资源配置不公，势必造成经济适用房住区成为明天新的"贫民区"。

---

[1] 平新乔博士与其合作者对内地 31 个省市中的 35 个大城市的相关数据分析得出的结论。仅北京一地，截至 2003 年年底，商品房空置面积 1123.4 万平方米，其中住宅空置面积为 896.9 万平方米。

另外，政府土地出让时常常采用大宗地块批租，一度出现住区建设"大盘化"的势头，也加剧了同质社区的形成。自1990年至今，全国已有不计其数的住区"大盘"。开发商在获取土地后，按同一价格标准进行住房建设，"价格的过滤"作用促

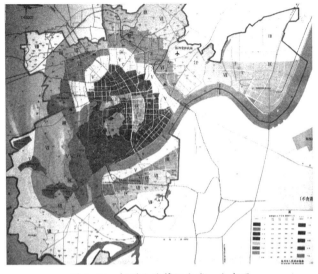

图6-21　杭州土地等级分类、分布图

使社区在收入阶层上的同质化。同时，大盘社区由于往往缺乏政府的有效控制，政府办社会成为开发商办社会，常常造成公共配套设施的缺失，特别是社区建设设施。

要想更好关注城市贫困和城市阶层严重分化，应对城市增长中的社会问题，必须优化土地供应机制，促进混合型同质社区的空间格局。具体策略有：

（1）土地供给时应体现出社会人文关怀，按居住阶层的差别细化对城市住宅用地分类，并增加中低收入者居住用地规模。此外，要使其在城市空间中均匀分布，增加中低收入者就近选择住房的机会，使其得到真正称心的居住环境，而非仅仅迫于价格的压力。

（2）"生地出让"转向"熟地出让"。土地出让时，大部分社区配套中教育和社区建设设施都已建好，直接计入开发商的土地成本。与以往采取的措施[1]相比，熟地出让可从根本上明晰社区配套的产权归属，保证社区配套的

---

[1]我国目前大型小区内房地产开发商建设公建配套设施后，一般都把这些设施移交给政府的主管部门，由相应的部门进行管理，实际上这是一种所有权管理，体现的是实物化的地价。房地产开发商在公建配套设施中建好学校后可以有两种途径：一是将学校移交给区、县教育部门，二是移交后向区、县教育部门申请社会办学，但学校产权仍归国有。这些设施表面上看起来好像属于房地产开发商，但实际上，公建配套设施的产权又是属于国有的，似乎与当地社区的住户没有关系。然而，我们知道，为学校

完备与公平。2001年《上海市土地使用权出让招标拍卖试行办法》就体现了这一精神。

（3）土地出让小型化。小宗地块出让可以防止大宗地块出让造成的住区"大盘化"对社区同质化的推动，也便于安排各类阶层住宅用地，促进混合社区模式，使社会空间结构合理化。

4. 正确引导社区开发

由上所述，可以通过经济适用房政策、土地供给方式和土地类型分布政策来调控社会阶层的空间分布，促成混合社区的实现。城市不同地段、区位的地价差异使得几乎所有的城市都存在居民穷、环境差、治安乱的城市区块。这些区块即使地理位置好也会因上述问题而导致地价较低，如杭州的城东，西安的西郊与东郊大部分地区。在经营城市理念下，完全可以将城市区位的地价差异视为可经营的资源，取得经济效益和社会效益的双赢。具体来说，在城市开发过程中通过物质环境建设先期投入来改善投资环境，不仅可以提高其地价，而且由此作为城市开发"触媒"，可以引导开发商的物业开发类型，也不失为一种有效促成混合社区的措施。如西安城的某地段开发中，政府利用政策鼓励开发商在此修建城市广场，改善了这些区位的物质环境，开发商所购土地以及周边土地都获得增值，开发商在这原属城市"贫民区"中插建中高档住房。

5. 塑造异质空间，走向阶层共生的人文生态社区

现代生态学的研究带给我们的启示是：空间的异质性，使得各阶层具有共存的可能性。而且，从城市空间自组织的"策略"中我们可以看到：城市空间从城市中心到城市近郊不断增加着空间的异质性。随着这种空间的异质性从城市中心到郊区不断地在空间上拓展和程度上增加，相应阶层的异质化和共处共生的状态也不断增加（如图6-22）。我们目前的社区空间发展策略并未遵循这一城市空间的自组织规律，不断建设的阶层同质化和空间功能单一化的居住社区，未能为不同阶层的居民提供日常生活的全面需求和阶层相

建设实际掏钱的不全是政府，也不是开发商，而是将配套费成本转嫁在房价上，住户是真正的投资人。

互接触的不同空间形式，妨碍了社区居民阶层结构的稳定、共存、共生。

因此，要想保持社区健康稳定地发展，首先必须建设与各阶层生活需求适配的物质环境。这包括在混合社区内建设适合不同阶层居住的住房和满足各阶层物质精神需求的社区配套设施。我国有学者曾提出通过增建低收入社区周边的生活设施来达到社区异质，但这一构想现实意义并不明显。因为商业设施与消费群体在一定的空间范围内是相互依赖的，商业设施有其天然的消费半径和服务对象，如果没有消

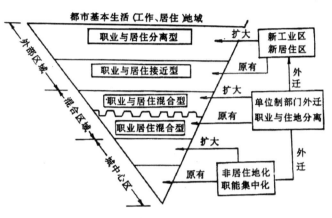

图 6-22　西安城市内部空间自组织变化规律

费群体而增建设施只能造成浪费。只有多阶层的居民结构才能维持多样化的消费结构和商业设施，而多样化的设施反过来又会丰富社区生活，为社区居民带来便利，从而提高各阶层居民的生活质量，维护阶层混合社区的稳定。

所以，在整合理念下的社区社会—空间建构在开始时就应力求塑造异质化生活空间，建设居住、工作、完善的生活设施等多功能复合的社区空间，特别是建立其与社会空间的有机联系，从根本上保证"同质化异质社区"的稳定，走向阶层共生的人文生态社区。

（二）社区公共配套设施的"属地化"管理

社区设施的管理"属地化"即社区设施归社区所有，社区居民以民主的形式责权分明，共同管理和受益。社区设施的"属地化"配置不仅符合商业设施经营运作的基本原理，更重要的是符合人文社会价值取向，是社区物质规划的基本原则。本书在此分析社区公共设施的"属地性"管理，从培育民主精神、社区自治、居民参与和社区规划的基础等几个方面阐明其重要意义。

1. 管理"属地化"的提出

社区是地域社会—空间的统一体，是地域生活的共同体。居民们共同的利益、共同的话题，都与地域空间紧密相关。从国内外社区建设的经验可知，居民面对共同问题，共同采取行动解决问题的过程本身就是促进社区归属感和建立地域社区精神的基础。"社会空间的管理只能是集体和实际的，由基层控制的、亦即是民主的。有利害关系的各方将会介入、管理和控制它。"[1]然而，目前我国社区"利害关系"的居民还未实质性介入公建服务设施的管理。居民在社区规划建设中心未有实质性的参与。正因如此，许多专家都认为我国目前尚未有实质性的社区规划与建设。为什么"利害关系"的居民不介入社区规划和参与社区管理呢？

诚然，我们市民的民主意识也许有待提高和培育，但这似乎并不妨碍他们管理自己社区事务的热情。我们可以从媒体屡屡可见的相关报道得到证实。

如某小区业主赶走不负责的物业公司并且自己选择物业公司以及"团购"等等现象，都表明市民的民主意识正在迅速成长。如：在西安市祭台村，因村长在城中村改造中，没有将规划方案及时与村民协商而被村民集体罢免（图 6-23）。在社

图 6-23　西安祭台村的居民大会

区调研中也发现居民的自主意识非常强烈。表现之一是在 80—90 年代的小区中，居民对"居民委员会"干部的选举都十分踊跃，认为这关系到他们是否能代表居民管好社区。由此可见，居民的民主意识和社区管理能力都毋庸置疑。

---

[1] Henri Lefebvre, Space:Social Product and Use Value,in Freiberg, J.W.（ed）, Critical Sociology: European Perspective, New York:Lrvington：1979，pp.286-296.

　　问题的关键是社区的大多数公共配套设施的管理权由于种种原因从社区组织的管辖权中"脱出"，并非居民可以参与管理，即居民没有被授权决定自己社区地域空间中的社区事务。目前作为社区三大法定组织——业主委员会、居委会、物业公司管理社区的效果如何？实际上，有许多重大问题他们也无能为力，如社区停车难、学生上学问题和社区照顾问题，因为社区中没有相应的设施，即便有也不属他们管辖，如学校就属于教育局统一管理。正因如此，便造成了目前社区三大法定组织——业主委员会、居委会、物业公司，实际上都不能协商解决所有的社区问题。

　　社区设施管理从地域空间中"脱出"会带来许多意想不到的社会问题，严重影响居民的生活。贵州省唯一的国家级城市住宅试点小区中天花园[1]居民遇到的问题就具有代表性。中天花园的居民买了房才知道小区只有一所贵族学校，孩子读完小学要花费6万元。小区的住户很多是工薪阶层，他们不是不想让孩子在中天读书，而是实在读不起。由于承受不了这笔巨资，许多孩子只得在离中天花园四五公里远的另一所小学就读，每日需要住在那里的长辈照顾。有的住户为了孩子的读书，干脆又回到城里居住。这里的13名业主以他们接受义务教育的权利受到侵犯为由把贵阳市云岩区教育局告上法庭。

　　如此独特的官司，在国内很可能还是第一次。虽然表面上看是新建小区义务教育学校设置的法律空白，实质上反映了社区配套学校的管理权从地域空间中"脱出"存在的问题。《城市居住区规划设计规范》明文规定：居住区配套公建的配建水平，必须与居住人口规模相对应，并应与住宅同步规划、同步建设和同时投入使用。不过，对于新建住宅区配套的学校是否必须是公办学校这一问题，目前国家也无统一规定。正因社区设施与社区居民如此"不相干系"，才会出现"没有规定一定要办义务教育"的法律漏洞，也才会出

————————
　　[1]《南方周末》2002年3月7日第16版。以"小区只办贵族学校，没钱的孩子怎么办？"为题报道了贵州省唯一的国家级城市住宅试点小区中天花园13名业主子女状告贵阳市云岩区教育局的事件。在贵阳市中天花园，开发商与北京知名的寄宿式小学北京小学和贵阳市教委合作，联合兴办了一所颇具档次的示范式小学——中天北京小学，并于1999年9月1日正式开学。

现上述奇特的官司，许多城市才会出现社区配套不全的普遍现象。因此，当公共设施配置的社会公益性与某些部门"本位效益"发生冲突，社会整体效益及居民生活需求就沦落为其敛财的手段和牺牲品。

总之，社区组织能否发挥其应有作用，并非完全是社区的民主意识、管理能力或社区组织的问题，问题的症结在于社区居民是否被政府授予权力管理社区所有事务，而非仅仅是自家的房子。一言以蔽之，从根本上解决社区规划参与问题、社区自治问题的关键是社区设施的属地化管理。

2. 管理"属地化"的社会意义

意义具有"含义"和"重要性"两重内涵。社区管理"属地化"将社区的地域空间范围与社区居民的共同生活需求、共同的权利、义务建立对位映射关系，对社区精神和社区民主建设都具有重要意义。它引申的社会意义可归纳如下：

（1）有利于满足社区不同社群的多样化需求，抗衡社区公共设施的经济利益导向，回归公共空间的使用属性本质。

中天花园学校的案例已经表明：如果在部门经济利益驱使下，社区设施从社区地域空间使用中脱出，即使合理布局也难以适应居民需求。类似的例子在调研中已屡见不鲜。然而更为重要的是这种管辖权的非地域化导致了在商业化冲击下社区设施的经济导向而非服务导向，即社区设施成为社区外部权力强迫消费的商品经济空间，社会使用价值退居其次。

与此相反，社区设施地域化便于在民主管理机制下反映地域社区中不同个体与群体的多种需求，并与社区公益设施的经济利益导向抗衡，使社区的公共服务设施真正为社区居民服务。其最为典型的例子是单位制社区。由于社区空间与社区的管辖权重合，社区设施完全地域化，使得社区内群体的多种需求均能得以满足[1]。如今在市场机制的作用下，许多单位制社区消除了以前"小而全"的弊端，结合周边开发来配置单位辖区内的公建服务设施，很

---

[1] 例如许多单位的集资房建设中所体现出的广泛职工参与和协商，从社区的空间功能布局、价格承受能力、户型设计、设施配置在内的所有问题都争取社区成员的满意，而这在市场机制下是不会存在的。

好地反映了单位群体在地域空间内的设施需求。[1] 一个特别值得注意的现象是：许多城市教育质量最好的幼儿园、中小学等并非是市教育局管辖，而是由许多单位自办的，居民最重视的子女教育问题解决得令职工满意。可见，社区属地化管理更容易满足社区居民的生活需求。

总之，"社会的转变预设了空间的集体拥有与管理，被利害相关的方方面面不断干预，使它们有多重（有时是矛盾）的利益。这种地域空间集体管理与拥有能够克服工作空间（使用空间）和（重复的）商品空间的分隔与脱离。"[2]

（2）有利于资源的利用和社区空间的动态整合。

在市场机制下的社区建设，开发商建设前期尽管考虑消费群体定位，但这不能保证设施的设置符合后期入住居民群的各种不同需求。与此同时，政府规划法规对住区建设相应规模的配套项目而言基本上是一个刚性框架。这种"自上而下"生产出来的物质空间，应该通过社区居民的自我管理，在原来设施物质外壳内重新"自下而上"的空间建构，以满足后期入住居民的需求。如重新设置符合后期入住居民需求的物业形态、服务标准、价格标准等。

此外，社区在其生命周期中，居民及其需求也是一个动态变化的过程，如随着住区中居民人口构成的变化，对幼儿园、中小学等教育设施需求下降，就会出现所谓的"空置"现象。而与此同时，社区居民年龄结构老龄化，对社区中老年娱乐设施需求的提升，社区内又缺乏相应的场地建设或对原有设施加以改造利用，特别急需老年设施。这种两难现象在社区调研中时有发现，但是随着居民生活水平的提高，社区设施总体不是主流。所以，问题的症结不是设施"空置"，而是设施管理"非属地"造成的社区空间资源难以整合所致。

中小学设施不属于社区管辖，"空置"现象也最多，在空间资源整合方面显示出明显的资源浪费。社区调研中发现：中小学配置的运动场地几乎没

---

[1] 笔者在西安铁路局家属院和西安建筑科技大学及单位制的社区调研中发现这一现象。

[2] Henri Lefebvre, Space: Social Product and Use Value,in Freiberg, J.W.（ed），Critical Sociology: European Perspective, New York: Lrvington，1979，pp.286-296.

有与社区统筹使用的案例，学生放学及休息日，学校关门，学生就得使用社区中有限的运动场地与设施。如西安明德门社区的中小学活动场地与社区活动场地仅有一路之隔，却不能为社区居民及放学后的学生使用。学生放学后，学校操场边冷冷清清的（图6-23），社区活动场地却人满为患。社区场地是居民所需由社区公园绿地改建。试想，如果社区学校与社区公园能够整合使用，就不必为增加活动场地而牺牲社区绿地。

图 6-23　社区活动场地（左）的热闹场景与冷清的学校活动场地（右）

由上可见，社区设施的属地化管理是实现社区资源整合的必要前提。所谓社区空间资源整合，就是要打破社区空间管理的界限，将社区内的空间统筹安排和布局，提高空间利用效率，最大程度满足社区居民的需求。目前社区空间归属的条块分割状况必然增加空间整合的难度，社区设施出现上述的"相对过剩"和"严重不足"局面就是其表现之一。

（3）有利于发扬民主精神，实现社区自治，减少政府的负担。

社区和地区社会学在 20 世纪的社会科学研究中一直与反对中央集权，发扬地方民主自治的政治主张相结合，即是一种分权主义思想。刘君德教授[1]在城市社区管理体制改革中提出将目前"市—区—街"模式转为"市—街"模式，弱化城市区政府对社区的管理，强化街道社区管理的主张。然而，无论何种形式分权和加强地域社区管理，其基本前提都是社区管理属地化，使社区管理权域与社区空间界域一致，否则社区自治与管理都难以取得实质性进展。

20 世纪 80 年代以来，西方社会逐渐意识到政府集权式的管理会影响个

---

[1]刘君德.中国城市社区组织制度的创新与思考.杭州师范学院学报（人文社会科学版），2001，2.

人、家庭、社区及志愿组织等活动的规模和性质，于是有识之士提出了"赋予能力（enpower）"的思想。它是基于这样一个认识：人类的大多数投资、活动和选择并非"政府"行为，即使政府试图进行一些调控，许多地方的事情也超出了"政府"的控制能力；政府的主要责任是进行监控，防止个人、社区和企业将外部成本推给别人。社区赋权的实践证明，"那些曾似不可克服的问题现在开始变得易于处理了。"所以，社区管理的属地化是社区自治的首要前提。它对政府充分发挥职能也有两个方面的肯定意义：一方面，发扬了地方民主精神，实现社区自治，还能够减轻政府的负担，自下而上灵活有效地解决社区问题；另一方面，完善了政府职能，满足了千差万别的社区居民动态需求。

（4）有利于建立居民对社区的认同感和归属感，建立社区精神。

社区设施的地域化管理将社区的空间归属与空间界域相统一，必然有利于社区居民在空间认同基础上产生社区认同感与归属感。同时，社区管理地域化之后的社区组织，才能更好地行使社会管理职能，实现真正意义上的自我管理。与此同时，社区设施属地化管理后，社区的管理事务也会大幅度增加。因为这时居民拥有的不光是自家的房子，还包括公园、学校等社区设施的营运维护。这必将大大提高居民关注与自身利益相关的社区事务的自觉性，提高居民参与社区集体生活、共同管理的积极性。这些参与管理的行为，也是建立地域社区精神、培育社区生活共同体不可或缺的社会行动。

（5）有利于开展和居民参与社区建设。

社区设施的属地化是实现社区自治、发扬民主精神及培育社区精神的一体化。如果仅赋予社区组织管理权而无相应的物质管辖权，其后果必然是社区组织某种程度上的虚设和无所作为。目前我国社区社会化已是必然趋势，而社区组织却处于"政府化"和"社会化"的间隙，势必会影响居民的自治意识。从上述"祭台村罢选村长"的案例中我们不难发现：哪里的居民对社区地域空间中与自己相关的所有问题有发言权，哪里才会有真正的、实质性的社区参与和互动，也只有社区居民都积极参与到社区建设中来，社区营建才具有实质意义。此外，西方社区规划的实践中，居民参与的合作性规划

（collaborative planning）常常遇到的问题就是难以确定社区空间的边界。而我国目前社区不确定的设施与空间归属必然影响到社区规划确定物质边界和选择居民价值观，必然不利于开展社区规划与建设。所以，社区设施属地化管理也是开展实质性社区营建的重要前提。

总之，社区设施，特别是公益性设施属地化的社会意义不仅仅是居民使用方便那么简单。从社会整体效益来看，它关系到个体的社会意识、教育机会和生活质量；从社会可持续发展的角度来看，它关系到社会和谐、劳动力的素质、社会公平等因素。经济效益的提高应通过科学管理创新，而非以牺牲社会整体效益为代价。以社区学校为例，假如社区学校在社区组织管理下，在社区内适宜均匀分布，满足学生就近上学，同时通过教师（相对学生来说，人数较少且属于成年人）的流动调配，而不是学生和家长的无谓奔波，照样可以取得经济效益和社会效益的双赢。

五、西安明德门混合社区实证研究

（一）明德门社区概况

西安市明德门社区位于西安市南郊文教区，朱雀大街西侧。社区始建于1996年，整个居住区规划用地614.71亩。社区分为东区、西区、北区、南新区四个小区，如图6-24所示。社区于1996—2003年陆续建成，是西北地区最大的开放式社区，有全国十大文明小区称号。

该社区是西安市政府主导下的经济适用房住区。1996—1998年，动迁安置户（北区西部）、高校教师（南区）、国家机关公务员（北区东部）、廉租屋住户（西区局部）等社会阶层以"同质社区"为社会空间单位陆续

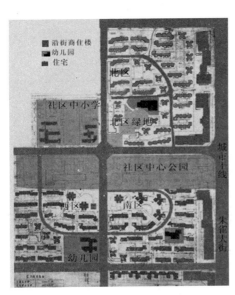

图6-24　社区总平面图

入住。由于当时留有部分土地陆续出让给开发商建商品住宅，1999年以来，中高收入阶层逐渐入住明德门的商品房住区，形成典型的"同质化异质社区"居住模式。

（二）实证调查

1. 社会空间布局

明德门社区的社会空间布局见图6-25。

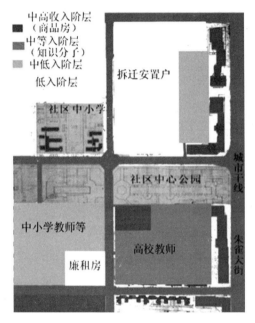

图 6-25　社区居民的社会空间布局

2. 阶层相处状况

笔者在2003—2004年对60名不同阶层居民的个案走访调查发现：

（1）"同质社区"以工作单位居民为基础（除了北区的动迁户外，其他部分都是由工作单位出面购买再卖给本单位职工），居民在短短几年里建立起了较为融洽的社区氛围。

（2）80%的各阶层被访问者并不排斥这种"同质化的异质社区"的混合居住模式，各阶层居民相处也十分和谐，混合居住不仅给社区生活带来多样化景观和活力，也的确促进了各阶层的相互理解，形成了良好的社会气氛。社区也因此吸引了大量的中高收入者的加入，不断增多的中高收入阶层，使得社区的商业设施档次提高并趋于多样化，居民社区生活质量、生活满意度也随之提高，体现了混合社区优良的社会效益。

（3）社区居民基本上可以排除阶层隔阂，形成由不同爱好形成的各类社会团体，如乒乓球、戏曲、健身操、麻将等等。这些团体的活动极大地促进了各社会阶层的互动（图6-26）。通过走访乒乓球爱好者发现，他们有20多人的规模，相互之间对各自的家庭、职业、爱好都比较了解，有高水平的交往、互助行为，甚至发展为家庭之间的深层交往。如孩子相互进行学习辅导，通过家人相互介绍工作等。

图6-26 社区丰富的社团活动和社区生活

图6-27 社区中心是经过详细功能划分的一个开放空间

图6-28 相互支持的活动场所

（三）混合社区的形成机制

1.社区中心的"介质"作用

从社会阶层融合的角度，混合社区的"中心"设置在各同质社区的边界，而且开放使用可以成为不同阶层居民相互了解的"窗口"，并作为空间"介质"促进阶层间的融合。笔者发现，不同阶层居民共享的社区中心对促进不同阶层的理解和认同所起的作用十分显著。

明德门社区中心公园不同于目前流行的社区中心（常常以美化环境为主），它是经过详细功能划分的一个开放空间（图6-27），可以容纳多样化的社区生活，如放风筝、商品展示、社区文艺表演，甚至军训。其各类场地之间的活动相互支持形成一个具有活力、亲和力和吸引力的社区中心，成为社会各阶层都喜欢去的空间场所，对社会融合发挥了"介质"的作用（图6-28）。

然而，这样一个社区公共空间的社会意义在许多政治家的观念中还比较模糊，在开发商的理念中，它更多的是一种卖点和促销手段，而在学者们（社会学家、规划师）那里就成为一种为民请命的呐喊和困惑。所以，我国目前社区公共场所缺失的关键因素与其说是缺乏机制来确保其存在的合理性，莫如说这种观念还没有成为一种政府、开发商和社会的共识。

2. 分期开发的时序安排

明德门社区成为目前的混合社区并非一日之功，而是经过1996—2004年逐步开发营建而成。1996年社区开始建设之初，这里还是西安南郊边缘的一片荒地，当时由西安市安居办公室下属房地产公司负责开发经济适用房，用于安置由南门城区迁出的拆迁户和兴建针对中小学、高校教师以及公务员的住宅区。1998年上述几大部分建成，形成最早的明德门社区主要部分。后来剩余的土地陆续出让给开发商开发商品住房，高收入者入住明德门，才逐渐形成目前阶层混合的异质社区格局。

3. 环境的"触媒"作用

明德门社区能在逐步的商业开发中吸引高收入者入住，从开发商的楼书广告和走访中可以看出有几点特别重要：①社区公园的规划建设；②社区完善的幼儿园、中小学配置；③高校教师的入住对其他居民的心理和行为规范有一定的影响；④社区汽车交通没有干扰社区生活，社区内的交往活动频繁；⑤社区公园和社区的活动场地为居民开展自发性的社区生活提供了物质保证。

4. 阶层的差异与空间格局

明德门社区形成目前和谐的阶层混合社区也得益于其居民收入差异并非

很大（表 6-3）。而且从社会阶层的空间格局上看，无论是教育阶层还是收入阶层在社区空间上的分布不是突变的，而是逐渐过渡，如图 6-25 所示，而且最为重要的是其间有社区公园或社区道路起到缓冲的作用。此外，每个同质社区具有一定的规模，使得居民容易形成归属感和社区文化。与此相对，美国的混合社区实践中往往在总体规划的大片社区中插入一个其他阶层的居住单位（PUD），往往只有几户和十几户的规模，不容易形成社区归属感，反而使得其居民在其中产生一种被监视的感觉。这样的阶层混合方式自然不利于社区的稳定。

表 6-3　社区居民收入调查表

	户数	居民阶层状况	家庭年收入（万元）
东区	1200	高校教师	4—10
西区北区东部	1620	事业单位、公务员	2—5 4—6
北区	1140	工人，个体户	1—5
南新区	970	工人，农民	1—3
商品房区		各类职业背景	5—20

六、小结

传统的社区空间规划虽然强调社会原则，然而其"中心—边界"空间模式实质上对社区的社会原则产生了某些负面影响，表现为内向封闭的空间形态与现代城市的空间肌理与生活行为的冲突，也造成了新的社会隔离。所以，从社会原则出发，本书提出了传统社区空间必须从封闭走向开放，从同质走向混合的主张。

封闭社区是中国目前从单位制社区转向商品型社区愈演愈烈的社区空间组织方式。本书辨析了社区开放与封闭的利弊，并探讨了从关注空间围合到重视界面，通过采取社区景观开放、设施开放、道路开放的策略，最终走向社区与城市整合的空间形态和政策调控机制。

社区精神与社会整合是社会原则目标的整体。同质社区与异质社区之于社区精神与社会整合分别具有重要意义：同质社区符合社区精神，而混合社区更有利于进行社会整合。本书提出了社区精神与社会规划原则统一的"同质社区异质化"及"异质社区同质化"理论模式，并探索了相应的"双轴—心"混合社区空间形态。面向中国国情现状，本书进一步探讨实现混合社区的空间政策调控机制，提出了社区公共配套设施属地化管理的社会意义。

第七章

社区空间模式与居民交往关系
实证研究——以杭州市典型社区为例

一、社区建设与空间模式演进

（一）中国历代社区空间管理模式演变简述

从整个历史发展进程来看，我国古代社区基层组织经历了"开放—封闭—开放"的过程。这一过程很大程度上反映了古代统治者和被统治者之间矛盾的相互发展过程，正是这一过程推动着古代文明的发展和社会的进步。

在原始社会城市形成以前及形成初期，社区以氏族聚落聚居形式存在，居住区是开放的，屋宇面向氏族中心或依日照、地形等因素布局，它是由以血缘为纽带的氏族自然形成的人类社会共同体。典型的例子如原始社会母系氏族聚落遗址——陕西半坡遗址，其聚落范围为不规则圆形。居住区在聚落中央，周围以人工挖掘的大壕沟围绕，分南北两片，每片均有一座供公共活动、氏族议事等使用和首领居住的"大房子"。大壕沟外北为墓葬区，东为制陶区。

随着社会经济的发展，阶级的分化，我国逐渐进入奴隶社会时期。至商周时代，在家族公社并未完全解体的条件下，农村共同体逐渐形成，即作为最早社会基层组织的邑、里和社。《周礼·地宫》的《大司徒》和《遂人》分别记述了两种不同的地方行政系统，前者记载的乡党系统为六乡比伍之法，后者记载邻里系统为六遂比伍之制。乡遂之别，因其居民共同体不同而呈现不同的基层组织形式。六乡为国人居住，是统治阶级，保存了宗法制度，以家族公社作为聚落形式，带有明显的血缘组织痕迹；六遂则是野人居住区，是被统治阶级，无宗法之制，以农村共同体为聚落形式，其邻里系统是一种摆脱了血缘关系的地域基层组织。此种国野之别直至战国时期才消亡。《尔雅·释言》提出"里，邑也"，也就是说作为农村共同体的邑、里即当时按地区来划分的居民基层组织，也是各级贵族管理土地和劳动力的计算单位。因此，基于管理和交换的需要，基层居住区逐渐走向封闭。至春秋战国时代，亦有"社"和"书社"的记载，作为一种基层地域组织大致与"邑"、"里"相同。

随着生产力发展和私有制因素的增长，家族共同体趋于瓦解，并通过采邑与赐田形成非劳动者的土地私有。至战国初年，农村共同体也分化为一家一户的个体家庭。至秦代，土地所有也由国家所有逐渐变为家庭私有，此乃劳动者的土地私有化。但因贫富所限，并不能使所有立户农民都有私有田宅。正是贫富分化和兼并现象的产生，使土地私有成为历史过程的必然。战国时代，随着国野界限的消失，封建国家的形成，使五家为伍，十家为什的什伍制度逐渐形成。秦国实行什伍连坐制最晚，却最为严格。秦统一全国后，取消了各国的轨、联、比等名称，统一代以伍、什名称，为以后历代所沿袭。

汉代推行"孝悌力田"，奠定了中国两千年的以家庭为生产单位自给自足的小农经济格局。家庭以家长为主导，村落基本是家族的集聚所在。在管理上更重视乡俗民规，将教化工作与行政手段结合起来，带有很大的自治性。即县以下的基层行政组织，设乡、里、亭。乡以下设里，一百家为一里，十里设一亭。

魏晋南北朝的基层组织基本因循了汉代的乡里亭制度。但随着北方少数民族渐次南下，特别在南北朝时期，社会动荡不安，乡里制度已无力发挥其原有作用，于是出现各类坞壁组织以据坞而守，成为"百室合户，千丁共籍"。同时，中央政府实行三长制，很好地实现了对户籍的管理，经济管理主要体现在负责土地的收授、赋役的征发、监督农业生产、养食孤弱者等方面。

唐代基层组织基本沿袭隋代之制，并加以修正，实行里保邻制。在唐代，乡里是依据行政原则划分的基层行政组织，坊村是按照居住地域原则划分的小区管理单元。唐代城中的"坊"乃一封闭的居民区，乡下的"村"也是相对封闭的居民聚落。唐长安达到了顶峰，封闭的坊墙，定时启闭的坊门，夜间宵禁，普通居民一律在坊内开门。

宋初基层行政基本是沿用唐代的乡里制度。王安石变法，保甲法是重要内容之一，其核心功能是强化地方治安，十户为一保；五保为一大保；十大保为一都保，即所谓都保制，实行五保连坐。而此时封闭的坊墙已逐渐打开，没有了坊门与坊墙，各户都直接向街巷开门，实行更加开放的基层社区管理，取消宵禁，允许沿街设铺，自由交易。

元代在行政设置上，从上到下均贯彻民族歧视的政策。在农村建立村社，五十家为一社。黄河以南的汉人称为南人，编为二十家为一甲，以北人为甲主，是历代农村最残暴的基层行政组织。

明清时期是中国资本主义的萌芽时期，商品化生产逐渐发展。明代在农村采用乡老人制和里甲制并行的制度。乡中"老人"协助官方管理农村行政，负责农民的教化，调解乡民的纠纷，协助处理诉讼。里甲制度规定一百一十户为一里，其中十户为里长户，轮流坐庄，十年一轮，出一人为里长。该制度有很强的自治性质，除纳税、应役外，与官方几无任何联系。清代虽然是满族统治，但在农村行政管理上并没有采取元代具有歧视性的政策，实行里社和保甲并存的制度。里社的作用在于调查人丁户口，为征收赋役服务；而保甲的作用在于强化治安，其里甲制基本沿用了明代的制度。

20世纪初清末推行新政，至辛亥革命前后，以具有现代意义的地方自治体制和警察新制取代保甲旧制，成为当时制度改革的主要趋向。但到二十世纪三四十年代，国民政府统治时期却倒行逆施，新制非但未能确立，反而使保甲制度复兴，并以此为最基本的社会控制制度。此时的保甲制度虽有异于清代的旧时保甲制度，但功能和形式上的变化，不可能改变它的传统特性以及其在社区生活中的基本地位，它最本质的特征就是以"户"（家庭）为社会组织的基本单位，限制了城市居民的自主活动。

从此，中国封建社会之前的社区基层组织单元发展过程告一段落。伴随着社会物质生产力及生产方式的发展,从原始社会经历奴隶社会到封建社会,社区基层组织始终围绕着社会阶层和城市社会空间结构的重构和分化而发生着改变。虽然基层社区空间有着"开放——封闭——开放"的趋向,但其开放和封闭的程度都是相对而言,不同类型的空间开放趋向千差万别。直至今日,开放社区的空间形态依然存在着相对封闭的一面,影响着社区居民交往的有效性和社区生活的舒适度。

(二)新中国成立以来杭州社区建设与管理状况

1. 新中国城市社区建设

新中国成立之前,南京国民党政府对城市住区采用的保甲制度,是中国封建王朝时代长期延续的一种社会基层管理方式,是一种社会统治手段。直至1949年10月23日,杭州上羊市街召开社区大会,废除保甲制度,成立了新中国第一个居委会。上羊市街居民委员会的组织架构与现行居民组织基本一致。1949年12月1日杭州市人民政府正式发布《关于取消保甲制度建立居民委员会的工作指示》明确了居民委员会组织的目的、任务、建立原则和应注意的问题,指出"以100户至200户建立一个居民委员会,由居民中选出委员7—9人组成,委员中互推主任委员、副主任委员各一人,负责领导与办理日常事务。分别设立生产、公安、民政、文教、卫生等小组委员会,由正副主任委员以外的居民委员领导。在居民委员会之下,由20至50户成立一居民小组,由居民选出正副组长各1人"。[1]上羊市街居民委员会的成立,标志着新中国城市基层民主自治制度序幕的拉开,是中国基层组织建设的新起点,其发祥发展史折射了杭州市乃至中国社区建设的发展史。

我国的社区建设在中央政府的推动下展开,自1949年以来,中国政府一直很重视缩小地区差异、城乡差异的政策及其实施,从广义上看属于社区发展的实践领域,而这一自上而下的实践很大程度上属于有中国特色的行政社区。早在1954年12月,由第一届全国人大四次会议通过的《城市街道办事处组织条例》和《城市居民委员会组织条例》,就已经确立了"城市街道——

---

[1] 资料来源:中国社区建设史料展示中心网上展厅。

居民委员会"的管理体制，即"为有效组织居民，协助市区级政府部门及公安派出所的工作职能，建立居民委员会自治组织，并设立市或区人民政府的派出机构——街道办事处"。自 1992 年起，在民政部的主导下，我国在全国范围内进行了大量基础性的社区建设工作，在社会管理中发挥越来越重要的作用。2006 年 3 月十届人大四次会议通过的《中华人民共和国国民经济和社会发展第十一个五年规划纲要》把社区建设作为"十一五"时期的公共服务重点工程，把社区发展提到重要的战略地位。这对推动中国社区发展和社会发展将起到重要作用。社区建设是改革开放 20 多年来中国社会巨大进步的标志，完善的社区建设和丰富的社区生活是一个国家社会生活的基本内容，也是国家和社会走向成熟的标志。

目前由民政部划定，以街道为单位的居住社区在中国各城市普遍存在，以街道社区为社区发展单元的模式具有一定的合理性和优越性。首先，城市街道社区的管辖范围包括若干个城市干道围合而成的街区，5—10 万的人口规模、管理服务范围和相应的公共设施配置，都较为适当。其次，街道社区内居民的互动发展需求和一定量的多样性要素相结合，增强了社区的自主性和能动性，具有合理的运作协调机制。最后，在社会组织建设尚未达到一定高度的当今中国，采用政府主导性较强的组织方式，通过上传下达的作用机制，可以拥有较大的资源整合优势。

社区建设的过程在某种意义上讲是一个增强社会意识的过程。居民通过广泛参与社区事务，了解自身的需求，并采取积极的改进行动。社区建设重在居民的参与和公私组织的相互协助。通过公私组织的协助，动员社区内的一切公共资源，解决与社区居民相关的各种矛盾，如就业需求、福利保障、空间环境等，以此提高全社区居民的生活品质，加强居民之间良好的邻里关系，保证了城市社区所应具有的亲密感、归属感。但是由于传统和体制的原因，目前我国政府推动型的社区建设往往造成城市社区的自然边界与行政边界相互交叉。根据政府政策界定的社区往往跨越社区的自然边界，并形成生硬的行政边界。政府推动也导致了居民社区参与度的降低。由于政府推动，社区建设多侧重于基础设施、居委会组织建设等。居民委员会也更多地履行政府职能，如计划生育、下岗再就业、社会福利、社会保障、社会治安等。社区居委会不是居民的自组织形式，与居民的距离很远，缺乏对于居民需求的全面考虑。因而增强社区本身的居民自治程度，进一步发展社会组织，适当减少街道社区行政机构的职能，必将是提高我国社区建设水平，提升城市社区居民生活品质的未来之路。

2. 杭州社区建设及管理状况

（1）杭州社区建设状况

杭州是新中国第一个居委会的诞生地，是新中国基层群众自治组织建设的发祥地。杭州的社区建设工作起步较早、基础较好。1992 年第一次"全国社区建设研讨会"在杭州召开，1994 年全国第一个"社区建设研究会"在杭州建立，1996 年全国第一部社区建设的理论专著《中国城市社区建设》在杭州问世，1999 年第一次"全国社区建设实验区工作会议"也在杭州举行，2003 年杭州市还被授予"全国社区建设示范城市"荣誉称号。自 2000 年初起，杭州市区开始了大规模的社区体制调整工作，按照"管辖区域与户数适当，界线清楚，区域相对集中，资源配置相对合理，功能相对齐全和基本覆盖到位"的原则，在市区范围内全部建立社区，截止 2002 年底，杭州市区范围内所有的居委会重新划分建立社区 437 个，其中主城的五城区建立社区 345 个。

进入 21 世纪以来，全面推进城市社区建设已经成为现阶段城市经济社会发展，特别是城市现代化建设的一项重要内容。

（2）"三位一体"社区管理杭州模式实践

杭州市以建设和谐社区为目标，深化社区建设改革，从理论和实践上积极探索社区管理新体制。2008 年首次提出"三位一体"新概念，并于 2009 年全面推进社区公共服务工作站建设，同时推进"三位一体"社区管理新体制的探索和实践，取得初步成果。深入系统地研究分析"三位一体"社区管理体制杭州模式，对社会管理体制改革和和谐社区建设有着重要意义。杭州市"三位一体"社区管理模式是对现有社区管理体制的一次重要改革，组织的复合性着重表现在社区党组织、社区居委会、社区公共服务站合为一体，体现了"主体多元复合、功能融合互补、目标多重统一、结构网络布局"的特点，形成了以"行政导向"为引导，"制度保障、监督考核、资源协调"为基础，"功能互补、服务强化、工作创新"为保障，"不同区域分类发展"为目标的"一个引导、三项基础、三种保障、一种目标"八力凝聚，相互推进的建设路径，最大限度实现社区公共服务、社区经济发展、社区居民自治的综合目标。

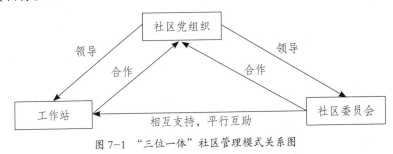

图 7-1 "三位一体"社区管理模式关系图

资料来源：《"三位一体"社区管理模式杭州实践研究》课题组

表 7-1 社区党组织、居委会、社区公共服务工作站三者复合的功能互补

组织类型	各自功能特征	功能互补特征
社区党组织	决策、协调、监督、服务示范	领导核心、统领协调全局
社区公共服务工作站	办理、建档、调研、管理、服务	公共服务、通过公共事务培育自治
社区居委会	宣教文体、互助资源服务、协调、补充福利服务	自治服务、增强社区认同归属感

资料来源：《"三位一体"社区管理模式杭州实践研究》课题组

"三位一体"社区管理模式，是指由社区党组织、社区居委会、社区公共服务工作站所构成的新型社区复合管理体制，其主要特点是交叉任职、分工负责，条块结合、合署办公，基本特征有：①社区党组织、社区居委会、社区公共服务工作站三位复合一体，形成复合性组织；②领导力、服务力、自治力三力功能合一；③人事权、职责权、经费权三权因事随转；④基层党建、公共服务、社区自治共建。"三位一体"社区管理模式中社区党组织、社区居委会、社区公共服务工作站三者之间不可或缺，互为对方发展条件，既是

对过去传统社区管理体制和工作模式的双重突破，也是在新形势下完善社区服务功能和民生保障功能的大胆创新。

　　根据杭州城区的经济和文化特点，可将其分为经济社会文化中心区、老工业商业区、新兴工业商业区、风景旅游区和城郊结合区五大区域。杭州社区"三位一体"社区管理模式的深入发展需根据不同区域、不同社区的特点和居民的实际需要，分类推进各个社区的发展，实现动态平衡。在提供一般性社区服务的基础上，每个社区根据自己社区的问题、资源、需求制订社区发展的方案，提供具有本社区特点的服务，提炼属于自我发展的新模式。于此，发展水平较高的社区能够保持和发扬优势，发展水平较低的社区也可以发挥自身特色，而不是刻板地采取"标准化"方向发展，避免社区发展的不平衡问题。

　　杭州社区"三位一体"模式引入"社区经营"理念，并制定相应制度。"社区经营"理念主要通过引入市场机制来建立和完善社区自我发展机制，运作社区资源，提高社区管理效率和社区服务水平，满足社区居民的物质和精神文化等方面的需求，努力营造富有人情味的社区环境，实现社区的可持续发展。

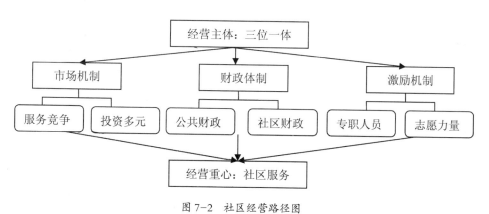

图 7-2　社区经营路径图

（三）杭州社区居住空间分异现状

1. 城市居住空间分异的产生

（1）城市社会空间结构演变引起居住空间分异

在城市变迁和扩张演进过程中，城市社会空间结构发生了各种类型的变化。在社会空间统一体理论中，社会结构和空间结构之间相互影响，其中阶层分化的状况投射到城市空间结构中，城市居住空间的分异状况作为城市社会空间变化的主要表现形式，对城市的发展过程起至关重要的作用，也是影响城市社区空间发展的主因。城市居住空间既是一种地理空间，也是一种社会空间，所表达的是不同社会群体的居住区的物质形态及其所反映的社会关系。城市居住空间分异，借用人类生态学的概念解释，即因居民的职业类型、收入水平及文化背景差异而产生的不同社会阶层相对集聚的居住区，也就是指不同特性的居民随着社会经济的发展各自聚居形成的城市居住空间分化现象。这就导致城市居住空间分布的不均匀，在特定的空间区域内分布着特定的居民区类型，即使是同一个居民区中，也存在内部的分异现象。

（2）迅猛的城市化速度导致居住空间结构恶化

在城市化发展过程中城市居住空间分异现象是不可避免的，通常来说城市化速度越快，这种分异的动向越明显，分异的程度越深，这是城市化发展的必经阶段。纵观我国城市的发展历程，1949 年新中国成立初期，我国共有城市 132 个，至 1978 年城市总数增加到 193 个。在改革开放之前将近 30 年的时间里，仅增加了 61 个城市。改革开放以后城市数量迅猛增加，至 2003 年，城市数量达 600 个，增加了 407 个。城市数量迅速增加的趋势，体现了我国改革开放以后迅猛的城市化进程的基本特征。西方城市社会的居住分异是自工业革命以来，在资本主义市场经济发展过程中逐渐地自然地形成的，城市化程度和城市社会空间格局的变化相对比较一致；而我国的居住分异现象则是在改革开放以来的 30 年里快速地形成的，是在人为的社会转型过程中，在各种制度因素影响下，居住空间结构重新得到安排的结果。迅猛的城市化进程和城市社会空间格局不相一致，城市活动从主要集中在城市中心区及邻近范围，扩散到了外围的城市郊区；城市形态呈现出低密度、区域功能单一和依赖汽车交通的完全不同于传统城市结构的格局。而此时城市用地规模增加的速度超出了人口规模增加的速度，即出现较明显的城市蔓延现象。

（3）城市蔓延现象引发城市居住空间大范围分化

严重的城市蔓延现象，是由不合理的冒进式的城市化发展进程所引发的畸形城市社会空间结构重组，很大程度上影响了城市土地的集约化利用和可持续发展过程，同时增加了经济、社会和环境等方面的成本，也直接影响着城市功能空间的重组。在城市中出现新的居住空间类型，对城市内部功能居住空间进行重组，使城市居住空间发生分异，形成不同类型人群集聚的城市居住空间，包括郊区大规模的居住区、城市中心区高档住宅区、城市远郊高档独立住宅区、城市边缘贫民区和城市边缘移民区等。

2. 我国城市居住空间分异的原因

分析城市居住空间分异的具体原因，各个国家和地区有其独有的特征。我国现阶段处于社会转型期，城市居住空间格局的改变、居住空间分异现象的产生机理主要有两个层面的内容，一是历史性的制度层面的作用，二是个人禀赋差异层面的作用。具体有以下三个方面的原因。

（1）城镇住房制度的改革，是我国居住空间分异产生的背景

我国旧有的城镇住房制度是一种以国家统包、无偿分配、低租金、无限期使用为特点的实物福利性住房制度，居民没有选择住房的权利，因此不存在一般意义上的居住空间分异。但随着住房商品化政策探索的深入，特别是1994 年国务院下发《国务院关于深化城镇住房制度改革的决定》，提出建立与社会主义市场经济体制建设相适应的新的城镇住房制度,实行住房商品化、社会化，建立以中低收入家庭为对象、具有社会保障性质的经济适用房供应体系和以高收入家庭为对象的商品房供应体系；以及国务院出台《国务院关于进一步深化城镇住房制度改革加快住房建设的通知》，取消福利分房，实行住房的货币化改革。在此基础上，城市居民根据自身的经济条件、需要、喜好等因素自主选择购买住房，导致城市居住空间分异逐渐产生。因此，可以讲政策的导向、制度的改革是我国城市居住空间分异产生的背景。

（2）城市土地级差程度的加深，是我国居住空间分异产生的基础

随着国土资源部于2002 年出台《招标拍卖挂牌出让国有土地使用权规定》，要求商业、旅游、娱乐和商品住宅用地等各类经营性用地，必须以招标、拍卖或者挂牌方式出让，导致土地级差效应日益显著。城市化进程速度越快的地区，土地级差程度越深，区位条件好、环境优越的地段，土地价格

高，使得出售的住宅价格相应变高；而位于城市郊区、交通不便、配套不齐全的地段，土地价格低，出售的住宅价格相应较低。地产开发商在利益的驱动下，通过选择开发的地段、开发档次等来影响城市空间结构，逐渐形成了城市居住空间的分异。不同价格的住宅和不同类型住宅的居住小区拥有不同的环境、配套设施、物业服务，这些影响居住空间品质的外在因素成为居住空间分异产生的基础。

（3）城市居民社会分层的复杂化，是我国居住空间分异产生的关键

在市场经济深入发展之前，我国实行计划经济制度，城市居民对物质分配的过程享有同等程度，贫富差异较小，呈现"两阶级一阶层"的社会格局。随着改革开放和市场经济体制的确立和完善，我国社会经济结构、居民收入结构随之重构。另一方面，因户籍制度、劳动就业制度、收入分配制度的改革，加速了我国城市人口的流动，社会生活中涌现出新的不同阶层，出现所谓"五阶级十阶层"的社会格局。我国城市居民社会分层越来越复杂，城市居民贫富差距越来越大，导致居民对住房的需求和实际购买力水平呈现多样性分化，住房价格成为居住空间分异的重要因子，这就使得不断复杂化的社会阶层在市场机制的作用下开始了空间分异的进程。以收入水平为主因的城市居民社会分层直接导致了对城市居住空间的社会选择，从而推动了城市内部居住空间的重构，这是居住空间分异的关键。

3.杭州城市居住空间分异现象的特征

（1）杭州城市居住空间分异的研究

一些研究者对杭州市城市居住空间分异现象的状况做了研究，得出了具有重要意义的结论，为进一步研究杭州市城市居民空间分异和相应空间模式提供了重要参考。

傅玳[1]根据市场价格、区位条件、建筑质量、小区配套、景观环境等标准，将杭州主城区的住宅小区人为地划分为五种类型，即①传统单位房；②经济适用房；③中低档商品房；④中高档商品房；⑤高档商品房。在研究中相对

[1]傅玳.杭州市居住空间分异现象的统计调查分析.统计与决策，2012(4).

应地选择了朝晖六区、铭和苑、人和家园、清水公寓和东方润园 5 个住宅小区作为实际考察对象，通过问卷调查的方式来分析各种不同类型住宅区的居住空间分异情况，并采用隔离指数分析方法，用经济收入差别来反映居住分异情况。研究表明，不同小区居民居住水平差距大主要体现在住宅户型与面积、交通、环境、配套设施等主要方面，且考察对象所属区域有着较为严重的隔离状况。一方面不同收入阶层在选择住房时考虑的因素不同，导致了居住空间分异的形成；另一方面不同居住空间内的居民拥有不同的生活方式和生活态度，形成对邻里交往的选择性和参与社区活动的意愿，加速了居住空间的重组，进而引发居住空间分异。

柯汉扬[1]通过对杭州市主城区城市居民阶层分化状况和城市居住空间分异状况的调查研究，得到各街区的居住空间因子的影响程度，认为从计划经济体制而来的转型过程中，城市居住空间分异的现象日益凸显，出现了隔离现象明显的居住社区，甚至出现富裕与贫困阶层的极化现象。如超高房价居住区与城中村居住区的并置，稀缺景观房产、城市中心别墅区这类与外界高度隔离的居住区的出现，以及城北外来人口较为集中、住房条件低下的边缘社区的存在，已经切实地反映出杭州市居住空间最顶端和最底端之间的巨大差异。

（2）减缓和改善杭州城市居住空间分异现象

针对杭州市主城区城市居住空间分异的不利因素，为减缓居住空间分异现象，改善不同社会阶层居民间的交往和活动意愿，在城市化进程中更好地体现可持续性，达到和谐发展的目标，相关研究者提出了具有实际意义的建议。主要有以下三个方面。

①深化制度改革，加强政府的政策导向作用。

不断扩大的贫富差距是引起居住空间分异和阶层分化的关键点，适时调整不同阶层间居民的经济地位，关切市场经济体制下的收入公平，是缩小贫富差距、合理分配社会物质资源的重要方式。从政府角度出发，重点在于采取自上而下的调控手段，通过制度政策的调整，合理建构科学完善、公正公

---

[1] 柯汉扬. 转型期杭州城市居住空间分异与社会阶层分化研究. 浙江大学硕士学位论文，2008.5.

平的社会收入分配机制。

②合理规划城市空间结构，完善基于混合居住模式的社区规划建设。

不同阶层居民的流动和融合，是城市管理的目标所在，是对人最基本的生存权利和尊严的关怀。虽然无法在城市化进程中完全克服居住空间分异的现象，但可以在一定程度上和一定范围内实施"大混居、小聚居"的混合居住模式。并以此为基础合理规划城市空间结构，完善社区建设，使各阶层城市居民共同享有城市区域内各种便捷的市政服务设施和生活空间条件。一方面努力规避贫困区的形成，避免弱势群体同质聚居而引发的严重社会问题；另一方面，改变极端商品化住房同类聚集现象，利用规划和设计方法实现混居用地，提升居住群体的异质化。

③加强公共利益的群体保护，保障公共资源的合理利用和配置。

居民对社区的公共空间具有共享权，任何组织和个人都不得剥夺该权利，不同社会阶层、不同经济基础、不同参与程度的居民拥有同等的享用权利。但是在现实中，不同居民主体与居住空间结构的不对应，决定了社区公共建设、社区资源和公共设施的分配存在差异。要改变弱势居民群体的"空间贫乏"现状，就必定需要加强该群体的社区参与程度，提升居民的民主意识，建立居民个体权利保护机制和公共利益的群体性表达机制。通过对公共资源的合理配置，避免对公共空间的掠夺性圈占，实现公共资源对居住空间分异的缓解。

二、杭州典型社区空间模式与居民交往关系调研

（一）典型社区空间的研究思路与案例选择

1.社区研究层面及逻辑关系

社区分析过程通常以社区的静态结构作为研究的基础，并通过追溯其建立与成长的过程，来了解社区中各组成部分之间的关系，从而为社区的未来提供良好的发展导向。因此从其完整意义上看，社区研究是实施社区调查，发现社区资源并确定社区问题的社会过程，这一过程是进行社区研究、提出社区建设意见、求得社区规划依据的必要过程和首要前提。

（1）社区研究的分层分析

在对案例社区进行分析研究过程中，所运用的素材和数据皆需从社会调查中获得，这就需要对社区实地调研阶段所获得的采样数据与分析研究过程相契合。综合社区发展过程中的各方面因素，社区的组成由社区人群特征、社区意识互动、社区组织管理和社区物质空间四项基本内容组成，并分别通过社区中居民自然属性和社会生活方式、邻里交往和居民参与、社区政府组织管理和非政府组织建设、社区居住空间环境和设施等得以表现。因而将社区分析过程分为四个层面、八项内容进行梳理研究，以便分层次反映社区的主体、虚体、媒体和载体。

表 7-2　社区分层分析

分类	社区组成	分析层面
主体	社区人群特征	人的自然层面
		人的社会层面
		社区居民行为
虚体	社区意识形态	社区情感层面
		交往意愿层面
媒体	组织管理建设	政府主导层面
		居民自治层面
载体	社区物质空间	社区空间布局
		公共设施配置

（2）调查研究的逻辑框架

在对社区分析研究的过程中，需就研究过程和深度分析建立总领的逻辑框架体系。这一系统框架横向分为总体分析、分层分析、深入分析三个阶段，体现了社区分析的深入程度；纵向分为发现问题、分析求证、寻求对策三条主线，体现研究的路径，由整体到局部，层层深入探讨。从整体来看，社区分析研究从最初的案例社区总体现象描述开始，分析社区各层面存在问题的表象及其表现形式；在此基础上对社区各要素间的关联性进行分析解释，梳理出相关层面的问题主线，并探讨其相关程度；最后在先前的分析结果基础上，聚焦影响社区不利因素的主要矛盾，寻求解决该类矛盾的可能途径，提出相关策略，并为进一步研究奠定基础。

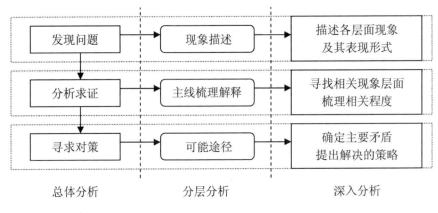

图 7-3　社区分析逻辑框架图

在研究策划阶段，需对目标社区的特殊性加以关注，以考量不同社区间的不同问题表象及其深层次的原因，以保证在社区调查研究阶段不会将体现该社区特点的重要因素遗漏，从而影响解决该社区矛盾的策略。

2. 研究思路与方法

社区分析研究涉及社会科学和人文科学等多学科领域，可用于社区分析研究的方法很多，且各有其特点和局限性。在确定研究对象和关注目标后，即可根据具体的社区目标对研究方法加以筛选，形成合理明晰的研究思路。综合各类方法的特点和采用的优先程度，在本次案例社区研究中采取以下方法。

（1）田野调查过程

田野调查被认为是人类学学科的基本方法论，是直接观察法的实践与应用，也是研究工作开展之前，为了取得第一手原始资料的前置步骤，所有实地参与现场的调查研究工作都属于田野调查的范畴。本次研究在田野调查过程中主要进行了空间形态调查和抽样问卷调查。

①空间形态调查

本次研究是关于社区空间与居民交往关系的相关性研究，需针对案例社区进行具体空间形态的踏勘和调研走访，对社区内的建筑功能布局、公共空间节点、公共道路网络、社区设施配置等空间内容进行具体记录和图示表达，以便对社区事物或现象进一步的分析、思考和研究。该方法方便、直观地予以及时记录和形象分析，是城市规划、建筑学等专业开展田野式社会调查所能运用的独特的调查方法和记录方法，是本学科社会调查的重要优势。

②抽样问卷调查

为达到本次研究目的，需统一设计具有一定结构和标准化问题的表格，对社区居民进行抽样问卷调查，以期了解选取的调查对象和本研究相关的情况，并征询相关意见。该方法以定量调查为主，通过调查所得的样本数据统计量推断总体。因本次研究对象人群较复杂，采用自填式与代填式问卷相结合的方法；因本次研究涉及人类学、社会学、环境心理学、城市规划和建筑学等多学科，结合学科特点，分问答式问卷和绘制式问卷，对行为和空间方面进行抽样调查。

在问答式问卷的设置过程中，充分考虑到问卷对象的问答习惯，将问题内容分为背景性问题、客观性问题、主观性问题和检验性问题，并根据问题的性质和类别，在具体问卷设计中分为个人状况、居住空间、邻里交往、社区归属和社区参与五个部分。问卷中大部分为封闭式回答，个别征求意见等回答采用开放式回答。在封闭式回答中又多采用两项式和多项式选择性问答方式，以提高问卷的有效性和统计便捷性。

在绘制式问卷的设置过程中，主要基于问卷对象的行为在社区空间中的表达，并根据社区空间的异同，采取不同人群不同表达的开放式问答方式。介于此种问卷方式比较新颖，无法让每个受访者都理解绘制方式和空间表达，需要问卷发放者根据访问状况做必要的解释，或以访谈方式，代受访者绘制答卷。

（2）空间模拟分析

GIS空间分析是基于地理对象空间布局的地理数据分析技术，主要是利用统计、分析手段来分析点、线、面的空间分布模式。本次将社区空间作为研究对象，作为一个空间尺度单元，作为人类的活动中心，其居住环境备受人们关注，许多学者对此做过相关探讨，并取得了一系列有意义的研究成果：如通过建立评价指标体系，对城市生活质量进行评价；通过典型案例研究，采用定量分析方法描述居住环境的现状；通过问卷调查进行实证研究，并将生态学理念引入社区建设中，以寻求适合人类居住的区域单元。实际上，社区内部各要素之间的相互联系、相互影响直接导致整体环境的改变，同时在城市规划布局过程中，无论是出于对生态设计因素的考虑，还是出于对其他设施布局的考虑，毫无疑问都要受到政府的干预和人类活动的干扰，这就使得各社区居住环境不可避免存在同质性和异质性，并在空间上表现出特定的分布形态。因此，有必要对社区居住环境的空间分布模式进行研究，并探讨优化布局的途径。

（3）数据采集分析

数据研究分析在上述所做的问卷调查的基础上进行。数据采集处理与分析主要运用 SPSS 统计软件进行。SPSS 是"社会科学统计软件包"（Statistical Package for the Social Science）的简称，是一种集成化的计算机数据处理应用软件。相比其他专业性较强的统计软件，如 SAS 软件等，SPSS 主要针对着社会科学研究领域开发，因而更适合应用于本次课题研究。该软件集数据录入、资料编辑、数据管理、统计分析、报表制作、图形绘制为一体，为本次研究提供了很好的工具技术支持。

3. 典型社区空间模式选择

（1）案例社区空间区域概况

本研究案例所选范围有别于行政所设社区概念，而是以某一城市公共空间为中心，以周边主要城市干道为界所围合的居住区域。本次研究选取了 3 个典型城市街区，分别位于杭州主城区的南部、西部和北部。

其中南部选取以采荷小区中心绿地公园为公共中心，庆春东路以南、采荷路以北、秋涛北路以西、凯旋路以东所围合的城市社区，社区中包含采荷小区翠柳邨、红菱邨、洁莲社区、双菱小区、人民社区和采荷新村等若干居住小区。该社区内各建筑建造年代相近，整体来讲居住状况同质化程度较高，文中称采荷社区。

西部选取以西城广场为公共中心，文一西路以南、文三西路以北、古墩路以西、紫荆花路以东所围合的城市社区，社区中包含骆家庄西苑、新金都城市花园、桂花城、颐景园、五联西苑、金田花园、金都花园、丹枫新村等若干居住小区。该社区内住宅类型较丰富，既有回迁居民所住的保障房，也有位于城市区域的别墅区，还有一般的商品房，整体来讲居住状况异质化程度较高，文中称西城社区。

图 7-4　案例社区在杭州城区的区位

北部选取以三塘小区中心绿地及公共设施区为公共中心，颜三路以南、香积寺路以北、东新路以西、白石巷以东所围合的城市社区，社区中包含三塘菊园、三塘竹园、三塘桂园、三塘樱园、灯塔新村、三塘桃园、三塘柳园、三塘兰园、三塘北村、颜家里等居住区。该社区基本为同一时期统一规划建设，有较

图 7-5　采荷社区案例范围

统一的建筑风格和住宅类型，除颜家里为城中村居住区外，其他居住区均为商品房或同类型保障房，文中称三塘社区。

（2）案例空间模式的典型性及其差异性

本次研究选取的三个典型案例社区，均位于杭州市主城区，属于成熟的城市居住社区，入住率高，周边城市区域关联性强，与周边街区的居住社区

图7-6 西城社区案例范围

图7-7 三塘社区案例范围

渗透性较强，且拥有其特有的社区公共空间中心区域，是杭州典型的成熟城市社区，符合本次研究的案例选择要求。

为深入了解上述三个社区的空间状况和居民交往状况，于2013年10月对此进行社区问卷调查和个案走访调查，共发放问卷150份，回收问卷142份，其中有效问卷131份，问卷有效率为87.3%。由于影响社区空间和日常居民交往关系的因素很多，此次调研仅从居住空间、邻里交往、社区归属和社区参与四个方面进行调研。

选取的三个社区除了相似的基本空间形态模式，均拥有各自的社区空间特色、住宅类型、居民结构等。对案例社区进行走访后，总体感觉采荷社区内部公共空间开放程度较高，道路网络的渗透性较强。其中心公共空间为一开放的公园，有绿地和湖水相结合，通过景观营造为居民提供良好的交往环境，现场给人感受人气较旺。西城社区的中心公共空间为一商业综合体及其配置的城市公共广场，其周边覆盖的居民阶层分异较明显，城市别墅区和城中村安置户并存，在空间上无直接的关联性，社区隔离现象较明显。三塘社区西北面为城北体育公园，北面为新建高层居住区，南面亦为城市成熟社区，其中心为配备幼儿园、小学、中学以及社区酒店和高层公寓等设施的公共绿地空间，但各空间被人为隔离，形成多个封闭的居住组团，并形成很多断头的道路空间，相互无法贯通。

（3）案例社区调查对象分析

本次问卷对调研对象的个人状况做如下分析。

一是年龄和性别：在131份有效问卷中每份问卷为一个居民对象样本，如图7-8，本次调研男女比例相当，能综合反映不同性别居民对本社区的关注程度相当。另将居民对象分为少年及以下（0—17岁）、青年（18—40岁）、中年（41—65岁）和老年（66岁及以上）四个年龄层级。从图中可以得知，除老年人外，女性居民明显多于男性，特别是少年及以下居民，女性接近男性的两倍，而老年人中男性接近女性的两倍。此结果分析可以近似得出，本次调研的社区居民性别和年龄比例均接近成熟社区的居住状态，因调研时间不同，可能存在部分居民因工作日等原因无法参与社区交往而未在调研中表达，呈现老幼较多，成年人较少的情况，但总体保持了相对准确的年龄层级比例，也从侧面反映了成熟社区中老年人的生活状态。

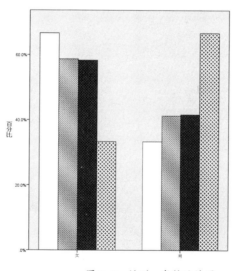

图7-8　性别—年龄统计图

二是文化程度：根据本次调研居民样本对文化程度的统计可知（见图7-9），文化水平集中在本科，占40%以上，本科以下占40%以上，硕士及以上学历不到15%。总体来讲文化水平较高，本科及以上学历的居民占近60%，由此可见，不同文化程度居民所体现的不同的交往需求和交往意愿有较大差别。

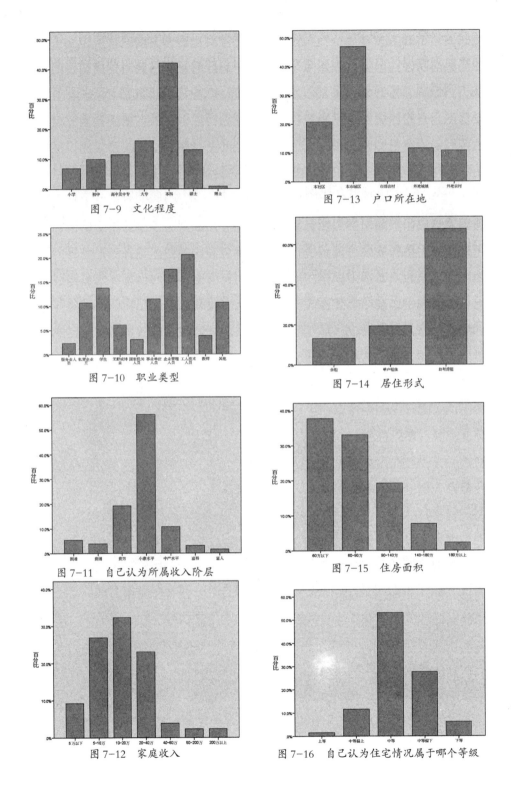

图 7-9　文化程度

图 7-13　户口所在地

图 7-10　职业类型

图 7-14　居住形式

图 7-11　自己认为所属收入阶层

图 7-15　住房面积

图 7-12　家庭收入

图 7-16　自己认为住宅情况属于哪个等级

三是职业类型：如图 7-10，占 15% 以上的有企业管理人员和工人技术人员，占 10%—15% 的有私营企业主、学生、事业单位人员和其他，占 5%—10% 的有无业或待业人员，占 5% 以下的有服务业人员、国家机关人员和教师。这一比例可以侧面反映相关社会阶层的存在关系。

四是家庭收入和收入阶层：如图 7-12，有超过 30% 的居民家庭年收入为 10 万—20 万，有接近 30% 的居民家庭年收入为 5 万—10 万，有接近 25% 的居民家庭年收入为 20 万—40 万。而从自己认为所属的收入阶层中可以看出（见图 7-11），有接近 60% 的居民认为自己达到了小康水平，另有 20% 的居民觉得自己属于贫穷，有 10% 的居民觉得自己属于中产。从两个图中比较可以看出，家庭年收入与自己主观定位的收入阶层基本一致，但存在略微的差异。其中很大程度上取决于自身在社区中的生活状态和邻里交往水平。

五是居民户口所在地的统计：图中（见图 7-13）显示户口在本市城区的居民将近 50%，本社区的占 20%，而市郊农村、外地城镇和外地农村的各占 10% 左右。即将近 70% 的居民为本市户口，仅 20% 在本社区，而其余均为市郊或外地迁入。可见对所在社区的归属感需求很强烈，对社区的生活方式和交往过程有相当强烈的自主性。

六是住房形式：在调查中有将近 65% 的居民为自有房屋，有 20% 的居民为单户形式租住，有 15% 的居民为合租形式租住。这在很大程度上反映了社区居民居住的稳定性较高，社区内居民的流动性较弱。

在住房面积的调查中，住房面积在 60 平方米以下的有 38%，60—90 平方米的有 33%，在 90—140 平方米的有 20%，140—180 平方米有 7%，在 180 平方米以上的仅 2%。可以想见，绝大部分居民都处在刚需型的状态，调查的社区整体处于的阶层水平为普通百姓，这与笔者走访中切实的感受相符。

而对居民自认为住宅情况属于哪个等级的问题调查显示，超过 50% 的居民认为处于中等，亦有接近 30% 的居民认为处于中等偏下，只有 12% 的居民认为中等偏上，有 1% 的居民认为上等，另有 7% 的居民认为下等。总体看来大部分居民并未对所住社区的住宅情况有良好的认同感，觉得有进一步改善的意愿和需求。

七是居住时间：经过对三个社区进行调研得知采荷社区、三塘社区、西城社区的社区建设时限和成熟程度略有不同。图表显示，采荷社区的居民居住时间最长，居住 10 年以上的有 30%，居住 6—10 年的有 21%，居住 2—5 年的有 32%，居住 1 年以内的仅 17%。三塘社区居民居住 2—5 年的有 40%，居住 6—10 年的有 27%，居住 10 年以上的有 17%，居住在 1 年以内的有 16%。西城社区的居民居住时间最短，居住 1 年以内的有 33%，居住 2—5 年的有 28%，居住 6—10 年的有 26%，居住 10 年以上的仅 13%。

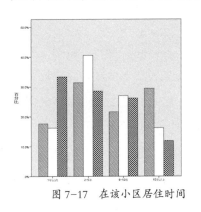

图 7-17 在该小区居住时间

（二）社区空间现状描述

通过对案例社区空间的观察，如果从空间载体的角度出发，社区环境将促使社区中居民的意识发生转变，使良好的空间环境以积极的一面作用于居民的日常行为和生活方式，进而影响整个社区沿着良性的方向发展。人们对社区的总体印象也往往从空间环境出发，进而对社区社会性关系作出基于客观因素的主观评价。空间环境主要有社区整体功能布局、空间形态表达两方面组成。以下就此两方面，对案例社区进行研究分析。

1. 功能布局

社区功能布局在社区物质空间层面可直接由社区土地使用构成来反映，可通过用地构成空间分布图以及居住区宅型与用地经济技术指标来表达。据此可判断该案例社区发展的周边条件支持与城市区域的互动关系及外界的关联程度。

（1）住宅类型

本书将每个社区中的各小区组团居民户数作为参考指标，通过 GIS（地理信息系统）软件分析，对社区的住宅类型和土地使用构成进行评价分析，以期得到三个调研社区的居民分异趋向及其同质—异质化现状。图中不同深浅的颜色代表不同数量的住宅户数，颜色越深住宅户数越多，代表该组团中居住密度越大，颜色越浅则相反。并考察了该组团的建筑类型，相同深度下，若建筑高度越高，则建筑密度越小，住宅品质越好，如高档高层公寓；若建筑高度越低，而建筑密度越大，住宅品质则越差，如城中村高密度自建房。

户数
- ☐ 25 户
- ☐ 26 - 35 户
- ☐ 36 - 65 户
- ☐ 66 - 74 户
- ☐ 75 - 110 户
- ☐ 111 - 256 户
- ☐ 257 - 294 户
- ☐ 295 - 432 户
- ☐ 433 - 450 户
- ☐ 451 - 480 户
- ☐ 481 - 544 户
- ☐ 545 - 600 户
- ☐ 601 - 686 户
- ☐ 687 - 700 户
- ☐ 701 - 792 户
- ☐ 793 - 800 户
- ☐ 801 - 996 户
- ☐ 997 - 1080 户
- ☐ 1081 - 1274 户
- ☐ 1275 - 1480 户
- ☐ 1481 - 1944 户
- ☐ 1945 - 2160 户
- ☐ 2161 - 2240 户
- ☐ 2241 - 2352 户
- ☐ 2353 - 2912 户

图 7-18　采荷社区 GIS 分析图

图 7-19　西城社区 GIS 分析图

图 7-20　三塘社区 GIS 分析图

由以上三个社区的 GIS 分析图可知：采荷社区和三塘社区居住同质化状况较明显，其中采荷社区除个别区块社区公共社区占较多土地面积外，采菱路以东区域好于以西区域，两区域在各自区域中几乎不存在居住空间分异的情况，且共同享有社区内公共空间。而三塘社区围绕公共空间，各区块分离现象较严重，虽为同质化类型的社区，但同质间存在空间差异和交往阻隔。西城社区的图中显示了较明显的居住空间分异状况，高层与多层、别墅区与回迁房相互并置，空间上却毫无贯通和交流，社区内的异质化程度较高。

（2）社区设施配置

基于社区居民对所在社区内公共设施的需求，对三个案例社区进行公共设施的现状调研，以期了解每个社区的设施优劣程度以及社区内居民对各类公共设施的设置期望。并参考《杭州市城市规划公共服务设施基本配套规定（2009）》中所列的要求，对原有社区的更新建设和新建社区的规划建设提供参考。

以下分别为采荷社区、西城社区和三塘社区的社区公共设施现状一览表：

表7-3　采荷社区公共设施现状一览表

地块名称	功能分类	设施内容	设施状况		
			建筑状况	使用状况	使用性质
采荷社区	行政管理	社区服务站	A	▲	——
		居民委员会及物业管理	B	▲	——
	金融电邮	银行	A	▲	——
	文化体育	健身苑	B	▲	——
	医疗卫生	卫生服务站（医院）	A	▲	——
	商业服务	KFC	A	▲	
		杂货店	C	△	——
		超市（世纪联华）	A	▲	
		汽车维修	C	△	原为车库
		小餐馆A	B	△	——
		理发店	B	▲	原为车库
		通讯器材	C	△	
		建材店	C	▲	原为车库
		足浴店	D	△	
		小餐馆B	C	▲	原为车库
		药店	C	▲	
		菜场	B	▲	——
		点心店	C	▲	
		烟酒小店	C	▲	
		殡葬用品店	C	▲	
		服装鞋类商店	B	▲	
	社区服务	美容会所	B	▲	
		托老所	A	▲	
	市政公用	自行车库	C	▲	
		社会停车	D	▲	——
		公交站	A	▲	——
		垃圾箱	C	▲	
	教育	幼托	A	▲	
		小学	A	▲	

注：1.建筑状况按建筑质量由高到低分为A、B、C、D四类；2.使用状况："▲" - 在用，"△" - 空置；3.使用性质：—— ：未改变使用性质）

表7-4 西城社区公共设施现状一览表

地块名称	功能分类	设施内容	设施状况		
			建筑状况	使用状况	使用性质
西城社区	行政管理	社区服务站	B	▲	——
		公安局	B	▲	——
		居民委员会及物业管理	B	▲	——
	金融电邮	银行	A	▲	——
	文化体育	图书大楼	A	▲	——
		室外健身器械	B	▲	——
	医疗卫生	医院（浙江绿城医院）	A	▲	——
		卫生服务站	B	▲	——
	商业服务	小餐馆A	B	▲	
		小餐馆B	C	△	
		小餐馆C	C	▲	原住宅一层
		商务楼	A	▲	
		加油站	B	▲	
		超市	C	▲	
		理发店	B	▲	原为治安亭
		建材店	C	▲	
		杂货店	C	▲	原为治安亭
		药店	B	▲	
		菜场	D	▲	
		饮用水站	C	△	
		眼镜店	B	▲	
		点心店	B	▲	
		早餐店	D	△	原为车库
		烟酒小店	C	▲	
		酒店	B	▲	
		足浴店	D	△	原为车库
		按摩店	B	▲	原为车库
		服装鞋类商店	B	▲	——
	社区服务	社区会所	B	▲	——
	市政公用	自行车库	C	▲	——
		公厕	B	▲	——
		社会停车	D	▲	——
	市政公用	公交站	C	▲	——
		垃圾箱	C	▲	——

（续表7-4）

地块名称	功能分类	设施内容	设施状况		
			建筑状况	使用状况	使用性质
西城社区	教育	幼儿园	B	▲	——
		小学	A	▲	——

注：1.建筑状况按建筑质量由高到低分为A、B、C、D四类；2.使用状况："▲"－在用，"△"－空置；3.使用性质："——"表示未改变使用性质）

表7-5 三塘社区公共设施现状一览表

地块名称	功能分类	设施内容	设施状况		
			建筑状况	使用状况	使用性质
三塘社区	行政管理	社区服务站	B	▲	——
		居民委员会及物业管理	B	▲	——
	金融电邮	银行	A	▲	——
	文化体育	三塘社区健身苑	B	▲	——
	医疗卫生	卫生服务站（医院）	B	▲	——
	商业服务	KFC 两岸咖啡	A	▲	
		超市（世纪联华）	A	▲	
		理发店	C	▲	原为车库
		火锅店	D	△	
		建材店	C	▲	
		汽车维修店	C	△	
		药店	C	▲	
		菜场	C	▲	
		花店	C	△	
		电影院	A	▲	
		电脑机房	C	△	
		烟酒小店	C	▲	
		网吧	C	▲	原为车库
		国美电器	B	▲	
		粮油店	C	▲	
	社区服务	美容会所	A	▲	——
		社区会所	B	△	——
		娱乐城	A	▲	——

（续表7-5）

地块名称	功能分类	设施内容	设施状况		
			建筑状况	使用状况	使用性质
三塘社区	市政公用	变电所	C	▲	——
		社会停车	D	▲	——
		公交站	A	▲	——
	市政公用	垃圾箱	C	▲	——
	教育	幼托	B	▲	——
		小学	A	▲	——

注：1.建筑状况按建筑质量由高到低分为 A、B、C、D 四类；2.使用状况："▲"－在用，"△"－空置；3.使用性质："——"表示未改变使用性质

从表中可以看出，各类公共设施使用状况良好，但在一些老旧社区很多设施的建筑质量状况堪忧。特别是一些私营的小吃店、小卖部、理发店等小商业服务存在卫生状况差的问题，但由于其给社区居民带来必要的便利，是亟须改善和营建的部分。而以政府主导的社区服务设施拥有良好的建筑质量，但使用率有待提高，部分设施存在闲置的状态。另一个值得注意的问题是社区内空间的功能置换，变更了原有的使用性质，常见的如将独立车库、治安岗亭、管理用房等改造为杂货店、小餐馆、理发店、维修所等，一部分为居民自有物业为营生而改造，一部分为社区公共物业在未经社区居民同意的情况下出租以获利。这种私自变更使用性质的做法，很大程度上受到社区居民的诟病，一方面改变社区内的空间设置状况，给安全、卫生、环境等带来了一定的影响；另一方面特别是对公共物业的占用损害了居民的切身利益，需从根本上得以改变。此外，社区中教育设施很大程度上影响着社区公共空间的利用，良好的教育设施环境可以提升一个社区的归属感和安全性，在旧有的成熟社区中表现良好。但相比较而言，新建社区和阶层分异程度较深的社区，教育设施设置的合理性较弱，无法起到本应具有的社区凝聚作用。

图 7-21 至图 7-30 显示了社区中居民步行至某些日常公共设施所需的时间，显示了社区中日常生活的便利程度。

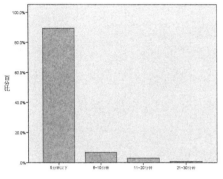

图 7-21　步行到农贸市场的时间

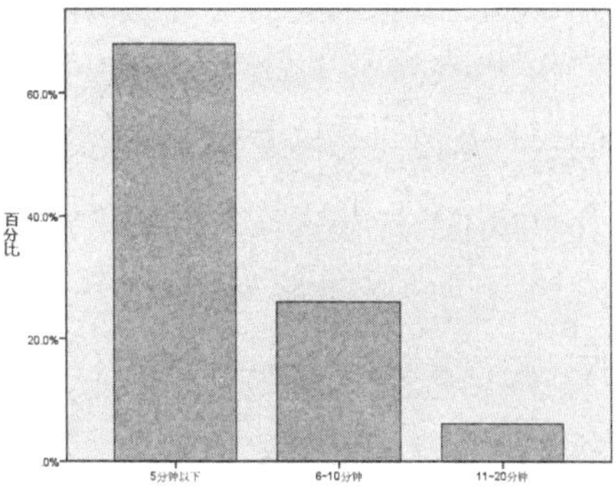

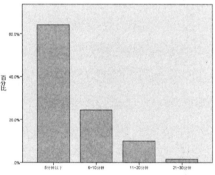

图 7-22　步行到生活超市的时间

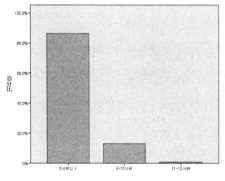

图 7-23　步行到公共汽车站的时间

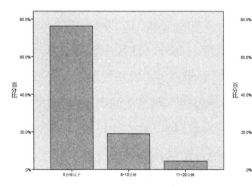

图 7-24　步行到理发店的时间

图 7-25　步行到小吃店的时间

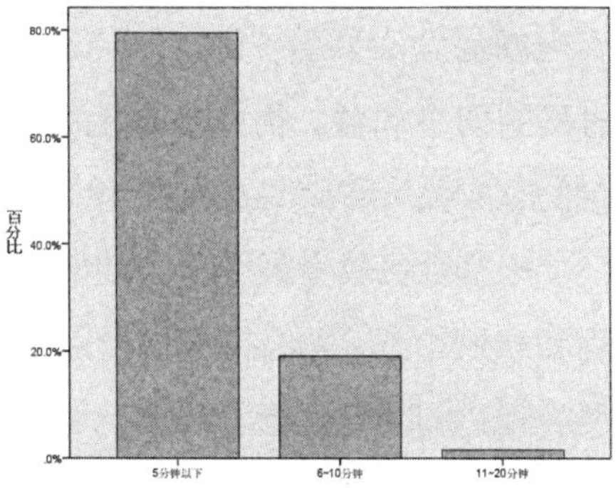

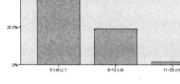

图 7-26　步行到社区小卖部的时间

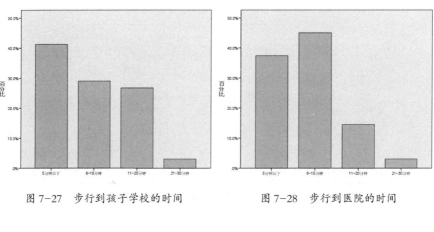

图 7-27　步行到孩子学校的时间　　　　图 7-28　步行到医院的时间

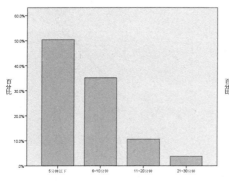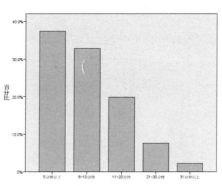

图 7-29　步行到银行的时间　　　　图 7-30　步行到邮局的时间

2.空间形态

（1）空间界定

空间界定不外乎"围合"、"覆盖"、"肌理变化"、"高差"等四种方式，在社区空间中，对公共空间形态的界定也同样涉及这四方面，但各有优劣和界定的有效性。在所调研的三个社区中，空间界定方式和效果也各有不同。

如采荷社区具有较明显的社区公共中心带，西区块的商业内街和东区块湖面和绿地相统一的公园共同营造了采荷社区的公共交往场所。空间上是由这两处周边的建筑物围合而成，而更多的是由这两处空间边界上的商业和社区设施带界定而成，是这些设施为空间的形成提供了场所意义的有效性。

在西城社区的空间关系图中我们可以看出，虽然在社区中心有一个商业综合体的广场，在空间上存在着界定，但因该商业综合体属集中式的点状布局，无法对广场空间进行场所界定，相较而言该广场的场所感没有上述采荷社区的中心空间好，周边建筑物也未以正面面向广场，无法使交往行为在广场上均质分布。

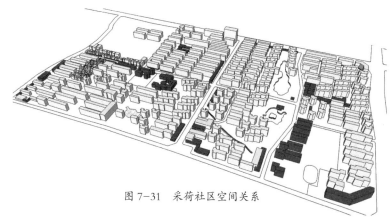

图 7-31 采荷社区空间关系

图 7-32 采荷公园现状图

图 7-33 采荷公园沿街商业现状

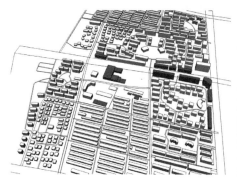

图 7-34 西城社区空间关系

图 7-35 西城广场现状

从三塘社区的空间关系图中可以很明显地看出社区内建筑对社区中心空间的界定，然而因社区内道路的阻隔和社区的封闭，使中心空间边界上无法形成连贯的商业和设施带，社区中心的场所感无法建立，从而导致了原有中心空间的荒漠化，无法有效引导居民的交往需求。

图 7-36　三塘社区空间关系

（2）社区边界

此处的社区边界是指社区内阻碍或引导居民进行良好交往行为的带状区域，主要包括了社区与城市道路之间的过渡带、社区内住区与道路之间的过渡带以及社区内公共空间的边界。

在对本次调研的社区空间进行走访时发现了如下问题：

一是因不同封闭的居住组团相互隔离而形成消极的区域边界，成为社区的背立面而遭人遗忘，一些成为停车区（见图 7-38），一些更是成为杂草丛生的无人区（见图 7-37），为整个社区带来了严重的安全问题，同时也给社区内居民的正常交往带来了障碍。

二是社区与道路之间的过渡带，一些住区围墙高筑（见图 7-39,7-

图 7-37　西城社区五联西苑西北角

图 7-38　府新花园与西溪别墅交界处

40,7-41），以抵抗的姿态与城市相搏，往往使该区域缺乏人气，也使城市缺乏良好的道路界面，缺失了城市本应有的人情味。

图 7-39　新金都城市花园与桂花城交界处　　图 7-40 紫荆花路桂花城紫云苑的围墙

图 7-41　桂都巷新金都城市花园围墙　　图 7-42 采荷社区与庆春路间人行道

在一些社区中也有较好的做法，如扩大城市人行区，沿街设置适宜尺度的商业带，并设置适宜的绿植和城市家具等，营造良好的交往氛围，使人行区不再是路过式的而是停留式的，充满人情味的。如采荷社区北面与庆春路间的人行区域（见图 7-42）、采荷社区内部干道（见图 7-43）和西城社区背街小吃街（见图 7-44）。

三是将一些到达性较明确的社区公共设施与社区边界合并，可以加强居民交往的导向性，改变某些居民交往较弱的区域，如社区卫生医疗站、社区服务中心（见图 7-45，7-46）等。

图 7-43 采荷社区内部干道

图 7-44 西城社区背街小吃街

图 7-45 采荷街道社区卫生服务中心

图 7-46 采荷街道综合服务中心

　　在对社区空间环境的开放程度的调研中见图 7-47，笔者了解到有 30% 的受访者认为所在小区与周边小区没有实体分隔，通过公用道路相邻；10% 的居民认为所在小区通过商业街与周边小区相邻；10% 的居民认为所在小区通过公园绿化与周边小区相邻；有 50% 的居民认为所在小区是通过围墙与周边小区相邻。这一结果显示出如今小区的开放程度比较弱，无法达到居民想要的开放程度。

　　此外所做的有关社区居民对共有

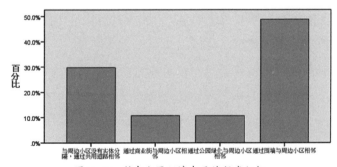
图 7-47 所在小区环境中开放程度如何

空间的认知度调研，即对社区中哪些公共空间为居民共同所有的问题，有30%的居民表示完全不清楚，有25%的居民表示有所耳闻但不知道是哪些，有40%的居民表示知道一部分，仅5%的居民表示很清楚。而问及这些空间用于何途时，有34%的居民表示完全不清楚，22%的居民表示有所耳闻但具体不知道，36%的居民表示知道一部分，仅8%的居民很清楚。这一结果体现出在居民完全不知情的情况下，很多社区公共空间遭到占用。

（三）社区邻里交往状况描述

1. 社区邻里交往倾向与方式

（1）笔者对社区居民之间的了解程度的调查。在被问及是否愿意与邻里互相了解的问题时，有超过60%的居民表示愿意，但不会主动了解，有15%的居民表示无所谓，有5%的居民表示不愿意，仅有20%的居民表示非常愿意。可见社区中居民有强烈的交往意愿，却存在着较为严重的交往障碍，交往的主动性和目的性较弱。

当被问及是否常到邻居家串门、谈天或娱乐时，有50%的居民表示从来不去，20%的居民一年一两次，7%的居民表示半年一两次，14%的居民每月一两次，仅9%的居民每两周一两次。

在被问及居民的朋友圈中有多少是在通过里面的交往找到的问题时，回答很少的占64%，有20%的朋友的占22%，有50%的朋友的占6%，有80%的朋友的仅8%。

在被问及是否清楚邻居的家庭情况时，主要选择对邻居家的人数、名字、工作、性格特征四个方面的问题。统计结果如下：

多数居民仅对邻居家的人数有所了解，其他三方面选择不清楚的均接近60%，完全清楚的均不到10%。可知邻里间相互了解的程度相当弱，以户为单位的居民阻隔较严重。

这一结果显示出当今城市社区交往的薄弱之处，且问题较为严重，如何加强城市社区中邻里之间的相互了解，以提升邻里间的良好关系，从而提升社区的安全感、归属感是本次研究亟待解决的问题。

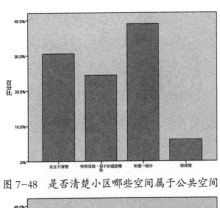

图 7-48　是否清楚小区哪些空间属于公共空间

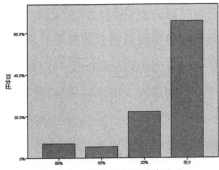

图 7-52　您的朋友圈里有多少
是在社区里面交往找到的

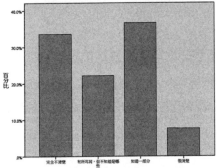

图 7-49　是否清楚小区公共空间的用途

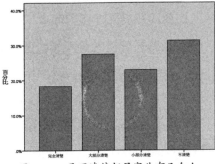

图 7-53　是否清楚邻居家共有几个人

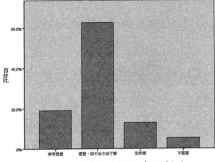

图 7-50　愿意与邻里互相了解吗

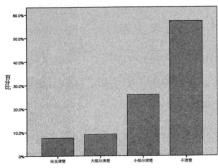

图 7-54　是否清楚邻居的名字

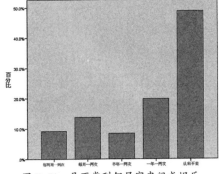

图 7-51　是否常到邻居家串门或娱乐

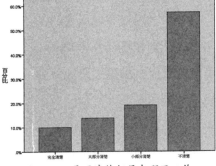

图 7-55　是否清楚邻居在哪里工作

（2）在对邻里交往意愿方面的调查中，主要询问了居民愿意帮助的程度和方法、交往区域和年龄层次。调查结果如下：

在被问及邻居有困难是否愿意施以援手时，有 57% 的居民表示很乐意帮忙，12% 的居民表示不太乐意，但会帮忙，30% 的居民表示需要看不同情况，仅 1% 的居民直言不愿意帮忙（图 7-57）。

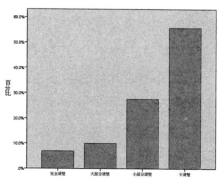

图 7-56　是否清楚邻居各人性格特征

当被问及具体遇到哪些困难会寻求邻居的帮助时，居民的选择体现了困难的多样化，以及自身遇到困难时需要寻求帮助的迫切愿望。调研时所列的几类情况均被列为居民的选择项，且结果十分相近。

在被问及居民交往的邻里空间范围时，除本幢楼这项外，其余的目标选择较为平均，将近 35% 的居民选择

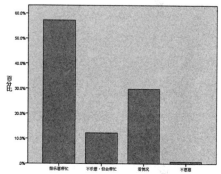

图 7-57　邻居有困难是否愿意施以援手

本社区范围，另有 20% 选择对门、隔壁或楼层上下，20% 选择本小区，18% 选择本单元楼层，约 7% 选择本幢楼。可以想见，居民对邻里交往的范围选择要求并不明显，只要有交往的可能均可以成为交往的对象，这也为城市社区内空间的渗透性和开放性提出较高要求。

在被问及居民愿意交往的年龄层次时，孩童、中年人和老年人三个年龄层级几乎相等，而自身年纪相仿相对比例较小，这充分说明了相当一部分被调研的居民都以多选的方式选择了各年龄层次，显示出居民对交往人群的多元化选择，而不仅仅是单一人群或只和同龄人交往。

（3）在对交往发生的条件方面的调查中，主要分为交往的空间、方式和群体三个方面。在被问及哪类空间更容易发生邻里交往时，楼道和户门口、小区广场和公园这两项被更多的调查者提及，前者占 44% 的比例，后者占

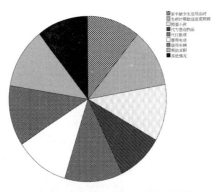

图 7-58 遇到哪些困难会寻求邻居帮助

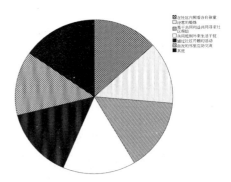

图 7-62 居民进行的邻里交往的方式

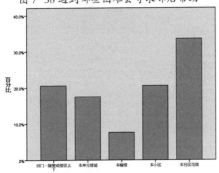

图 7-59 愿意交往的邻里空间范围

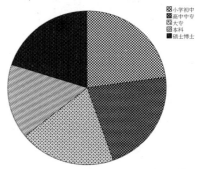

图 7-63 对交往对象的学历选择

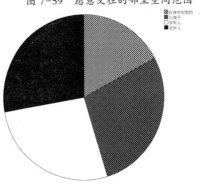

图 7-60 愿意交往的年龄层次

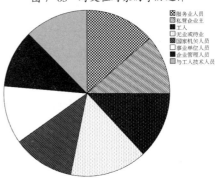

图 7-64 对交往对象的职业选择

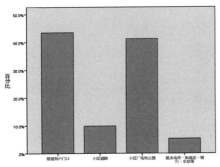

图 7-61 在什么空间更容易与邻里交往

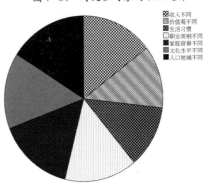

图 7-65 对交往对象的群体类型选择

41% 的比例，而小区道路占 10%，商业、银行、车站等公共服务场所仅占 5%。这体现了两方面的含义：一是这两处空间是居民在观念上的交往空间，显示出居民的生活轨迹，二是这两处空间被社区建设者更多的关注而形成较优质的交往导向。这为进一步研究交往空间的营造提供了有力的依据。

在对居民进行邻里交往的方式进行调研时，获得的结果同样较为平均，只有微小的差别。如在社区中照看各自孩童的比例较小，可能是受访者在这方面的活动较少；通过社区开展的活动比例相对较大，体现了居民对社区中举办的活动的需求和向往；其他的比例较多体现了受访者对个人生活差异性的关注，拥有与此之外更多方面的活动选择。

在对交往群体的调研中，主要调研了受访者对交往对象的学历、职业和群体类型三个方面的选择。居民希望交往的对象的学历为下大上小的现象，即小学初中和高中中专的比例相对较多，大专次之，本科和硕士博士相对较小。这是否意味着学历低的居民更适宜沟通，而知识分子更难接近，抑或者低学历群体在交往方式上更趋向于邻里关系的建立。而对职业类型的选择中各项职业趋于平均，没有特定的职业对象，显示出职业对交往对象的影响较小。而对不同群体类型的选择中可以看出，收入、家庭背景、人口地域是三类影响居民交往的因素，价值观和生活习惯不同对此影响最小。

对于不同群体的交往意愿，受访者体现出了相当程度的选择性。有 58% 的居民选择了可以一起生活，但不会主动交往；有 25% 的居民选择愿意共同生活，但与相同群体间的交往有差异；有 10% 的居民选择不同群体与相同群体间生活和交往无差异，仅 7% 的居民不愿意与不同类型的群体共同生活。

2. 社区空间归属及社区意识

在社区归属问题上首先对居民的整体感受做了调研，发现居民对所在社区的社区建设整体满意度较高，有 68% 的居民觉得整体满意，但有需要改进的地方；有 8% 的居民觉得非常满意，有 20% 的居民觉得有些不满意的地方，另有 4% 的居民觉得很不满意，整体满意度达到 76%。

以下对具体影响社区归属感的因素进行调研分析，主要包括了社区迁移、社区形态、社区群体和社区服务四个方面的内容。

（1）社区迁移问题体现了居民对所在社区的生活感情，每一次迁出与迁入，都是居住者迫不得已而为之的结果。在被问及因某种原因需搬离现所在社区时会有怎样的感受时，有 40% 的居民选择会有些不舍，但还是向往新社区；有 33% 的居民选择会有遗憾和不舍，但不会很留恋；有 20% 的居民选择会觉得很遗憾，很不舍；仅 7% 的居民表示毫不留恋，希望尽早离开。体现出受访居民对所在社区的感情较深。

而被问及近期是否有迁出所在社区的计划时，回答不会迁出的有 23%，有打算的有 29%，正准备迁出的有 13%，看情况而定的有 35%。

在询问如果迁出，具体的原因是什么时，更多的居民选择了离工作地点太远、周边日常生活不方便、物业服务不到位等，而个人住房需改善一项只占小部分比例。这一结果充分体现了一个具有良好归属感的社区带给居民更多的不是个人生活所有，而是便利的公共生活设施以及优质的社区服务。

（2）社区形态问题显示出居民因交往和生活对社区空间所提出的要求，是社区空间与邻里交往相关性的基础。在被问及所认为的社区范围大小时，有 39% 的居民认为整个街区，有 42% 的居民认为是日常生活到达的范围，有 18% 的居民认为是围墙中的小区，仅 1% 的居民认为是日常途经的几栋楼。这一比例反映了居民对社区概念的理解，也从侧面反映了其在日常生活中的活动范围。

在被问及更愿意在何种社区中居住时，有 44% 的居民选择大部分封闭，局部开放的社区；有 39% 的居民选择局部封闭，大部分开放的社区；有 11% 居民选择完全封闭的社区；仅 6% 的居民选择完全开放的社区。开放与封闭在居住者的观念中对应着交往倾向与安全感两个方面，越开放的社区交往倾向越明显，但观念中的安全感就会越弱。从图 7-72 中可以看出居住者对这两方面的考虑，从比例上来看居民更看重居住的安全感，但和交往倾向相比，这种差距正在减小。本次研究就是基于空间的安全性下的开放，这是新的城市社区规划建设的要求和方向。

（3）交往群体方面显示了居民交往过程中的归属性。在被问及社区中是否有交往群体时，只有 10% 的居民回答没有交往，有 26% 的居民回答有固

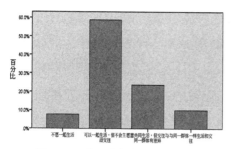

图 7-66 是否愿意与不同群体的
居民共同生活并交往

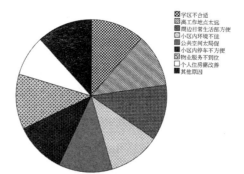

图 7-70 迁出所在社区的具体原因

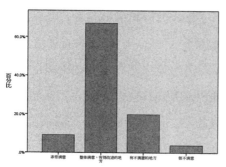

图 7-67 对社区建设的整体状况是否满意

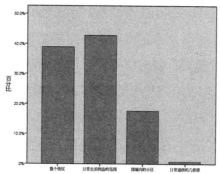

图 7-71 您所认为的社区范围有多大

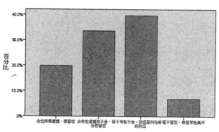

图 7-68 当搬离所在社区时
是否会觉得遗憾和不舍

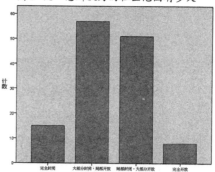

图 7-72 您更愿意住在哪种社区中

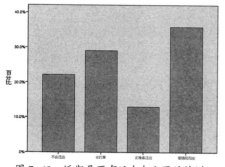

图 7-69 近期是否有迁出本小区的计划

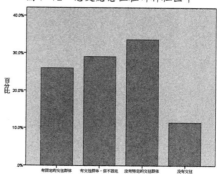

图 7-73 在社区里是否有交往的群体

定的交往群体，有29%的居民回答有交往群体但不固定，有35%的居民回答没有特定的交往群体。当被问及是否愿意加入已有的交往群体中时，有约58%的居民愿意加入，但不会主动要求；有16%的居民表示很希望加入；有14%的居民表示经人介绍时会加入，而仅12%的居民表示不愿意加入已有的群体。这一交往群体的调研结果反映了居民强烈的交往与归属需求，居住于社区中的居民是无法孤立存在的，他必须要融入这个社区，找到属于自己的交往团体，才能使自己的生活充满社会意义。

（4）在社区服务方面，通过居民问卷对社区机构和组织的服务状况进行了了解。在问及所在社区对居民诉求的重视程度时，有40%的居民表示一般重视，能酌情听取意见；有35%的居民表示比较重视，能积极听取意见；有12%的居民表示很重视，能积极听取意见并尽力解决；有13%的居民表示不重视，很少听取意见。在评价社区服务站、居委会和物业三者关系时，有49%的居民觉得相互之间配合较少，但能做好分内的事务；有34%的居民认为都能尽心尽责，相互配合工作；有12%的居民认为三者无相互配合，办事效率较低；另有5%的居民认为三者遇事相互推诿，居民办事困难。

在对社区服务站、居委会和物业的办事效率和服务满意度调查中，居民对三者都有较高的满意度，满意和比较满意两项之和三者均接近70%。可以想见，社区服务的优劣是提高居民的社区归属感至关重要的一个因素，直接影响了居民的生活状态和邻里关系，是建立社区凝聚力和社区场所精神的外在基础。

3. 社区居民参与社区建设

社区居民参与社区建设，形成一支社区自主建设与发展的队伍是实现社区邻里空间良性发展的必要之路。进行社区建设，提高社区服务水平不能只依靠自上而下的政府主导的旧有方式，而应把政府的一些权力放手于社区自身，使社区居民自己建设自己的家园，才能有的放矢，提高社区建设的效率和现有资源的配置效益。对此，本书对社区参与进行了三方面的调研，包括组织参与、个体参与和社区活动三个方面。

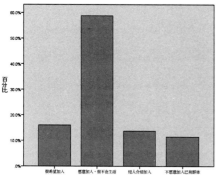

图 7-74　是否愿意主动加入已有的交往群体

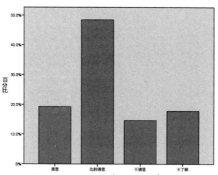

图 7-78　对社区服务站的办事效率和
　　　　　服务是否满意

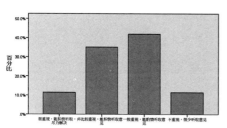

图 7-75　所在社区是否重视社区居民的诉求

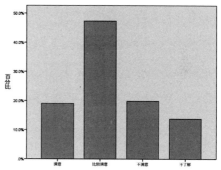

图 7-79　对物业的办事效率和服务是否满意

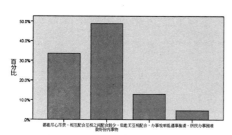

图 7-76　社区服务站、居委会、
　　　　　物业三者的工作关系

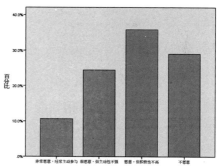

图 7-80　是否愿意参与本社区的管理工作

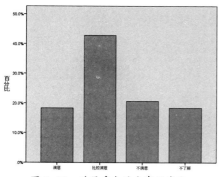

图 7-77　对居委会的办事效率和
　　　　　服务是否满意

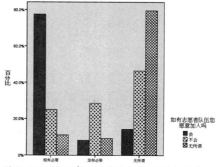

图 7-81　是否有必要成立社区志愿者服务队

（1）组织参与是指社区中由居民自发形成社区组织和社会团体，对社区进行管理和建设，以辅助政府和其他社区服务机构共同为社区居民服务。当问及居民是否愿意参与本社区管理工作时，有36%的居民表示愿意，但积极性不高，有25%的居民很愿意，但主动性不强，而有28%的居民表示不愿意，仅11%的居民非常愿意，并主动参与。

当问到是否有必要成立社区志愿者服务队时，有将近80%的居民表示很有必要且会参加社区志愿者队伍，但也有部分居民对此保持无所谓的态度，说明社区中一些居民的观念尚待改变。

当问及社区居民应以何种方式参与社区管理时，34%的居民认为以个人身份适时提供个人意见，30%的居民认为应加入自发的居民团体适时提供建设意见，26%的居民认为应加入居民组织参与社区建设，10%的居民认为应加入社区管理组织参与日常管理。

在询问居民知否知晓社区中的居民组织时，有50%的居民表示完全不知道，17%的居民表示没有，有23%的居民表示有，但仅仅听说过，只有10%的居民知道详情。可见居民参与社区建设的程度很低。但当问及居民组织在社区建设中的作用时，有40%的居民认为比较重要，担当了重要的角色；有21%的居民认为非常重要，是社区居民服务必不可少的；有23%的居民认为起到一定作用；仅16%的居民觉得可有可无，作用不大。可见社区居民还是希望有各类社区组织能为社区居民的生活提供帮助。

（2）个体参与指居民个人自发的参与或获得社区建设和服务，表达了居民在社区生活中的群体需求的个体化展现。如在询问居民了解社区情况的途径时，媒体宣传、有关文件、社区开展的活动和居民议论占较大比重。在询问选择何种途径来了解社区情况时，很大部分居民选择向社区工作人员当面提出，也有25%的居民选择邻里之间互相议论，以使社区工作机构知晓，而选择书写书面意见放入意见箱做法的居民较少。

当问及居民最需要提供的小区服务项目时，职业介绍被较多的提及，而其他各项相对平均。

（3）社区活动是提高邻里交往质量，引导社区居民更多关注邻里，提升

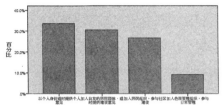

图 7-82 居民应以何种方式参与社区管理

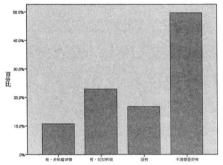

图 7-83 所在社区是否有自发的居民组织

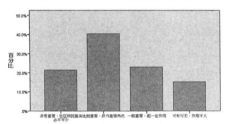

图 7-84 居民组织在社区建设中的作用如何

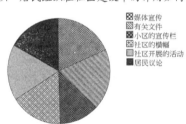

图 7-85 了解社区情况的途径

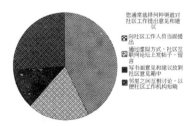

图 7-86 对社区提出意见和建议的渠道

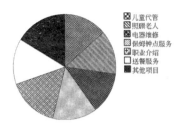

图 7-87 需要提供的服务项目

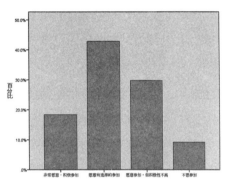

图 7-88 是否愿意参加社区组织的活动

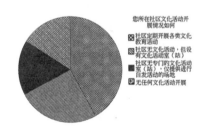

图 7-89 所有社区文化活动开展情况如何

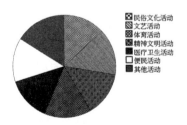

图 7-90 最需要的文化活动

邻里关系和邻里交往有效性的最直接的途径。但在调研中发现，居民对是否愿意参加社区组织的活动的问题，有42%的居民愿意有选择地参加，有30%的居民愿意参加，但积极性不高，只有19%的居民非常愿意并积极参加，另有9%的居民不愿参加。这从侧面反映了现在社区活动水平较低，使居民参与的积极性不是很高，甚至变得可有可无，形同虚设。

在询问居民所在社区的文化活动开展状况时，很大一部分居民认为社区定期开展各类文化教育活动，但也有四分之一的居民认为社区无文化活动，仅设有文化活动室，另有一部分居民认为只有进行活动的场地甚至无任何文化活动开展。

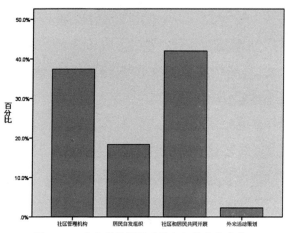

图7-91　您觉得社区活动的组织该由谁负责

当问及最需要的文化活动时，文艺活动、体育活动、便民活动较受居民欢迎，另有一部分居民选择其他活动，对社区活动提出了更多个性化的需求，是社区活动开展和深化的方向。

当问及社区活动的组织者时，有42%的居民觉得应由社区和居民共同开展，有38%的居民认为只需社区管理机构组织，有19%的居民认为该由居民自发组织，仅1%的居民认为该由外来活动策划组织。

三、构建良好社区精神的空间模式

（一）具有交往导向的空间策略

经过对案例社区的详细调研以及对杭州城市中其他社区的感受性走访，切实感觉到在进行社区规划和对老旧社区进行改造时，应始终围绕建立良好的社区精神和社会原则的目的进行社区空间设置，而不是将空间与交往行为脱离开来，从而无法建立空间的场所精神。在社区中，如果一个邻里空间可以吸引居民充分而又合理地利用，并且邻里交往活动多次重复地在此发生，并持续一定时间，该空间即为有效的邻里交往空间；反之，一个空间并不能促进甚至抑制其发生，则该空间为无效的邻里交往空间。通过上述研究，本书提出如下具有交往导向的空间策略，以供在进行社区建设和规划过程中进行参考。

1. 合理的空间尺度

观察发现，很多设计者为将空间呈现开放的态势，往往在社区设置范围较大的广场或者绿地。然而在实际使用过程中，却鲜见较高的利用率和良好的使用感受。相较这些空旷的场地，人们更愿意选择树下、水边、路旁、楼道口等空间范围较小，却拥有更合理尺度的空间类型。因此，在社区中对公共空间尺度的合理性把握是相当重要的，设计者应考虑到社区中交往空间和城市交往空间的不同，创造更适合社区居民活动的空间尺度。

空间尺度的合理性应根据不同的交往方式和交往类型，以及居民的空间需求，设置相应的空间尺度。社区中各种交往活动发生的主要空间表现有如下三种类型：一是根据社区大小以及社区中居民集中程度，设置社区中心空间；二是在社区街道两边、条形建筑沿线、社区边界等区域设置线性带状空间，以联系建筑与街道、建筑与建筑、社区内与外之间的过渡区域；三是为较小范围的交往活动提供的点状空间，以保证此类活动的私密性和活动发生时的依靠感。此三种空间类型，在设置时需考虑其合理性，并对相应的空间进行合理性研究，以适应在社区中邻里交往的有效性。

社区中心空间需要通过绿植、小品等景观营造手段，对较大的广场进行再次空间限定，在主空间中达到多样的集群性次级空间，使其在划分后仍然拥有完整的中心空间。如将空旷的铺地广场以喷泉、花圃划分区域，以合适高度的矮墙、树丛、座椅等限定空间，在每个区域内设置雕塑、幼儿滑梯等提升空间特质和交往品质，从而使不同的空间区域适应不同的季节与天气，充分提高中心广场的利用率和人气。

线性带状空间主要存在于社区街道两边、社区与城市道路边界、社区内建筑周边，且三种空间相互穿插并存，有些基本上合为一体，但均呈现带状空间的形态。该类空间并非全部特意设置，而是在社区中因建筑设施、边界、街道等自然产生。合理利用这些空间，并对该类空间进行划分，是改善社区交往状况和邻里关系的良好方式。特别是对于消除背街小巷、空间死角等这些缺乏安全感和邻里亲近性的社区消极空间的不良影响起至关重要的作用。如采用植物、矮墙等不同高度的隔离屏障增加较宽带状空间的依靠，增加林荫道以降低空旷街道的交往障碍，将建筑背面空间赋予新的含义以缓解消极带来的不安全因素。

点状空间因其空间特质的特殊性，自然地存在于社区各处，但往往又最容易忽视对其的关注和营造，而成为社区中消极的空间死角，沦为社区的阴暗面和不安全场所。改造此类空间，可将其营造成为良好的邻里活动场所，在免除与社区群体活动之间干扰的同时，加强邻里间的交往品质和社区归属感，从而提升该区域的安全因素。

2. 适度的空间序列

人们总希望有足够宽敞的空间来接纳更多的阳光、更宽阔的视野和更丰富的交往活动，于是往往将中心广场设置成纯粹的宽广的空间，或仅铺以砖石，或辅以单一的绿植。此类中心空间虽足以容纳社区的大部分居民，足够宽广，甚至辽阔，却往往事与愿违，那里鲜有人群聚集，或空间利用率低下。虽然造成这种现象的原因是多方面的，但就空间设置上来讲，空间过度的开放，失去了适度的空间序列安排，是其最主要的原因。

适度的空间序列是将不同类型的空间，通过合理而适度的配置，形成连贯的空间带或空间网络，而不是单一尺度的无限放大。如何设置不同空间类型的序列需考量邻里交往活动的私密程度。根据私密程度的强弱，我们可将其分为公共空间、半公共空间、半私密空间和私密空间四个层级。当然这里所指的均为社区中的空间层级，与城市范围内的空间不尽相同，如同为公共空间层级，城市中和社区中的私密程度亦有所不同。在社区范围内，公共空间对整个社区都是开放的，对社区外人群有选择性地开放，只要遵守一定的既成规则均可使用（这里所称既成规则由所在社区而定，不同特点的社区有其不同交往规则，从侧面亦反映该社区的归属感）。相比之下，半公共空间虽在空间上对大部分人群开放，但只有特定人群会经常使用，比如住宅周边小路、组团内的绿地节点、住宅下的架空层、有特定对象的社区活动设施等，此类空间有其鲜明的空间特质。半私密空间只对特定人群开放，拒绝其余人群的融入，属于较私密的邻里交往场所，更亲近并更具归属性，比如住宅的共享门厅、入户花园、屋顶花园、宅前小院、楼道空间等。而私密空间则只对单户人群而言，其他人群的加入需由户内人群认可，如私人花园、露台、客厅、卧室等，当然露台、阳台等作为私密空间的同时也具有一定的开放性，该类空间的合理设置可有效加强社区的安全因素，提升邻里交往的可能性。

由此可知，适度的空间序列是以上所述四个空间层级的合理链接的结果。在考量绍兴历史街区的传统社区中，笔者发现具有良好交往导向的空间序列，不仅是必要的，而且是提高邻里之间交往有效性的重要因素。基于环境心理学的考量，邻里间的交往多发源于较私密的小众，此时的交往可能发生在自己家的阳台、露台上或宅前的半私密空间中，而后随着参与人群的增加，慢慢发生于更为开放的半公共空间直至社区公共空间，如广场、公园内。这也就意味着，社区中需要清晰的空间归属。在某种情况下，模糊的空间归属会带来安全隐患，使社区中的居民时常以警备的心理对待邻里关系，从而抑制邻里交往的发生，其导致另一个严重后果就是使居民丧失对该社区空间的归属感。

此外，各层级空间之间相互链接，随空间的开放程度由公共性向私密性的空间导向进行串联分布，相同层级的空间亦以并联方式设置，最终形成较为复杂的社区空间网络布局形式，从而清晰地表达社区的空间层次，明确每一个邻里交往空间的归属。在大多数情况下，社区居民比规划者更清楚自己的生活习惯和交往需求，可将一些半私密空间的改造权力还给居民，让社区居民自行安排此类空间的内容和方式，在增加社区特色的同时，增强居民对社区的归属感。

3. 多义的中心空间

社区的中心空间是整个社区交往的集聚区域，是社区居民最重要的群体性交往场所。如何提升社区的交往层次和交往类型，是社区中心空间设置成功与否的目标所在。但是在笔者的走访过程中了解到很多社区中心空间只提供了相应尺度的空间范围，却一直无法建立起其场所感，或场所感很弱，社区居民无法融入其中而发生有效的邻里交往。究其原因，在于这些中心空间大多不具有多样化的空间内涵，空间的意义较为单一，一些只提供休憩功能，一些只是作为交通集聚和分散的节点，一些只考虑单一人群，一些只提供某段时间的服务。因此打造多义的中心空间可以激活并延长社区中心的活力和持续性，是提升社区服务设施和空间设施有效性的重要途径。

社区内居民的活动是复杂而多样的，因此在设计社区中心空间主要活动功能的同时，应考虑其他次级辅助功能，以适应其他小范围的活动。切勿只考虑进行单一邻里交往活动的专供空间，这样的空间缺乏良好的适应性，在更多的情况下会空无一人而失去原本的空间含义。邻里交往活动是多样的、多层次的，并伴随着主要活动以外的次要活动进行，因而需要在设计时考虑更多的邻里交往可能性。此时多义的中心空间为这种情形下的邻里交往提供了良好的空间条件。空间的多义性就是空间所提供的功能场所对产生各类行为的延展性。具有多义的空间更容易提供机会场地，并更加适合其本身的使用目的以及由此而衍生出的更多的使用目的。

福建土楼建筑中，一个楼往往作为一个宗族的聚落，其空间具有很强烈的社区归属感。其中心空间往往是多义的，除有宗祠、学校、议事厅等重要社区设施外，更是各种节庆日居民聚集活动的场所，也是日常生活中居民洗晒、聊天、社交等邻里交往活动的发生地。这个中心大院空间具有良好的多义性，是有效的邻里交往空间。而现在很多城市中的社区已没有了原有传统聚落的多义空间，社区的中心空间往往只作为绿化的需求，单一地作为绿地指标要求，或仅铺设砖石作为广场，利用效率和使用品质很低。介于此，笔者认为增加中心空间的多义性，需要在中心公共空间以绿化水体等游憩空间为依托，将一些社区服务设施围绕此类空间布置，如理发、小卖部、卫生所、老年活动室、茶室、棋牌室等场所。并在游憩空间周边设置一定区域的空地，在不同时间段开设不同活动需求的社区便民服务，如清晨设早市供应早餐和路边市场，白天设修车、报刊、修理小家电和修补服饰等，晚上供社区居民纳凉、夜市等。如此，整个中心空间的邻里交往活动才会持续更长时间，发挥更有效的空间价值，而不仅仅停留在空间本身所承担的休憩功能层面。

4. 边界的空间价值

最易产生邻里交往活动的逗留场所一般是沿建筑物立面的空间或两个空间交接过渡的区域。此类区域即所谓意义上的边界区域。边界区域在交往活动中所体现的优越性主要原因就在于其位于空间的边界区域为观察空间提供了最优条件，并且具有一定的依靠感和防卫性。美国建筑师克里斯多弗·亚历山大在《建筑模式语言》中讲道：务必把建筑物边界看作一件"实物"，一个场所，一个有体量的区域，而不是没有厚度的一条线。使建筑物边界的某些部分凸出，以造成引人逗留的场所。……如果不能认真而有效地使建筑物像面对内部空间那样面向它周围的外部环境，建筑物周围的空间便毫无用处，荒芜一片。

在社区中，住宅边界是最重要的空间边界，其具有良好的可达性、可见性和依靠性，同时在一定程度上提升了偶遇几率，成为有效的邻里交往空间。而如今很多住宅建筑并不注重住宅边界的设置，除了入口外，往往以不可达的草坪绿地、石砌铺地铺设整条界面，人们无法接触到建筑物，丧失了界面空间的有效性。抑或将界面设计成平直的连线，导致边界变得僵直而缺少空间的变化，使边界内外空间完全隔离，缺少空间的过渡和传达，减少了空间之间的交互，没有空间联系的同时降低了空间的有效性。在设计住宅边界时，可考虑三方面的空间布置方式：一是设置住宅内部与外部空间之间的过渡空间，如底层架空门厅，将室外绿地延伸至架空层内部；二是增加外部边界的支持物，如花园围栏、小型花房或入口花池、秋千、座椅等等，在营造有效交往空间的同时也丰富建筑景观立面；三是设置进入住宅内部的引导性空间，形成内外部空间的过渡，在此空间中创造有效的交往，如半围合的入户花园、半私密性的晒场、孩童玩耍地等。

另一类重要的空间边界即社区与城市的边界，此类边界的合理设置能增强城市对社区的渗透性，而不是使社区成为城市中的孤岛，只有若干适时开放的口子与城市相连，从而成为城市中的牢笼。一个安全的社区不是靠界面的隔离而是靠社区场所感和归属感的依托来营造良好的邻里关系和有效的人际交往。现今的社区甚至是社区中的若干区域都存在着奇怪而严重的隔离现象，因基于所谓的安全考虑，人为设置此类边界的限制而产生空间的隔离，形成各种背向界面和空间死角。这些不恰当的做法包括：一是采用砖砌或栅栏式的高围墙将城市道路与社区内部相分离，形成无法穿越的内部和外部空间。沿城市道路一面成为没有有效交往的僵直界面，甚至取消了该界面的人行道路，而沿社区内部的一面则往往成为空间死角和社区的背面，非但不能形成有效的交往空间，更多时候作为蚊蝇垃圾的滋生处和不安全因素的堆积点。二是以特定的建筑背立面作为直接界面使社区内部与城市相隔离。此类方式往往会因缺乏城市与社区间的缓冲区而降低边界上住宅建筑的品质，使社区中的住宅暴露于过于嘈杂或混乱的城市环境中———些位于城市快速路边，一些位于城市高架路旁——在消除了邻里交往发生的可能性的同时，更是降低了社区边界的空间价值和该区域的空间品质。三是在社区内部若干个小区和组团之间采用围墙和建筑本身相隔离，每个小区或组团之间没有相互渗透和交融的空间层级，仅以少量的入口相通。在这种情形下的社区内部充满了空间死角和不安全因素，使原本可以成为有效交往空间的界面，变成无法到达、无法有效利用的消极空间，降低了偶遇几率，延长了交往路径，降低了有效交往的空间品质，人为地使交往的可能性降低。

针对以上所述三种情况，笔者提出如下建议。首先，破除围墙的藩篱，将社区与城市之间的边界合理布置成缓冲区。若经考察，该区域有相当的城市商业氛围，该缓冲区以商业为特色，形成沿街商业带，并在商业空间和城市道路间布局相当区域的人行步道、休憩小品和临时停车位，创造此界面的机会场地，提高人群停留时间，从而促使有效交往空间的形成。若社区内部少有休憩绿地和停车场地，可将该界面设置为沿街绿地，使社区边界以开放姿态面向城市，为降低光线、噪音等嘈杂的城市侵扰，以适当的尺度和密度配置树木植被，并在植被中提供人行慢行系统和临时车位，以提供相应的机会场地和邻里交往的有效空间。其次，打破社区内不同小区组团的独立现象，以适当的空间序列安排各小区组团独立性的同时使其相互渗透，消除各背向界面，尽可能激活此中的消极空间，创造更多有效的邻里交往空间。在撤去隔离物后，可设置休憩小品、幼儿活动场地、社区晒场、小型娱乐空间等，以增进不同组团间的融合；或设置步道，在隔断车行交通的基础上恢复人行畅通，以增加可达性，缩短交往路径。以此，将公共—半公共—半私密—私密的空间序列贯穿社区各小区组团，形成具有清晰空间归属，但相互融合、渗透的空间网络。这样的社区在提升混合度的同时不改变其内部分异程度，真正达到同质社区异质化和异质社区同质化的目标。

（二）社区空间的场所建设

1.场所建设的意义

著名的挪威建筑理论家罗伯特·舒尔茨在他的场所现象学理论中指出，场所是由自然环境和人造环境相结合的有意义的整体，是具体现象组成的生活世界。正是空间与活动的完美结合，才使一个无意义的空间成为一个场所。

一个具有良好邻里交往关系的社区必然是一个具有特色的社区，也必然有着良好的场所感。这就意味着这样的社区不仅仅只是一个有住宅建筑和贯穿其中的道路网所形成的居住空间，而是具有复杂的社会含义。社区中只有更多地植入居民生活和彼此间交往所发生的联系，形成具有社会内容的场所，才能真正称之为社会意义上的社区而不是单一功能的居住区。因此，场所与周边环境是否协调，是综合了方位、景观、建筑、城市和居民活动等因素所形成的社会空间关系。在进行场所建设中，不仅受到地形、植被、气候等环境的影响，社会文化的影响也同等重要。一个成熟的社区往往是两者共同影响的结果。而正是这两方面的共同影响，才形成了不同地区的不同特征和不同风貌的空间感受。优秀的场所建设不光是提升了社区的居住环境和其中的居民的生活品质，也打造了多样化的城市空间需求。

在一些城市中观察发现，现在很多社区呈现出千篇一律的姿态，各个居住区没有特色，公共空间毫无人气可言，完全背离了社区的场所精神。主要体现在以下三个方面：一是社区环境过于统一，建筑形态过于标准化，缺乏变化的特征；二是社区内道路系统和邻里活动空间相隔离，缺乏关联性；三是社区空间设计缺乏自然形态的布局，过于人工化，或生硬或老旧，缺乏人性化的考虑。一个有场所感的社区，必须建立起其特有的标志性空间，以确立其归属感和邻里间的依赖性。

2. 社区功能的混合

任何居住区都不能孤立地存在于周边其他功能之外，但是现在很多新建小区的开发者往往只关注住宅的经济利益本身，忽视了生活依赖的交往空间、活动场地、商店、学校、医院等其他公共服务设施，忽视了住区内部及周边用地的发展，或将营造社区的任务推脱给政府。开发者这种只关注商业价值，只希望将资金投资于单一的功能上的做法，阻碍了社区混合功能的发展，也阻碍了社区场所的建立。进行社区功能的混合开发，是建立良好社区场所的首要途径，这需要在社区建设初期就由开发者、建设者和使用者组成利益共同体参与建设社区场所。

（1）设施混合及其服务半径

设施的功能混合通常有垂直和水平两个方向上的混合方式。观察发现仅通过垂直方向进行功能混合会导致设施空间过于集聚，多种功能的服务半径相互叠加，减少了社区内的覆盖面积，减弱了社区中的居民利用设施的欲望和几率，也减弱了居民间相互交往的机会。而仅通过水平方式进行功能的混合，会使多种设施相互分离，虽能较大地覆盖社区面积，但相互叠加的程度较弱，使局部区域的功能混合度较低，设施较为分散，减弱了公共空间的多义性，同样也会减弱了居民间相互交往的机会，增加了居民交往的空间路径。这两种情况，前者多发生于新建设的社区，住宅多为高层；后者多发生于老旧的社区，住宅多为 7 层以下。在实践中应充分考虑这两种混合方式的优缺点，以两个方向相结合的方式进行功能的混合布局。一方面以设施的水平方向布局，塑造空间的混合范围，另一方面在中心空间以垂直方向布局，加强空间功能的集聚性。于此产生功能设施在空间上的分散与集聚结合、平铺直叙与高潮迭起相异的布局方式，既增加了居民间的交往机遇，也增加了空间设施的功能特性，为良好的社区场所提供更有效的机会场地和邻里交往空间。

（2）道路网络与设施的融合

社区中的道路应与社区中的空间布局相一致，使社区中的道路在成为网络的同时，与设施空间相互融合，形成"串珠效应"。在进行道路网络的设计过程中，对交通系统的清晰把握也同样与空间功能和设施相关联。在设计之前应特别考虑步行者和骑车者的需求，控制社区以及社区中小区组团的出入口数量和街区的结构，将交通系统清晰地划分为小汽车道路系统、自行车道路系统、步行系统甚至游览路径。在此基础上将各层级的社区空间与各道路系统统一布置，使社区环境形成自我延展的渗透性。一个渗透性好的社区往往会给人提供多种便捷到达目的地的路线，以此建立起更小层面上的街区结构，提供更为有效且高效的邻里交往空间。对居民来讲这种"串珠效应"提供了便捷的出行路线，更大程度上优化了人们的交往路径，拥有了更多的交往机会和交往意愿。

（3）设施与空间共享

学校、社区活动中心、社区卫生场所等商业配套以外的设施通常是社区至关重要的亮点。因为这些设施常被设置于一个社区单位的重要地带，可以加强社区内部的凝聚力和感召力。就学校而言孩子们可以从家以最短的距离安全到达学校，而学校的礼堂和操场等设施也为社区提供活动场地。社区互动中心与外部公共广场相联系，本身作为活动设施的同时，也能在户外提供活动空间，将社区活动和邻里交往由室内向社区公共空间延伸。学校的操场、活动中心的门前广场、卫生场所的周围绿地作为设施的同时也成为了社区街道的一部分，而这些共享的空间也是保证安全的最好办法，并与周围的环境共同起到防御的作用。

3. 社区的场所设计

社区的场所意义在于社区空间与居民交往活动建立相互关联，在合理的社区空间中植入复杂的社会含义，并综合方位、景观、建筑形式、城市空间和居民活动等因素所形成的个人与群体感受。社区空间是居民交往活动的场所，交往活动是社区空间组织的依据，二者的和谐统一是进行社区场所设计的基本出发点。社区空间是"物化"的活动行为，它为社区中人们的交往过程提供行为场所，并不断发生着自身的演进。

基于上述概念，社区的场所设计一般分为社区活动及服务建设和社区空间设计两个层面。这两个层面是精神与物质的两方面，是社区的场所设计成功与否的左右脚，不可单独进行，任何一个层面的缺失或弱化都将拖累整个社区建设的进程；此外，二者也不是两条单一的平行线，而是需要不断地相互协调、相互统一，共同提供良好且有效的邻里交往场所。以下通过对这两个层面的具体论述，以期获得社区建设的相关建议。

国外城市社区规划在进行空间规划的同时，主要强调社区居民的自助、合作、参与以及专家等外部援助等方式，较多地带有"服务取向"和"问题解决取向"，其主要目标集中于社区情感、社区凝聚力、责任感和归属感的培养以及社区居民的组织及邻里关系的协调；侧重于各种服务机构的建立和协调，以及社会保障和福利服务的改善。这主要属于社区服务建设的层面，值得国内城市社区建设借鉴。笔者在对杭州城市社区的调研中，很明显地感觉到社区活动和社区服务建设不如国外，或远没有达到预期的效果。一方面就社区活动开展状况而言，主要存在着活动内容乏味、活动形式单一、参与程度低、活动组织力度弱等问题。社区中拥有各类人群，按年龄层次分为幼儿、青少年、青年人、中年人、老年人，按性别层次又分为女性、男性，每个层次的人群依照不同年龄、性别、交往意愿等主观因素对社区活动有自身的需求和意向，且因客观因素与社区场所的时空关系又不尽相同。另一方面以社区服务建设来讲，社区教育、医疗、卫生、安保、福利等方面不能全方位兼顾，存在顾此失彼的现象。或者存在着服务建设与居民使用相互脱节的现象，各类设施无法按照预期设想得以充分利用，甚至荒废。这在很大程度上显示出现阶段我国城市社区建设自上而下式的弊端，包括社区组织机构与政府部门间的职责关系，居民委员会、物业和社区业委会三者的关系，还有社区中居民自发组织的社区团体和社会组织等。只有处理好这些组织机构间的相互关系，将某些具体权力归还于社区居民自身，使居民拥有更强的主人翁精神和社区归属感，才能更有效地开展社区活动以及提高活动的参与程度，从而更强烈地体现出对邻里交往以及交往场所的诉求。

社区公共空间作为居民活动和邻里交往顺利进行的场所，是社区活动场所的物化表现。首先，社区公共空间对传达社区形态起重要作用，对社区内各类居住行为有显著影响。良好的社区公共空间应与住宅以及邻近街区之间拥有亲密的关系，以确保住宅的正面与公共空间有明确的视线联系，并形成容易与入口相关的交往活动。这样的场所才会更有活力，并具有人情味和趣味性。然后，相对于公共空间的数量来讲，质量显得更为重要。一个具有良好质量的公共空间应具有明确的设置目的和设置对象，即具有现实的使用状态。相对一个开敞的公园绿地来讲，具有特色并与住区紧密相连的小花园更受居民欢迎。另如在住宅入口和开放街道之间增加入口小院作为过渡，将使空间更具归属感。其次，社区公共空间是提高社区安全感的有力保证。一般而言，如果一个社区空间由没有正面建筑的界面围合，或处在尽端路的端头，或处于隔离状态的停车场（包括地上和地下），或缺乏公共监督的道路两边……在这种情况下，处于该空间中的人们会感觉紧张、烦躁、无助和不安全。而如果设置了良好的社区场所，此类状况将彻底改观，相比具有安保措施和围墙高筑的封闭社区，这样的开放社区具有更好的安全感和邻里关系。

四、小结

社会隔离、社会阶层分化、邻里交往匮乏等问题的加剧，在源头上影响了我国现阶段社会主义建设的进程。本章从我国古代基层社区发展的脉络出发，辨析了封闭社区与开放社区间的相对关系，分析了不同角度的社区混合模式，并考察了我国的社区建设管理状况。在实证过程中，对社区空间现状和邻里交往状况进行描述，并研究了邻里关系与各类空间因子的相关性及其建议。

介于调研的样本数量等客观原因，研究尚缺乏更加丰富有力的实证参数和标准的理论范式，仍需进一步深入的研究。特别在当今价值多样化的时期，社区建设与规划如何在多方利益体下追求结果的平衡，仍需付出很多精力。因而本章在实证研究过程中，力求把社区建设规划与社区场所的公平性联系在一起，提出具有更优社会原则的具有交往导向的空间策略和社区场所建设建议。

在当代中国快速城镇化建设的背景下，住宅的建设量飞速增长，以往的和现行的居住区规划已不适应社会发展的要求。如何建立新型的符合社区精神和社会原则的社区是如今社区研究的当务之急。本章实证研究所涉及的案例社区存在的问题在我国城市社区发展中具有较强的代表性，对今后开展社区建设和空间规划的探索，重塑城市社区交往空间的价值有非常重要的借鉴意义。通过对杭州典型社区公共空间及其相关邻里交往活动的调研，为未来持续参与社区建设的过程，提升社区居民的自治能力和参与社区建设的自主性，并进一步强化社区规范和社区关系网络，提出了重要的意见和建议，并以期达至可持续社区的发展目标。

附录一

抽样调查问卷（问答式）

社区邻里交往与空间关系调查问卷

您好：

我是浙江工业大学社区规划建设研究小组的调研员，我们正在进行一项关于杭州社区空间评价的调查，以了解杭州社区建设及空间需求，为更好地塑造社区空间和邻里交往提供有力的基础。您的回答对提高和改善社区空间状况至关重要，谢谢您的支持与配合！我们将对您的回答完全保密。

第一部分　个人状况

1. 您的性别

   A. 女

   B. 男

2. 您的年龄 _____

3. 您的文化程度

   A. 小学

   B. 初中

   C. 高中及中专

   D. 大专

   E. 本科

   F. 硕士

   G. 博士

4. 您的职业类型

    A. 服务业人员

    B. 私营企业主

    C. 学生

    D. 无业或待业

    E. 国家机关人员

    F. 事业单位人员

    G. 企业管理人员

    H. 工人、技术人员

    I. 教师

    J. 其他（请写明）

5. 您的家庭年收入

    A. 5 万以下

    B. 5 万—10 万

    C. 10 万—20 万

    D. 20 万—40 万

    E. 40 万—80 万

    F. 80 万—200 万

    G. 200 万以上

6. 您觉得您在本市属于哪个收入阶层？

    A. 困难

    B. 贫困

    C. 贫穷

    D. 小康水平

    E. 中产水平

    F. 富裕

    G. 富人

7. 您的户口所在地

    A. 本社区

    B. 本市城区

    C. 市郊农村

    D. 外地城镇

    E. 外地农村

8. 您的居住形式

    A. 合租

    B. 单户租住

    C. 自有房屋

9. 您住的房子面积有多大

    A. 60 平以下

    B. 60—90 平

    C. 90—140 平

    D. 140—180 方

    E. 180 方以上

10. 与所在区域家庭相比，您觉得您所住的住宅情况属于哪个等级

    A. 上等

    B. 中等偏上

    C. 中等

    D. 中等偏下

    E. 下等

11. 您在该小区居住了多久？

    A. 1 年及以内

    B. 2—5 年

    C. 6—10 年

    D. 10 年以上

第二部分　居住空间

1. 您知道您所在小区哪些房屋空间属社区居民共同所有吗？

　　A. 完全不清楚

　　B. 有所耳闻，但不知道是哪些

　　C. 知道一部分

　　D. 很清楚

2. 您知道这些共同所有的房屋空间的用途吗？

　　A. 完全不清楚

　　B. 有所耳闻，但不知道是哪些

　　C. 知道一部分

　　D. 很清楚

3. 您所在小区在社区环境中开放程度如何？

　　A. 与周边小区没有实体分隔，通过共用道路相邻

　　B. 通过商业街与周边小区相邻

　　C. 通过公园绿化与周边小区相邻

　　D. 通过围墙与周边小区相邻

4. 您对社区公共空间的现状如何评价？

　　A. 大小适宜，环境优美，很适合居民活动和交往

　　B. 空间过于杂乱、分散，居民活动不集中，交往不顺畅

　　C. 空间场地过于空旷，使用率不高

　　D. 居民活动空间和交通等其他功能互相干扰

5. 步行到您常去的下列地方各需多少时间

　　农贸市场、菜场：＿＿＿＿＿＿分钟

　　公共汽车站：＿＿＿＿＿＿分钟

　　生活超市：＿＿＿＿＿＿分钟

　　小吃店：＿＿＿＿＿＿分钟

　　社区小卖部：＿＿＿＿＿＿分钟

　　医院（卫生所）：＿＿＿＿＿＿分钟

银行：_____ 分钟

邮局：_____ 分钟

理发店：_____ 分钟

孩子的学校（幼儿园、小学）：_____ 分钟

第三部分　邻里交往

1.您愿意与邻里相互了解吗?

A.非常愿意

B.愿意，但不会主动了解

C.无所谓

D.不愿意

2.您家常到邻居家串门、谈天或娱乐吗?

A.每两周一两次

B.每月一两次

C.半年一两次

D.一年一两次

E.从来不去

3.您的朋友圈里有多少人是在社区里面交往找到的?

A.80%

B.50%

C.20%

D.很少

4.您对隔壁（对门）邻居家里的下列情况清楚吗?（在相应的空格内打√）

	完全清楚	大部分清楚	小部分清楚	不清楚
共有几个人				
叫什么名字				
在哪里工作				
各人性格特征				

5. 邻居有困难时，您愿意施以援手吗？

    A. 很乐意帮忙

    B. 不乐意，但会帮忙

    C. 看情况

    D. 不愿意

6. 您在遇到哪些困难时，会寻求邻居的帮助？（可多选）

    A. 家中缺少生活用品时

    B. 生病时

    C. 照看小孩

    D. 代为签收物品

    E. 代付款项

    F. 借用电话

    G. 借用车辆

    H. 帮助求职

    I. 其他

7. 您愿意交往的邻里空间范围是？

    A. 对门、隔壁或楼层上下

    B. 本单元楼道

    C. 本幢楼

    D. 本小区

    E. 本社区范围

8. 您愿意交往的年龄层次有？（可多选）

    A. 同自身年纪相仿

    B. 小孩子

    C. 中年人

    D. 老年人

9. 您一般在什么空间更容易与邻里交往

    A. 楼道和户门口

    B. 小区道路

    C.小区广场和公园

    D.服务场所，如商店、银行、车站等

10.您进行邻里交往的方式主要有哪些？（可多选）

    A.在社区内照看各自孩童时

    B.通过日常的锻炼

    C.基于共同利益，共同寻求社区帮助

    D.共同抵制外来生活干扰

    E.通过社区开展的活动

    F.自发的邻里互助交流

    G.其他

11.同社区内，您希望与下列哪些学历、哪类职业的人住在一起？（在空格内打√）

学历		职业		职业	
小学、初中		服务业人员		国家机关人员	
高中、中专		私营企业主		事业单位人员	
大专		工人		企业管理人员	
本科		无业或待业		工人、技术人员	
硕士、博士					

12.您觉得社区居民分成不同群体的主要因素是什么？（按重要程度从强到弱选3项）

    A.收入不同

    B.价值观不同

    C.生活习惯不同

    D.职业类别不同

    E.家庭背景不同

    F.文化水平不同

    G.人口地域不同

13.您愿意与这些不同群体的居民共同生活并交往吗？

A. 不愿一起生活

B. 可以一起生活，但不会主动交往

C. 愿意共同生活，但交往与同一群体有差异

D. 与同一群体一样生活和交往

第四部分　社区归属

1. 您对社区建设的整体状况满意吗？

 A. 非常满意

 B. 整体满意，但仍有待改进的地方

 C. 有不满意的地方

 D. 很不满意

2. 如果您出于某种原因需搬离所在社区，您会觉得遗憾和不舍吗？

 A. 会觉得很遗憾，很留恋

 B. 会有些遗憾和不舍，但不会很留恋

 C. 有些不舍，但还是向往新的社区

 D. 毫不留恋，希望早些离开

3. 您家有迁出本小区的计划吗？

 A. 不会迁出

 B. 有长远打算

 C. 正准备迁出

 D. 看情况而定

4. 如果迁出，原因是什么？

 A. 学区不合适

 B. 离工作地点太远

 C. 周边日常生活不方便

 D. 小区内环境不佳

 E. 公共空间太局促

 F. 小区内停车不方便

 G. 物业服务不到位

H. 个人住房需改善

I. 其他

5. 您所认为的社区范围有多大？

A. 整个街区

B. 日常生活到达的范围

C. 围墙内的小区

D. 日常途经的几栋楼

6. 您更愿意住在下列哪种住区中？

A. 完全封闭

B. 大部分封闭，局部开放

C. 局部封闭，大部分开放

D. 完全开放

7. 您希望社区邻里空间做何种改造，以更适合邻里交往？（可多选）

A. 增加绿化空间的游憩功能和参与性

B. 对没人去的空间死角进行整理

C. 拆除不该围合的围墙

D. 增加孩童娱乐的场地

E. 增加老年人活动交流的场地

F. 增加体育锻炼的场地

G. 活动和交通空间尽可能分开

H. 其他

8. 您在社区里有交往的群体吗？

A. 有固定的交往群体

B. 有交往群体，但不固定

C. 没有特定的交往群体

D. 没有交往

9. 您愿意主动加入已有的交往群体中吗？

A. 很希望加入

B. 愿意加入，但不会主动

    C. 经人介绍加入

    D. 不愿加入

10. 您所在社区重视社区内居民的诉求吗？

    A. 很重视，能积极听取并尽力解决

    B. 比较重视，能积极听取意见

    C. 一般重视，能酌情听取意见

    D. 不重视，很少听取意见

11. 社区服务站、居委会、物业三者的工作如何？

    A. 都能尽心尽责，相互配合

    B. 相互之间配合较少，但能做好分内事务

    C. 无互相配合，办事效率较低

    D. 遇事相互推诿，居民办事困难

12. 您认为社区服务站、居委会、物业三者谁比较重要,请按下列序号排序。

    A. 社区服务站

    B. 居委会

    C. 物业

13. 您对社区服务站、居委会、物业三者的办事效率和服务满意吗？（请在空格处打√）

	满意	比较满意	不满意	不了解
社区服务站				
居委会				
物业				

第五部分　社区参与

1. 您愿意参与本社区的管理工作吗？

　A. 非常愿意，经常主动参与

　B. 很愿意，但主动性不强

　C. 愿意，但积极性不高

　D. 不愿意

2. 您觉得有必要成立社区志愿者服务队吗？

　A. 很有必要

　B. 没有必要

　C. 无所谓

如有志愿者队伍，您愿意加入吗？

　A. 愿意

　B. 不愿意

　C. 无所谓

3. 您觉得居民应以何种方式参与社区管理？

　A. 以个人身份适时提供个人意见

　B. 加入自发的居民团体，适时提供建设意见

　C. 加入居民组织，参与社区建设

　D. 加入社区管理组织，参与日常管理

4. 您所在社区有任何自发的居民组织吗？

　A. 有，并知道详情

　B. 有，仅仅听说

　C. 没有

　D. 不清楚是否有

　如果有，请据您所知列举 _____

5. 您觉得居民组织在社区建设中的作用如何？

  A. 非常重要，社区居民服务必不可少

  B. 比较重要，担当重要的角色

  C. 一般重要，起一定作用

  D. 可有可无，作用不大

6. 您通过哪些途径来了解社区的情况？（可多选）

  A. 媒体宣传

  B. 有关文件

  C. 小区的宣传栏

  D. 社区的横幅

  E. 社区开展的活动

  F. 居民议论

7. 您通常选择何种渠道对社区工作提出意见和建议？

  A. 向社区工作人员当面提出

  B. 通过虚拟方式，在社区互联网论坛上发帖子、留言

  C. 写书面意见和建议放到社区意见箱中

  D. 邻里之间相互议论，以便社区工作机构知晓

8. 您认为最需要提供的小区服务项目是？（多选）

  A. 儿童代管

  B. 照顾老人

  C. 电器维修

  D. 保姆钟点服务

  E. 职业介绍

  F. 送餐服务

  G. 其他

9. 您愿意参加社区组织的活动吗？

  A. 非常愿意，积极参加

  B. 愿意有选择地参加

  C. 愿意参加，但积极性不高

  D. 不愿参加

10. 您所在社区文化活动开展情况如何？

　　A. 社区定期开展各类文化教育活动

　　B. 社区无文化活动，但设有文化活动室（站）

　　C. 社区无专门的文化活动室（站），仅提供进行自发活动的场地

　　D. 无任何文化活动开展

11. 您认为本社区最需要的社区活动是什么？（可多选）

　　A. 社区民俗文化活动，如按季节或节日，举行放风筝、猜灯谜、摄影书画等活动

　　B. 社区文艺活动，如设立腰鼓队、合唱队、舞蹈班等

　　C. 社区体育活动，如组织拳术学习、趣味运动会等

　　D. 社区精神文明活动，如党建活动、读书读报活动、露天电影等

　　E. 医疗卫生活动，如疾病预防、生育建议、卫生习惯教育等

　　F. 便民活动，如维修小家电、维护电脑、废物回收、洗车修车等

　　G. 其他

12. 您觉得社区活动的组织该由谁负责？

　　A. 社区管理机构

　　B. 居民自发组织

　　C. 社区和居民共同开展

　　D. 外来活动策划

13. 您参与过社区中哪些活动，请简单列举。

如您有任何对所在社区空间和邻里交往存在疑问和建议请叙述于下：

　问卷到此结束，对于您所提供的协助，我们再次表示诚挚的感谢！

浙江工业大学社区规划建设研究小组

2013 年 10 月

附录二

社区空间与居民活动问卷（绘制式）
社区居民空间与活动绘制问卷

1. 您觉得您所在社区的范围是怎样的？请在图中示意圈出。

2. 您最喜欢在社区中哪些区域活动？请在图中示意圈出。

3. 您觉得社区哪些区域人聚集最多，活动最频繁？请在图中示意圈出。

4. 您平时常去社区的哪几个地方？请在图中用点表示。

5. 您平时最不愿逗留的区域有哪些？请在图中用斜线阴影示意。

6. 请您画出您工作时和周末一天中最经常的活动路径，分别用不同颜色画线。

7. 您所了解的社区中夜晚最不安全的区域是哪？请在图中示意圈出。

8. 您是否觉得下列年龄层的居民有各自相对独立的活动区域，如果有请分别在图中示意圈出，并注明所属年龄层。

   A.幼儿
   B.青少年
   C.青年人
   D.中年人
   E.老年人

9. 您是否觉得下列收入层次的居民有专属的活动区域，如果有请分别在图中示意圈出，并注明所属层次。

A. 困难

B. 贫穷

C. 小康

D. 中产

E. 富人

10. 您是否了解社区中的公共活动场地，请按您所了解在图中点明，如社区阅览室、老年活动室、社区卫生所、党员活动室等。

结　语

城市社区不仅仅是传统意义上的居住生活地域空间单位，而且是能够促进居民良好社会互动的城市地域日常生活的基本单位。

随着经济发展、社会转型，我国出现了社会阶层化、社会矛盾激化、社区空间异化等一系列新问题亟待解决。尽管我们的社区规划已经逐渐转向人文社会探索，新建社区的物质环境也在迅速改善，然而，社区还是与我们本意渐渐远离。其原因在于市场机制下的社区建设与社区规划的社会原则相背离，如社会网络的离散、人文关怀缺位、空间异化和社会隔离也有失社会公正等。此外，体制上的、空间策略和具体的空间模式上的，特别是对于社区规划的社会性认识不到位、政府监管的"缺位、错位、越位"，以及相互交错等等因素，都造成目前利益和效益驱使下的社区空间营造方略从某种程度上阻碍了人文社会建构的进程，也与建设"和谐社会"的目标背道而驰。这种现象使我们必须从源头上、策略上去重新探寻社区规划的症结，从整合社区规划理念整合、探索适宜空间模式、寻求双赢策略入手：

（1）重新认识社区规划的社会原则以及空间规划的社会性等理论问题，只有提高了认识才会引起规划师、政府等对社会原则的重视，才会找到利用社区空间规划进行社会整合的途径方法；

（2）探寻社区培育的动力因素以利于找到规划调控的基点；

（3）探索适宜的社区空间模式和符合国情的空间调控策略、实施框架。

本书针对上述问题的研究得出如下基本结论：

1.社区的产生源于日常生活。随着现代城市社会变革、社区的变迁，社区主体关系的变化使得社区规划面临新的挑战和机遇。从城市规划角度，城市社区是城市化和逆城市化的一个折中，实质上是一种微观城市主义或说小城镇模式，历史上曾出现花园城市、邻里单位、新城运动、新城市主义等社区规划理念和模式。然而，传统社区规划从单一居住生活、以微观空间为对象的，以及技术导向（如依赖交通技术）的研究实践现状，事实上已经造成居民城市社区生活连续性被割裂，致使传统的社区微观空间营造也难以形成人与环境互动延伸出来的交往、社会资本等社会意义。

在此情况下，要从根本上实现社区的社会目标，社区规划理论应向两个方面拓展：一方面要坚持立足地域微观社区空间模式的探索，使社区空间形态趋于精细化、人性化，完善社区微观空间模式。另一方面，新的社区理论研究必须超越单一的微观视角，从地域生活整体以及城市社区的时空连续统一体中认识社区空间社会纬度的本质，并探索通过城市生活空间的整体重构达成社区回归的新途径。这种社区研究必须是整合性的，包括理念、方法、要素以及研究视角。正是基于以上认识，本书研究采取了社会空间、时间空间和日常生活相结合的新理论研究视角。

作为一种研究方法视角，社会空间视角就是把社会因素、空间因素、行为因素进行整合研究，从空间的角度来考虑社会问题，从社会互动与社会整合的角度来考虑空间安置。时间空间视角强调将时间和空间结合起来，分析个体生活行为在时空中的连续性和意义中折射出的社会性。社区的产生源于日常生活。日常生活视角包括：研究者成为生活参与者和亲身经历者而非旁观者；将生活经验与感觉情感一起考虑；质疑政治经济分析作为解释社会生活的有效性。

2. 社会学理论把社区规划的社会原则概括为两个原则：人文关怀和社会整合。社区社会使命的实现都不同程度地依赖社区精神的建立。社区精神可概括为三个层面的五个渐进的尺度：建立社区归属和认同感、交往互动、行为规范、社会凝聚力和社会行为能力。从广义来讲，社区精神虽然是通过地域整合实现社会整合和人文关怀的关键性因素之一。但是，社区精神并非社区规划目标的全部。因为，从整体观上来讲，人文关怀思想还可以延伸出社会公正、社会个体平等和谐共处、资源设施分享等。这是社区精神与社会整合在社会目标上的差异。由此，社区规划的社会原则目标可具体分为：在微观空间层面上培育社区精神和从城市层面上的社会整合。

可以说，社区微观系统处在空间系统、社会系统和生活世界的理论体系的交叉领域，现实实践中社会系统、自然和人工环境及生活世界既是社区存在的"场域"也是社区及其规划的动力因素。从控制论上讲，社区规划就是要研究这些动力因素以便发现社区变化的原因、方向，并加以调控从而促进那些积极的因素和抑制消极的因素以培育社区。从这个意义上，以社会原则为目标的社区空间探究，如果能够澄清社会原则的内容并解析其动力因素就为通过规划进一步调控社区空间达成社会原则奠定了理论基础。

在宏观层面上，现代社区存在的社会背景正在发生着迅速的演变，形成了社区演变的外部动力机制。城市社会空间结构、时空结构以及社区规划所涉及的社会关系构成了社区规划的宏观动力框架。社会空间结构因素包括：社会政治、经济、交通技术、公共投资、集体消费等；通过对时空结构的分析，认识了社区作为地域空间单位和亚社会结构存在的客观性及其意义；社区规划作为人文社会关怀的落脚点的社区空间产生过程受到立场差别的政府、规划者、开发商、社会个体等社会各方面力量的作用，影响着其社会原则的实现。

在社区微观层面，从人、空间、社会等多个方面分析了社区归属感产生的微观动力因素，包括人际关系、群体相互作用、人本主义、物质空间等。

总之，社区的产生受多维因素的制约、具有多层面的发生机理，而非仅仅物质空间使然。

3. 从城市宏观来看，现代城市社区的共同属性（秩序性、流动性、机动性和异质）是造成城市社会生活、社区精神等人文社会方面缺失的重要原因，使得社区致力于人文社会建构的微观空间营造付之东流。

此外，从个体生活来看，市民日常生活是在工作、居住、交通、休闲整个过程和城市时空结构中动态的、连续的整体，可分为城市时空系统和社区地域生活系统两大部分。

无论对于个体还是社会而言，时间和空间都具有辩证的意义。时间、空间既是资源也是限定个体行为的制约因素，我们称之为个体时空结构。从个体时空结构分析可见：个体的生活时间、空间、路径、空间体验都是社会互动产生的必要前提。不适当的城市生活时空结构一方面限制了生活的自由，导致了社会、生活的异化；另一方面也造成个体交往所需的时间、社区场所感的缺失。

可见，回归人文社区、完成社区的社会使命就应该建立地域化的社区生活空间。从重塑城市社区系统的角度来看，则应该对现代城市社会、功能在新的城市时空中重新结构化和进行微观地域整合，否则任何形式的致力于社区微观的空间营造都将于事无补。所以，生活时空地域化既是生活的本质需求也是社区回归的必要前提。

按照地域社区精神的原则审视社区类型，我们发现：与现代的商品性社区相比，传统社区的单位制社区更符合社会原则。然而，20 世纪 90 年代，中国主要城市的规模扩张和居住区与工作区的分离，从总体上扩大着"上班族"的出行距离，违背了社区生活时空地域化回归的前提，这不能不说是一种退步。单位制社区包含了近年来社区规划理论许多的闪光点——基于可持续发展的"0 交通静态社区"模式，反映了后工业社会时空地域化整合的新方向。

（1）"0 交通静态社区"主张将居民工作地和日常生活最为密切的生活设施安排在居民可达的社区地域范围内，社区地域生活空间单位成为尽量容纳社区居民工作、生活、休闲消费、娱乐等的城市生活单位，是对居民的日常生活时空的地域性回归。

（2）"0 交通静态社区"并非说居民生活中完全没有机动性、流动性。"0 交通"主张减免目前日常生活主要机动交通，代之以步行和自行车等绿色交通方式。

（3）"0 交通静态社区"包含"土地混合运用"理念，但是更强调土地功能间"有机"的内在联系，而非只是增加城市居住区商业设施的表象混合。

利用现有资源，如土地出让、经济适用房建设、老城改造、城市扩张等契机，采取有效的经济和政策调控，可以促进"0 交通静态社区"的实现。从城市空间形态来讲，中心多极化均质城市肌理、保持紧凑城市形态和发展公共交通都是城市社区地域化整合的有效途径。

4. 社区微观空间精细化设计可归结为的 5 个原则目标：提高社区生活的满意度、建立社会网络、社区场所特性的营造、营造特定的社会环境因素、空间环境的功能性与社会性整合。其可从以下 5 个方面的规划设计达成：

（1）调整社区规模结构。缩小小区规模，以设置一个幼儿园为规模尺度标准，中心绿地结合幼儿园和社交设施成为小区中心，多个小区构成社区，将传统的"居住区—小区—组团"的三级规划结构调整为"基本社区—街区—院落"。

（2）审视社区设施的布局。回归社区设施的社会性，应遵循公共设施的"属地化"配置和社区建设设施的中心化布局原则。"属地化"布局包括社区设施配置的个性和丰富多样性；社区设施空间分布均匀性和空间、规模的人文尺度等原则。此外，在社区设施的建设与提供上，对社区建设设施、教育设施，应严格规定确保其配建的均好性。对于市场失灵和监管不力出现的问题，最佳的措施是转变土地出让机制，变生地出让为熟地出让并制定有效的"属地化"规划管理方法。

（3）优化社区交通。现代社区交通规划从人车分流向人车混合理念转化。社区规划在考虑人车交通的矛盾和汽车停放问题的基础上，必须要应对社区交通对社区社会性活动的干扰。社区交通规划应考虑采取控制地面停车数量、发展地下停车以及预留发展用地等措施应对交通停车的动态变化。

（4）重塑社区公共空间。社区中心首先是物质中心和社会公共活动场所。其空间多元性、开放性、展示性、步行可达性是社区中心营造的关键。回归传统街道生活空间应致力于营造步行安全的街道、鼓励适于步行生活的社区形态、营造社区商业步行街、强化社区街道生活媒介。空间网络与社会关系网络可以相互促进。社区中心系统的规划要结合各个社区中心等级、间距，强化空间联系网络（视觉廊道、功能关系）的可感知性（位置显著、视觉可辨性、心理感知）。

（5）整合建筑和空间形态。包括在空间围合与渗透、模糊与开放统一中取得平衡，强化社区特性，建立社区标志体系，重视规划细节等。

5.传统的社区空间规划虽然强调社会原则，然而其"中心—边界"的空间模式实质上对社区的社会原则产生了负面影响，表现在：内向封闭的空间形态与现代城市生活的冲突造成了新的社会隔离。所以，从社会原则出发，传统社区空间必须从封闭走向开放，从同质走向混合。

封闭社区是目前居民择居意愿所在，也是开发商所遵循的开发原则。然而，其对城市社会建构十分不利。社区规划一方面应从关注空间围合到重视界面，采取社区景观开放、设施开放、社区道路向城市开放的策略最终走向社区与城市空间整合。此外，还可以采取将社区公共空间转化为城市公共空间，利用公共空间建设引导开发商的建设，以及利用如经济适用房、廉租房社区中采用开放社区等策略引导社区走向开放。

同质社区符合社区精神，而混合社区有利于进行社会整合，但我国目前社区正在走向类似西方社会经历的社区同质化进程，对社会整合不利。从理论上，我们可以采用"同质社区异质化"及"异质社区同质化"的解决途径实现混合社区，而其物质空间形态规划的关键是营造"介质"和探索同质社区规模适宜性。规划要点有：

①社区的中心布置在各街区的边界，作为社会融合的窗口；同质社团的入口开向社区中心促成"同质社团"之间边界融合；

②公共开放空间、公用设施的配置和空间布局，创造有特色、有吸引力的社区中心；

③完善社区设施的配置，提高生活满意度；

④社区环境的美化与适用结合，提供丰富的室外活动场地。

这些要点可归结为"双轴—心"的社区空间结构形态。另外，从规划政策上应抓住机遇深化住房供给结构改革，优化土地供给机制，正确引导社区开发、塑造异质空间等措施进行混合社区的社会空间调控。

总之，社区有其自然产生的机理并受多维因素的制约。城市社区的营建应该遵循其自然机理，并采取多因素的动态调控。

本书对于符合社会原则的社区空间从多维因素（宏观、微观）、多个空间层面（城市、社区）、多种途径（空间模式、政策调控等）力图摆脱了以往社区规划仅从微观居住空间或交往空间的研究局限，将社区营建置于人、社会、自然的综合框架中，从社会空间、时间空间、日常生活的综合视角进行探究。

若对于社区空间的社会性、规划的社会原则以及多维的动力机制的剖析，以及社区空间规划策略体系的探索能对于社区规划理论的整体建构有所贡献，则已达到了笔者的研究目的。

图片来源

表1-1，1-2，1-3，1-4作者自绘。

图2-1，图2-4，作者拍摄。

图2-1，钱江晚报。

图2-3a，作者拍摄。

图2-3b，新世纪，2004（4）：81。

图2-5，刘贵利，城市生态规划的理论与方法，东南大学出版社，2002。

图2-6，柯布西耶。

图2-7，朱建达，当代国内外住区规划实例选编，中国建筑工业出版社，1996:133-136。

图 2-8，Robert Frerstone，Urban Planning in a Changing World, The twentieth century experience , First published 2000 by E&FN spon。

图2-9，John A.Dutton, New American Urbanism: Re-forming The suburban metropolis, First published in 2000 by Skia editor S.P.A: Palazza Casati Stampa Via Torino 6120123 , Milano Italy.

图 2-10，Madanipour. Ali, Design of Urban Space: an inquiry into a Socio-spatial process,John Wiley & Sons Ltd, Baffin Lane, Chichesters, West Sussex PO191UD, England，2001：183，201-204.

图2-11，王彦辉，走向新社区，城市居住社区集体营造理论与方法，东南大学出版社，2003。

表2-1，Biddulph, Mike, Villages Don't Make a City, Journal of Urban Design, 13574809, Feb2000, Vol. 5, Issue 1.

图 3-1, 3-2, 3-3, 黄亚平, 城市空间理论与空间分析, 东南大学出版社, 2003。

图 3-4, 吴良镛, 人居环境科学导论, 中国建筑工业出版社, 2001。

图 3-5, 3-9, 3-12, 作者自绘。

图 3-6, 黄亚平, 城市空间理论与空间分析, 东南大学出版社, 2003。

图 3-7, 郭彦弘著, 陈浩光编译, 城市规划概论, 中国建筑工业出版社, 1999。

图 3-8, 作者自绘。

图 3-9, 日本建筑学会, 建筑设计资料集成（综合篇）, 中国建筑工业出版社, 2003。

图 3-10, 作者自绘。

图 3-11, 黄亚平, 城市空间理论与空间分析, 东南大学出版社, 2003。

表 3-1, 表 3-2, Jurgen Habermas, The Theory of Communication Action, Vo1.2,Boston,1989:142-144.

图 3-3, 王兴中, 中国城市社会空间结构研究, 科学出版社, 2000。

图 4-1, 马国馨, 丹下建三, 中国建筑工业出版社, 1989。

图 4-2, 作者拍摄。

图 4-3, http：//www.163.com.

图 4-2, 柴彦威, 刘志林等, 中国城市的时空间结构, 北京大学出版社, 2002。

图 4-8, 李旭旦, 人文地理论丛, 人民教育出版社, 1985。

图 4-9, 皮特·纽曼等, 住宅、交通和城市形态, 澳大利亚默多克大学科学与技术研究所, 1992。

图 4-10, 作者自绘。

图 4-11, 毕宝德, 中国房地产研究, 中国人民大学出版社, 1994。

图 4-12, 台州经济开发区管委会。

图 4-13, 作者自绘。

图 4-14, 黄亚平, 城市空间理论与空间分析, 东南大学出版社, 2003。

图 4–15，日本建筑学会，建筑设计资料集成（综合篇），中国建筑工业出版社，2003。

图 4–16，范炜，城市居住用地区位研究，东南大学出版社，2003。

图 4–17，[美] 柯林，罗弗瑞·科特，童明译，拼贴城市，中国建筑工业出版社。

图 4–18，清华大学建筑与城市研究所，城市规划理论·方法·实践，地震出版社，1992。

图 4–19，图 4–21，图 4–22，作者拍摄。

表 4–1，4–2，4–4，作者自绘。

表 4–3，李铁立，北京市居民居住选址行为分析，人文地理，1997(6)：38–42。

图 5–1，图 5–3，[丹麦] 杨·盖尔，何人可译，交往与空间，2002。

图 5–2，图 5–4，作者拍摄。

图 5–5，作者自绘。

图 5–6，作者拍摄。

图 5–7，高朋，2002。

图 5–8，作者拍摄。

图 5–9，孙鹏，城市商业（零售业）微区位的基本理论，西安外国语学院硕士论文，2003。

图 5–10，日本建筑学会，建筑设计资料集成（综合篇），中国建筑工业出版社，2003。

图 5–11，作者拍摄。

图 5–12，钱江晚报，2003.12.9。

图 5–13，Buchanan，1965。

图 5–14，日本建筑学会，建筑设计资料集成（综合篇），中国建筑工业出版社，2003。

图 5–15，作者自绘。

图 5–16a，图 5–17，作者拍摄。

图 5-16b，赵文强，城市居住小区汽车停车问题探讨与对策，西安建筑科技大学硕士学位论文，2003。

图 5-18，日本建筑学会，建筑设计资料集成（综合篇），中国建筑工业出版社，2003。

图 5-19，5-20，[美]杰拉尔德·A·伯特费尔德，肯尼斯·B·霍尔·Jr著，张晓军，潘芳译，社区规划简明手册，中国建筑工业出版社，2003。

图 5-21，深圳清华院提供。

图 5-22，作者拍摄。

图 5-23，杭州规划院提供。

图 5-24，图 5-25，作者拍摄。

图 5-26，[美]杰拉尔德·A·伯特费尔德，肯尼斯·B·霍尔·Jr著，张晓军，潘芳译，社区规划简明手册，中国建筑工业出版社，2003。

图 5-27，日本建筑学会，建筑设计资料集成（综合篇），中国建筑工业出版社，2003。

图 5-28，王文争拍摄。

图 5-29，日本建筑学会，建筑设计资料集成（综合篇），中国建筑工业出版社，2003。

图 5-30，图 5-32，图 5-33，作者拍摄。

图 5-31，深圳清华院提供。

图 5-34，蒲蔚然，刘骏，探索促进社区关系的居住小区模式，城市规划汇刊，1997(4)：54-58。

图 5-35，作者拍摄。

图 5-36，凯文·里奇，总体设计。

图 6-1，堤野仁史，不断发展、变化的通用设计，景观设计，大连理工大学出版社，2003：62。

图 6-2，图 6-3，作者拍摄。

图 6-4，刘先觉，现代建筑理论，中国建筑工业出版社，1999。

图 6-5，王兴中，中国城市社会空间结构研究，科学出版社，2000：

126。

图 6-6，图 6-7b，图 6-8，作者拍摄。

图 6-9a，世界建筑。

图 6-9b，深圳清华院提供。

图 6-9c，杭州彩虹城楼书。

图 6-9d，Alexander Garviv, The American City: What works, what Doent, N·:Mcgraw—Hill 1995.

图 6-10，杭州某楼盘楼书。

图 6-11，图 6-13，[美]杰拉尔德·A.伯特费尔德，肯尼斯·B.霍尔·Jr 著，张晓军，潘芳译，社区规划简明手册，中国建筑工业出版社，2003。

图 6-12，作者拍摄。

图 6-14，John A. Dutton, New American Urbanism: Re-forming the Suburban Metropolis, skire editore, 2000.

图 6-15，[美]阿莫斯·拉普卜特著，黄兰谷等译，建成环境的意义，中国建筑工业出版社，2003：109。

图 6-16，作者自绘。

图 6-17，图 6-18，作者拍摄。

图 6-19，作者自绘。

图 6-20，作者拍摄。

图 6-21，杭州市规划局。

图 6-22，王兴中，中国城市社会空间结构研究，科学出版社，2000。

图 6-23，作者拍摄。

图 6-24，图 6-25，作者自绘。

图 6-26，图 6-27，图 6-28，作者拍摄。

表 6-1，周静子，庄园子，从"分异"走向"融合"——关于我国当代居住模式的调研与思考，第 46 届世界大会大学生论坛，122-126。

表 6-2，表 6-3，作者自绘。

图 7-1，图 7-2，《"三位一体"社区管理模式杭州实践研究》课题组。

图 7-3，作者自制。

图 7-4 至图 7-7 根据 Google earth 改绘。

图 7-8 至 7-17，SPSS 软件根据作者统计数据生成。

图 7-18 至图 7-20，GIS 软件根据作者统计数据生成并改绘。

图 7-21 至 7-30，SPSS 软件根据作者统计数据生成。

图 7-31，7-34，7-36 作者自制。

图 7-32，7-33，7-35，7-37 至 7-46，作者拍摄。

图 7-47 至 7-91，SPSS 软件根据作者统计数据生成。

表 7-1，《"三位一体"社区管理模式杭州实践研究》课题组。

表 7-2，作者自制。

表 7-3 至表 7-5，作者自制。

参考文献

1. 专著

[1] Robert Freestone.Urban Planning in a Changing World:The twentieth century experience.London: E&FN spon,2000:32-36,230-245.

[2] JohnRatcliffe. An Introduction to Town and Country Planning. London:UCL Press Limited,1993.

[3] Postmodern urbanism（revised edition）,Nan Ellin, Princeton Architectural Press, 1999.

[4] Peter Hall,Ulrich Pfeiffer.Urban Future 21:A Global Agenda for 21 century cities, E&FN spon ,2000.

[5] Marcial Echenique,Andrew Saint.City for the New Millennium.Spon Press,2001.

[6] Mike Jenks,Rod Burgess.Compact Cities: Sustainable Urban Forms For Developing Countries.Spon Press,2000:245-268,343-350.

[7] John A Dutton.New American Urbanism:Re-forming The Suburban Metropolis. First published in 2000 by Skia editor S・P・A: Palazza Casati Stampa Via Torino 6120123,Milano Italiy.

[8] Peter Katz.The New urbanism: Toward an Architecture of Community McGraw-Hill.Inc, 1994.

[9] Kenneth B,Hall,Gerald A. Porterfield for suburbs and small communities. McGraw-Hill,2001.

[10] Francis Tibbalds.Making people-Friendly Towns:Improving the Public

Environment in Eownsacd Cities.Spon Press,2001.

[11] Mike Jenks Rod Burgess.Compact Cities Sustainable Urban Form For Develping Countries.

[12] C Richard.The Scope of Social Architecture.New York Van No Strand,1984.

[13] Eberhard H. Zeidler.Multi-use-architecture, Karl Kramer Verlag, Stattgart,1983.

[14] Peter Madsen,Richard Plunz.The Urban Lifeworld:Formation, Perception,Representation.Routladge,2002.

[15] Madanipour Ali.Design of Urban Space:an Inquiry into a Socio-spatial Process.John Wiley & Sons Ltd,Baffins Lane, Chichesters,West Sussex PO191UD, England， 2001:183,201-204.

[16] Fritz Steele.The Sense of Place.CBI Publishing Company, Inc, 1981:8-57.

[17] John A. Dutton.New American Urbanism-Re-forming the Suburban Metropolis.Skira editor S.P.A,2002:5-40.

[18] Howell S. Baum.Community Development and Planning.Albany :State University of New York Press:19-156.

[19] [美]刘易斯·芒福德.城市发展史——起源、演变和前景.倪文彦, 宋俊岭译.北京：中国建筑工业出版社，1989.

[20] [美]克里斯·亚伯.建筑与个性：对文化和技术变化的回应.张磊, 司玲，候正华，陈辉译.北京：中国建筑工业出版社.

[21] [美]杰拉尔德·A.伯特费尔德，肯尼斯·B.霍尔等.张晓军，潘芳译.社区规划简明手册.北京：中国建筑工业出版社，2003.

[22] [美]埃·德蒙.N.培根.城市设计.黄富厢，朱琪译.北京：中国建筑工业出版社，2003.

[23] [美]凯文·林奇，加里·梅克.总体设计.黄富厢，朱琪，吴小亚译.中国建筑工业出版社，1999.

[24] [美]H.T. 奥德姆 . 系统生态学 . 蒋有绪，徐德应等译 . 科学出版社，1993.

[25] [美] 阿摩斯·拉普卜特 . 建成环境的意义——非语言表达方式 . 黄兰谷译，张良皋校 . 北京：中国建筑工业出版社，2003.

[26] [美] 克里斯·亚伯 . 建筑与个性——对文化和技术变化的呼应 . 张垒等译 .2003.

[27] [英] 麦克·拜达尔夫 . 住区规划手册 . 褚冬竹，谢思思等译 . 北京：中国建筑工业出版社，2011.

[28] [丹麦] 杨·盖尔 . 交往与空间 . 何人可译 . 北京：中国建筑工业出版社，2002.

[29] [日] 藤井明 . 聚落探访 . 宁晶译，王昀校 .2003.

[30] 日本建筑学会 . 建筑设计资料集成（综合篇）. 北京：中国建筑工业出版社，2003.

[31] 郭彦弘，陈浩光 . 城市规划概论 . 北京：中国建筑工业出版社，1999.

[32] 董卫，王建国 . 可持续发展的城市与建筑设计 . 南京：东南大学出版社，1999.

[33] 任致远 .21 世纪城市规划管理 . 南京：东南大学出版社，2000.

[34] 顾朝林 . 城市社会学 . 南京：东南大学出版社，2002.

[35] 王兴中 . 中国城市社会空间结构研究 . 北京：科学出版社，2000.

[36] 王彦辉 . 走向新社区：城市居住社区集体营造理论与方法 . 南京：东南大学出版社，2003.

[37] 赵民, 赵蔚 . 社区发展规划——理论与实践 . 北京：中国工业出版社，2003.

[38] 朱建达 . 当代国内外住区规划实例选编 . 北京：中国建筑工业出版社，1996.

[39] 联合国人居中心（生境）. 城市化的世界：全球人类住区报告 1996. 沈建国，于立，董立译 . 北京：中国建筑工业出版社，1999.

[40] 张鸿雁 . 侵入与接替——城市社会结构变迁新论 . 南京：东南大学

出版社，2000.

[41] 范炜．城市居住用地区位研究．南京：东南大学出版社，2003.

[42] 周晓虹．现代社会心理学．上海：上海人民出版社，2001.

[43] 黄一如，陈秉钊等．城市住宅可持续发展若干问题的调查研究．北京：科学出版社，2003.

[44] 刘贵利．城市生态规划理论与方法．南京：东南大学出版社，2002.

[45] 徐汝梅，蒋南青．展望宏观生态学．湖北教育出版社，1998.

[46] 于志熙．城市生态学．中国林业出版社．

[47] 戴星翼．走向绿色的发展．复旦大学出版社．

[48] 孙汝泳．动物生态学原理．北京师范大学出版社，1987.

[49] 吴良镛等．发达地区城市化中的建筑环境的保护于发展．中国建筑工业出版社，1999.

[50] 包亚明．现代性与空间的产生．上海教育出版社，2003.

[51] 黄亚平．城市空间理论与空间分析，南京：东南大学出版社，2002.

[52] 王雅林，刘其，徐利亚．城市休闲——上海、天津、哈尔滨城市居民时间分配的考察．北京：社会科学文献出版社，2003.

[53] 陈建设．高级住宅区配套设施规划设计实用手册．北京科学出版社，2002.

[54] 田野．转型期中国城市不同阶层混合居住研究．中国建筑工业出版社，2008.

[55] 李和平，李浩．城市规划社会调查方法．北京：中国建筑工业出版社，2004.

2. 期刊

[1] Ir・R・S de Waard, Space Use Form, meeting paper of IFHP 2002.

[2] Coiacetto, E. J., Places Shape Place Shapers? Real Estate Developers'

Outlooks Concerning Community, Planning and Development Differ between Places, Planning Practice & Research, 02697459, Nov2000, Vol. 15, Issue 4.

[3] Angotti, Tom, Hanhardt, Eva, Problems and Prospects for Healthy Mixed-use Communities in New York City, Planning Practice & Research; May2001, Vol. 16 Issue 2, pp.145-154.http://search.epnet.com.

[4] Hugo, Graeme, Addressing Social and Community Planning Issues with Spatial Information, Australian Geographer; Nov2001, Vol.32 Issue 3,p269,25p,3 charts,5 map, http://web6.epnet.com/searchpost.asp, 2003.10.23.

[5] Talen, Emily, Sense Of Community And Neighbourhood Form: An Assessment of the Social Doctrine of New Urbanism, Urban Studies, Jul99, Vol. 36 Issue 8, p1361, 19p, http://search.epnet.com, 2003.10.23.

[6] Roberts, Peter, Sustainable Development and Social Justice: Spatial Priorities and Mechanisms for Delivery, Sociological Inquiry; May2003, Vol. 73 Issue 2, p228, 17p, 1 chart, 1 diagram, http://search.epnet.com, 2003.10.23.

[7] Mervyn Miller, Garden Cities and Suburbs: At Home and Abroad, Journal of Planning History; Feb2002, Vol. 1 Issue 1, p6, 23p, http://search.epnet.com/direct, 2003.10.23.

[8] The Continuing Value of a Planned Community: Radburn In The Evolution Of Suburban Development, By: Lee, Chang-Moo, Journal of Urban Design, 13574809, Jun2001, Vol. 6, Issue 2.

[9] Biddulph, Mike, Villages Don't Make a City, Journal of Urban Design, 13574809, Feb2000, Vol. 5, Issue 1.

[10] Better Community Planning Means Healthier Neighborhoods, Nation's Health,00280496,Oct2001,Vol.31,Issue9, http://www.nga.org/.

[11] Robert H · Freilich, From Sprawl To Smart Growth: Successful Legal, Planning, And Environmental System, American Bar Association, Chicago, 1999.

[12] Randall Arendt, Growing Greenerg:Putting Conversation Into Local

Plans And Ordinances，Island Press, Washington, DC.1999.

[13] G.（Gerrit）Knaap，Talking Smart in the United States，see: H.A. Hacco, D. Middleton, P. Haringman, A Quest for Partners in Research on Multifunctional and Intensive Landuse，Report on the Expert Meeting，

[14] May 9 – 10, 2002,3–14.Available from IFHP Working Party–MILU.

[15] Chris Allen，Urban Policy and Social Mix, New and Sustainable Communities in the UK，China–UK comparative Study on Housing Proving for Low–income Urban Residents,2007,10.

[16] Professor Katie Williams, New and Sustainable Communities in the UK，China–UK comparative Study on Housing Proving for Low–income Urban Residents,2007.10.

[17] 于文波，王竹.美国新规划运动及其启示.人文地理，2004(8).

[18] 于文波，紫金港实证——现代主义在中国.建筑学报，2004(2).

[19] 于文波，王竹.深绿色理念与住区可持续发展策略研究.华中建筑，2004(10).

[20] 于文波，王竹.混合社区空间模式研究.城市规划，2003(12).

[21] 于文波，王竹.走向共生的人文社区——混合社区空间调控策略研究.规划师，2005(6).

[22] 于文波.住区建设的"深绿色"思考与研究.The 46th IFHP World Congress 青年学生论文集，2002(9).

[23] 周俭，张恺.优化城市居住小区规划结构的基本框架.城市规划会刊，1999(6)：63–65.

[24] 单文慧.不同收入阶层混合居住模式——价值评判与实施策略.城市规划，2001(2).

[25] 金忠民.大都市综合居住社区规划新思维.城市规划汇刊，1997(4).

[26] 杨军.城市居住社区的整体营造.建筑学报，1999(6).

[27] 赵燕菁.从计划到市场：城市微观道路—用地模式的转变.城市规

划，2002，26(10)：24-30.

[28] 肖达.21世纪居住模式谈——读 Building the 21st Century Home 有感.城市规划汇刊，2003(2)：80-83.

[29] 金峰，朱昌廉.空间与社会的整合——对中国城市社区规划建设中社会可持续发展的探讨.重庆建筑大学学报（社科版），2001，2(1)：49-53.

[30] 高鹏.社区建设对城市规划的启示——关于住宅区规划建设的几个问题.城市规划，2001(2).

[31] 李铁立.北京市居民居住选址行为分析.人文地理，1997(6)：38-42.

[32] 黄玉捷.社区整合：社会整合的重要方面.河南社会科学，1997(4)：71-74.

[33] 蒲蔚然，刘骏.探索促进社区关系的居住小区模式.城市规划汇刊，1997(4)：54-58.

[34] 董昕.城市住宅区位及其影响因表分析.城市规划，第25卷，第二期.2001(2)：33-39.

[35] 杨贵庆.提高社区环境品质，加强居民定居意识——对上海大都市人居环境可持续发展的探索.城市规划汇刊，1997(4)：17-34.

[36] 杨军.当代中国城市集合居住模式的重构.建筑学报，2002(12)：29.

[37] 艾大宾，王力.我国城市社会空间结构特征及其演变趋势.人文地理，2001，16(2)：7-11.

[38] 白德懋.关于小区规模和结构的探讨.建筑学报，1999(6).

[39] 黄一如，陈志毅.交通性与居住性的结合——尽端路在美国城郊社区规划中的运用.城市规划，2001(4).

[40] 张俊军，许学强，魏清泉.国外城市可持续发展研究.地理研究.www.china-up.com.

[41] 夏学銮.中国社区建设的理论架构探讨.北京大学学报（哲学社会科学版），2002，39(1)：127-134.

[42] 陈涛.社会发展与社区发展.社会学研究，1997(2)：9-15.

[43] 王颖.城市社区的社会构成机制变迁及其影响.规划师, 2000, 16(l)：24.

[44] 赵民, 林华.居住区公共服务设施配建指标体系研究.城市规划, 2002, 26(12)：72-75.

[45] 吴志强.百年西方城市规划理论史纲导论.土人景观网站, 日期：2003-1-6, 9:59:20.

[46] 孙峰华, 王兴中.中国城市生活空间及社区可持续发展研究现状与趋势.地理科学进展, 2002, 21(5).

[47] 高峰, 汤西草.无形城市：新时空背景下的城市形态.社会, 2004(5)：20-30.

[48] 龙元.交往型规划与公众参与.城市规划, 2004(1)：73-77.

[49] 周静子, 庄园子.从"分异"走向"融合"——关于我国当代居住模式的调研与思考.第46届世界大会大学生论坛：122-126.

[50] 张学本, 关涛.基于"新都市主义"的混合社区：城市郊区化的一个新思路.城市发展研究, 2008, 15(4).

[51] 薛俊强."个人"、"群体"和"社会"和谐共生之社会整合视域的形成——论马克思对古典政治经济学的经济哲学批判.前沿, 2011(7).

[52] 刘晔, 李志刚, 吴缚龙.1980年以来欧美国家应对城市社会分化问题的社会与空间政策述评.城市规划学刊, 2009(6).

[53] 吴忠民.以社会公正奠定社会安全的基础.社会学研究, 2012,27(4)：17-24.

[54] 李强.社会分层与社会空间领域的公平、公正.中国人民大学学报, 2012(1).

[55] 周国林.关于三长制历史作用的评价.华中师范大学学报(哲社版), 1990(2)：116-121.

[56] 赵小平.国民党保甲制述论.许昌师专学报（社会科学版）, 1990(3).

[57] 韩全永.建国初期城市居民组织的发展及启示（之二）政体初定，居委会终结保甲制历史.社区，2006(6).

[58] 王裕明.明代洪武年间的都保制——兼论明初乡村基层行政组织.江苏社会科学，2009(5).

[59] 金钟博.明清时代乡村组织与保甲制之关系.中国社会经济史研究，2002(2).

[60] 李伟中.南京国民政府的保甲制新探——20世纪三四十年代中国乡村制度的变迁.社会科学研究，2002(4).

[61] 张履鹏.农村基层行政变革历程.古今农业，2006(3).

[62] 吴益中.秦什伍连坐制度初探.北京师院学报（社会科学版）.1988(4).

[63] 高贤栋，乔增贤.十六国北朝政府对乡村社会的权力渗透——以乡村行政组织为中心的考察.鲁东大学学报（哲学社会科学版），2007，24(2).

[64] 罗远道.试论保甲制的演变及其作用.中国历史博物馆馆刊，1994(6).

[65] 李向平.试论周秦时代的什伍制度.广西师范大学学报（哲学社会科学版），1986(3).

[66] 张国刚.唐代乡村基层组织及其演变.北京大学学报（哲学社会科学版），2009，46(5).

[67] 王先明，常书红.晚清保甲制的历史演变与乡村权力结构——国家与社会在乡村社会控制中的关系变化.史学月刊，2000(5).

[68] 藏知非.先秦什伍乡里制度试探.人文杂志，1994(1).

[69] 王先明.辛亥革命后中国乡村控制体制的演变——民国初期的乡制演变与保甲制的复活.社会科学研究，2003(6).

[70] 陈云松.从"行政社区"到"公民社区"——由中西比较分析看中国城市社区建设的走向.城市社会学，2004(4).

[71] 李东泉.美国的社区发展历程及经验.城市问题，2013(2).

[72] 梁维平，李虹.社区的发展历程与当代实践.社会学研究，1991(6).

[73] 张勇.我国六十年城市社区建设历程、脉络与启示.深圳大学学报（人文社会科学版），2012，29(3).

[74] 宋祥秀.中国城市社区建设历程.湘潮，2012(6).

[75] 李王鸣，费潇，王珏.基于和谐社区发展目标的杭州社区生活环境建设研究.城乡规划·园林建筑及绿化，2008，26(3).

[76] 丁元竹.社区与社区建设：理论、实践与方向.学习与实践，2007(1).

[77] 傅玟.杭州市居住空间分异现象的统计调查分析.统计与决策，2012(4).

[78] 王东方，陈智，赵惠祥.辩证看待影响因子.学报编辑论丛（第13集），2005(9).

[79] 何雨.城市居民的社区安全感及其多元影响因子——基于南京市玄武区的调查数据.上海城市管理职业技术学院学报，2009(5).

[80] 汪成明，徐建中.和谐社区的最活跃因子.浙江日报，2007年5月28日第001版.

[81] 应联行.论建立以社区为基本单元的城市规划新体系——以杭州市为例.社区规划与城市住宅，2004，28(12).

[82] 孙施文，邓永成.开展具有中国特色的社区规划——以上海市为例.城市规划汇刊，2001(6).

[83] 王颖.上海城市社区实证研究——社区类型、区位结构及变化趋势.城市规划汇刊，2002(6).

[84] 李晴.社区规划设计的新理念——以美国普雷亚维斯塔社区为例.城市规划，2010，34(9).

[85] 余侃华，张中华.生态可持续性社区规划模式研究的国际进展.国际城市规划，2013，28(2).

[86] 宋立新.基于公共空间价值建构的社区规划以广州北京街3个传统社区为例.热带地理，2013，33(3).

[87] 赵蔚.从居住区规划到社区规划.城市规划汇刊，2002(6).

[88] 严丽.探索调动社区居民参与社区建设的途径与方法.2013.07.04.

[89] 谭英.社区感情社区发展与邻里保护.国外城市规划，1999.8.19.

[90] 贾子建.居所之外：寻找社区归属感.三联生活周刊，2011.09.20.

[91] 刘丹，贺金红.社区归属感的营造——公共空间的重要作用.住宅科技，2007.10.20.

[92] 黎静.社区归属感研究评述.大众文艺（理论），2008.10.25.

[93] 王淑娟.浅谈社区居委会与物业管理公司的关系.中国房地信息，2004.5.3.

[94] 中共沈阳市委组织部.我国社区建设的历程与发展状况.社区党务工作者必读，2008.7.20.

[95] 民政厅课题总报告."三位一体"社区管理杭州模式实践发展研究.2010.12.10.

[96] 杭州市西湖区社区建设的实践与创新.百度文库，2012.7.11.

[97] 杭州市民政局.杭州特色社区管理新体制自评报告.百度文库，2012.5.4.

3. 学位论文

[1] 李永亮.市场、理念与建筑——住区开发建筑策划理论与实务研究.厦门大学硕士学位论文，2003.

[2] 邹颖.中国大城市居住空间研究——区位、土地、择居.天津大学硕士学位论文，1994.

[3] 倪春.儿童游乐环境的基础性研究.同济大学硕士学位论文，2003.2.

[4] 张佶.走向互动的社区发展规划：通河社区发展规划的实践与评价.同济大学硕士学位论文，2002.9.

[5] 张尚武.长江三角洲城镇密集地区城镇空间形态发展的整体研究.同

济大学博士学位论文，1998.

[6] 原欢祥.城市生活场所的空间构成与中国大城市生活场所评价.西安外国语学院硕士学位论文，2003.

[7] 孙鹏.城市商业（零售业）微区位的基本理论.西安外国语学院硕士学位论文，2003.

[8] 赵文强.城市居住小区汽车停车问题探讨与对策.西安建筑科技大学硕士学位论文，2003.

[9] 李飞.论促进边缘社区整合的邻里环境营造.同济大学硕士论文，2001.

[10] 张晓霞.城市居民社区参与模式及动员机制研究.吉林大学博士学位论文，2010.6.

[11] 陈昕.集中居住区居民社区参与研究.苏州大学硕士学位论文，2012.4.

[12] 郑飞.公共空间与城市社区发展.中国农业大学硕士学位论文，2005.6.

[13] 徐从淮.行为空间论.天津大学学位论文，2005.8.

[14] 姚中.邻里交往空间的有效性.建筑与城市规划学院建筑系，2008.6.

[15] 付宁.社会行为与建筑空间的关联性研究.哈尔滨工业大学硕士学位论文，2008.6.

[16] 高艳萍.武汉新型居住社区交往空间研究.华中科技大学硕士学位论文，2010.5.6.

[17] 熊兹花.住区归属感与规划设计关系研究.湖南大学硕士学位论，2009.5.1.

[18] 野蔚.住区空间归属感设计研究.长安大学硕士学位论，2008.5.30.

[19] 郑志锋.基于政府规划的社区规划实证研究.浙江大学硕士学位论文，2007.5.1.